全国高等院校艺术设计规划教材

建筑与环境概念设计

朱 丽 鲍培瑜 田 阳 编 著

清华大学出版社

北 京

内 容 简 介

建筑与景观的融合、自然与人的和谐共生是人居的最高境界。仅有优美的环境或者仅有别致的建筑都是不够的,只有将优美的自然景观、良好的生活氛围融为一体,才能营造理想的人居环境。建筑元素对细节的把握还应与景观因素相融合,建筑的造型、色彩、立面、风格都应恰如其分地与景观相互呼应。

本书共分七章,内容包括建筑与环境概念设计概述、建筑与外环境概念设计、建筑与空气环境概念设计、建筑与热湿环境概念设计、建筑与光环境概念设计、建筑与声环境概念设计、工业建筑的室内环境要求。

本书可以作为普通高等院校环境艺术设计、建筑学、艺术设计等专业教材使用。

图书在版编目(CIP)数据

建筑与环境概念设计/朱丽,鲍培瑜,田阳编著. —北京:清华大学出版社,2019.9(2023.9重印)
(全国高等院校艺术设计规划教材)
ISBN 978-7-302-53736-6

Ⅰ. ①建⋯ Ⅱ. ①朱⋯ ②鲍⋯ ③田⋯ Ⅲ. ①建筑设计—环境设计—高等学校—教材 Ⅳ. ①TU-856

中国版本图书馆 CIP 数据核字(2019)第 189424 号

责任编辑:陈冬梅 陈立静
装帧设计:刘孝琼
责任校对:周剑云
责任印制:杨 艳

出版发行:清华大学出版社
   网 址:http://www.tup.com.cn, http://www.wqbook.com
   地 址:北京清华大学学研大厦 A 座 邮 编:100084
   社 总 机:010-83470000 邮 购:010-62786544
   投稿与读者服务:010-62776969, c-service@tup.tsinghua.edu.cn
   质量反馈:010-62772015, zhiliang@tup.tsinghua.edu.cn
   课件下载:http://www.tup.com.cn, 010-62791865

印 装 者:三河市君旺印务有限公司
经 销:全国新华书店
开 本:190mm×260mm 印 张:14.75 字 数:352 千字
版 次:2019 年 10 月第 1 版 印 次:2023 年 9 月第 2 次印刷
印 数:1501 ~ 2000
定 价:45.00 元

产品编号:075815-01

前　　言

　　建筑与景观的自然融合、自然与人的和谐共生是人居的最高境界。仅有优美的环境或者仅有别致的建筑都是不够的，只有将优美的自然景观、良好的生活氛围融为一体，才能营造理想的人居环境。建筑设计对细节的把握还应与景观因素相融合，建筑的造型、色彩、立面、风格都应恰如其分地与景观相互呼应。

　　本书共分 7 章。第 1 章为建筑与环境概念设计概述，重点是帮助设计人员了解建筑与建筑工程的概念，熟悉建筑与环境的关系，认识概念设计的内容，同时也介绍了几个建筑与环境概念设计的案例。第 2 章为建筑与外环境概念设计，重点介绍了建筑外部环境对建筑的影响，比如太阳辐射、室外气候等，同时还介绍了建筑外环境景观设计相关原则及创新方式。第 3 章为建筑与空气环境概念设计，重点介绍了与空气环境相关的室内空气品质、空气污染、换气、通风等相关知识。第 4 章为建筑与热湿环境概念设计，从太阳辐射的热作用、建筑围护结构的热湿传递、冷负荷与热负荷及典型的负荷计算方法方面进行介绍。第 5 章为建筑与光环境概念设计，包括光的性质与度量、视觉与光环境、天然采光、人工照明、天然采光的数学模型、光环境控制技术的作用。第 6 章为建筑与声环境概念设计，包括声音的度量与声环境的描述、人体对剩余环境的反应原理、环境噪声控制途径、噪声控制基本原理和方法等。第 7 章为工业建筑的室内环境要求，包括室内环境对典型工艺过程的影响机理、工业建筑的室内环境设计指标、典型工业建筑的室内环境设计等。

　　本书具有如下特点：第一，内容全面。本书内容涵盖了建筑与环境概念设计需要技术支撑的基础知识。第二，知识实用。在介绍相关技术知识基本内容的基础上，充分考虑建筑环境设计的复杂性、多样性，重点介绍了相关设计技术在建筑环境设计实践中的应用，具有较强的实用性，并可作为今后设计实践的基础工具书。

　　本书由华北理工大学的朱丽、鲍培瑜、田阳老师编写，参与本书编写工作的还有吴涛、阚连合、张航、李伟、封超、刘博、王秀华、薛贵军、周振江、张海兵、刘阁等，在此一并表示感谢。

　　由于编者水平有限，本书难免有不足之处，恳请广大读者批评指正！

编　者

目　录

目录

Contents 目录

第1章

建筑与环境概念设计概述

【学习目标】

- 了解建筑与建筑工程的定义。
- 熟悉建筑与环境的关系。
- 了解概念设计与建筑概念设计。

【本章要点】

建筑与环境概念设计，是将建筑与环境的关系作为切入点进行概念性设计的行为，目前在建筑领域的受关注程度正在逐渐增高。本章主要对建筑与环境概念设计进行概述，重点介绍建筑与建筑工程，阐释建筑与环境的密切关系，同时对概念设计和一些经典的设计案例进行详细介绍。

1.1 建筑与建筑工程

建筑工程是为新建、改建或扩建房屋建筑物和附属构筑物设施所进行的规划、勘察、设计和施工、竣工等各项技术工作和完成的工程实体，以及与其配套的线路、管道、设备的安装工程，也指各种房屋、建筑物的建造工程，又称建筑工作量。这部分投资额必须兴工动料，通过施工活动才能实现。

1.1.1 建筑

建筑是人类用土、石、木、钢、玻璃、芦苇、塑料、冰块等一切可以利用的材料，建造的构筑物。建筑的本身不是目的，建筑的目的是获得建筑所形成的"空间"。是人类为了满足社会生活需要，利用所掌握的物质技术手段，并运用一定的科学规律、风水理念和美学法则创造的人工环境。

建筑的对象，大到包括区域规划、城市规划、景观设计等综合的环境设计构筑、社区形成前的相关营造过程，小到室内的家具、小物件等的制作。而其通常的对象为一定场地内的单位。

在建筑学和土木工程的范畴里，"建筑"是指兴建建筑物或发展基建的过程。一般来说，每个建筑项目都会由专案经理和建筑师负责统筹，由各级承建商、分判商、工程顾问、工料测量师、结构工程师等专业人员(专业人士)负责监督。

要成功地完成每个建筑项目，有效的计划是必需的，无论设计还是完成整个建筑项目都需要充分考虑到整个建筑项目可能会带来的环境冲击、建立建筑日程安排表、财政上的安排、建筑安全、建筑材料的运输和运用、工程上的延误、准备投标文件等。

2018 年国内生产总值 900309 亿元，按可比价格计算，比上年增长 6.6%，实现了 6.5%左右的预期发展目标。其中，全国建筑业总产值 235086 亿元，同比增长 9.9%。全国建筑业房屋建筑施工面积 140.9 亿平方米，同比增长 6.9%。

从长远看，未来 50 年，中国城市化率将提高到 76%以上，城市对整个国民经济的贡献率将达到 95%以上。都市圈、城市群、城市带和中心城市的发展预示着中国城市化进程的高速起飞，也预示着建筑业更广阔的市场即将到来。据智研咨询资料不完全统计，2013 年至 2020 年，中国建筑业将增长 130%。智能建筑市场前景广阔，在 2020 年前，中国用于节能建筑项目的投资至少是 1.5 万亿元。我国建筑节能蓝图蕴含着对节能材料和技术数万亿元的商机。关于智能建筑，人们也产生许多构想，如图 1-1 所示。

图 1-1　智能建筑

建筑行业"十二五"规划也明确指出，在"十二五"期间全国建筑业总产值、建筑业增加值年均增长 15% 以上；全国工程勘察设计企业营业收入年均增长 15% 以上；全国工程监理、造价咨询、招标代理等工程咨询服务企业营业收入年均增长 20% 以上；全国建筑企业对外承包工程营业额年均增长 20% 以上。

巩固建筑业重要产业地位，必须实施勘察设计注册工程师执业资格管理制度，健全注册建造师、注册监理工程师、注册造价工程师执业制度，以培养造就一批满足工程建设需要的专业技术人才、复合型人才和高技能人才，并加强劳务人员培训考核，提高劳务人员技能和标准化意识，促使施工现场建筑工人持证上岗率达到 90% 以上。

调整优化队伍结构，促进大型企业做强做大，中小企业做专做精，形成一批具有较强国际竞争力的国际型工程公司和工程咨询设计公司，还要促使高层建筑、地下工程、高速铁路、公路、水电、核电等重要工程建设领域的勘察设计、施工技术、标准规范达到国际先进水平。

加大科技投入，大型骨干工程勘察设计单位的年度科技经费支出占企业年度勘察设计营业收入的比例不低于 3%，其他工程勘察设计单位年度科技经费支出占企业年度营业收入的比例不低于 1.5%；施工总承包特级企业年度科技经费支出占企业年度营业收入的比例不低于 0.5%。特级及一级建筑施工企业，甲级勘察、设计、监理、造价咨询、招标代理等工程咨询服务企业建立和运行内部局域网及管理信息平台。施工总承包特级企业实现施工项目网络实时监控的比例达到 60% 以上。

1.1.2　建筑工程

建筑工程是建设工程的一部分，是指通过对各类房屋建筑及其附属设施的建造和与其配套的线路、管道、设备的安装活动所形成的工程实体，包括厂房、剧院、旅馆、商店、学校、医院和住宅等，满足人们生产、居住、学习、公共活动等需要，如图1-2所示。

图1-2　建筑工程

与建设工程的范围相比，建筑工程的范围相对较窄，专指各类房屋建筑及其附属设施和与其配套的线路、管道、设备的安装工程，因此也被称为房屋建筑工程。

建筑工程的基本性质包括如下四个方面。

综合性：建造一项工程设施一般要经过勘察、设计和施工三个阶段，需要运用工程地质勘查、水文地质勘查、工程测量、土力学、工程力学、工程设计、建筑材料、建筑设备、工程机械、建筑经济等学科和施工技术、施工组织等领域的知识以及电子计算机和力学测试等技术。因此，建筑工程是一门范围广阔的综合性学科。

社会性：建筑工程是伴随着人类社会的发展而发展起来的。所建造的工程设施能够反映出各个历史时期社会经济、文化、科学、技术发展的全貌，因而建筑工程也就成为社会历史发展的见证之一。

实践性：建筑工程涉及的领域非常广泛，因此影响建筑工程的因素必然众多且复杂，使建筑工程对实践的依赖性更强。

技术上、经济上和建筑艺术上的统一性：建筑工程是为人类需要服务的，所以它必然是集一定历史时期社会经济、技术和文化艺术于一体的产物，是技术、经济和艺术统一的结果。

1.2　建筑与环境的关系

建筑是人类发展到了一定阶段后才出现的。人类的一切建筑活动都是为了满足人的生产和生活需要。从最早为了躲避自然环境对自身的伤害，用树枝，石头等天然材料建造的原始小屋，到现代化的高楼大厦，人类几千年的建筑活动无不受到环境和科学技术条件发展的影响，同时，随着人类对人与自然的关系、建筑与人的关系、建筑与环境之间关系的认识的不断调整与深化，人类对建筑在人类社会中的地位、建筑发展模式的认识也在不断地提高，如图1-3所示。

图 1-3　上海盛公馆(作者：朱丽[①])

1.2.1　建筑与环境的关系简述

人对空间的反应主要不是由人的尺寸来决定的，而是由人的行为因素来确定的。所有人的活动都对应于一个确定的尺寸空间。然而在现实中，即使像汽车这类功能性很强，但又需要提供空间的使用物，其提供的空间大小也已超越了纯功能性的意义，而同时具有豪华和低廉的区别。这一点在建筑中的体现更为突出。

现代建筑最大的问题就是不够重视建筑与环境之间的关系。研究不同国家的建筑设计规范和标准，可发现建筑空间的差异不能简单地归结为解剖尺寸或生理学的原因，而是深受其社会历史文化的影响，文脉主义运动就是在这个大背景下产生的。社会历史文化即文脉，最早源于语言学的定义，是指局部与整体之间的内在联系。局部与整体的观念并非始自今日，而是自古有之。古人曾把这种整体环境理解为多个单体建筑的相互关照，从而形成群体建筑。在中国，传统建筑的艺术形式更多地表现在群体建筑之间的搭配上，它要求建筑要和周边环境产生联系。如我国传统的建筑形式——四合院，就是由几个不同的建筑单体围合成一个单元的建筑体，如图 1-4 所示。北京有很多类似的建筑群，如故宫、颐和园等，在这些复杂的建筑群体中蕴含着完整而清晰的空间思想观念，如图 1-5 所示。

图 1-4　传统建筑形式

① 朱丽. 上海盛公馆. 短篇小说. 原创版[J]，2014.

图 1-5　传统建筑群

1.2.2　单体建筑与群体建筑的关系

相对于单体建筑而言，群体建筑无疑是复杂的，而建筑群体之间的组合则更使它具有了远远超过其他造型艺术结构的复杂性。但这个复杂性不是杂乱的，而是通过群体的内容与形式的和谐，通过各种造型美的手段有机地组织起来，使之具有一种结构简单的艺术品不大可能具有的深刻性。

让现有的受西方建筑观念影响的群体建筑和历史遗留下来的古建筑群产生联系，找到一个共同的支点，其难度确实像大海捞针。在北京就曾多次发生过将此问题简单化理解的情况：将古代的"五柱式"当作"假肢"，随意"移植"安装到现代建筑的躯体上，将大屋顶像戴帽子似地到处搬用，任意扣到中国新建筑的"头"上。一架房顶并非是单纯为避烈阳风雨的，其足以影响对于家庭的概念；就像一扇门并非是仅仅供人出入的，它是引导人们跨入人类家庭生活之奥秘的钥匙。人们去敲一扇灰色的小屋门和去敲一扇装着金黄兽环的朱漆大门，在心理上总是有些差别的。

"笔墨当随时代"，建筑也应随着自身的情况以及所处时代的节拍而变化，而万变不离其宗，这个"宗"应该是指自身，建筑群体始终是和自身发展的这个大前提和大环境相适宜的。

1.2.3　建筑与建筑之间的关系

"环境协调"是近年来建筑界的一种新主张，它实质上就是讲建筑与建筑之间的协调关系，建筑整体造型与色彩处理应与周围环境协调。这种"协调"应包括两层含义，既有空间意义上的协调，又有时间意义上的协调，二者应是一个完整统一的"时空坐标系统"。

那种只求表面形式一致的建筑，已经脱离了历史意义上的时间概念，其空间的功用也发生了与古时不同的变化。当代建筑的一个基本观点是把环境空间看成建筑的"主角"，而人又是环境空间的"主角"。

且不说新型公寓代替四合院是好还是坏，但毕竟是生活进程和社会发展的必然。而北京的大屋顶式建筑则不论从空间上还是时间上都脱离了现实，这种责任不能全部由建筑师来承担，而与中国的某些固有思想观念有关。比如，同样是对古文物的保护，或者说是对古文物的修复，东西方有着完全不同的原则：西方人主张古代和现代要有十分清晰的界限，认为与古建筑呼应是"投降"，而中国则要求模糊此界限，要求最好修复得和原来的一模一样，认为这样更有历史感，可能就是这种观念，使中国人将传统和现代变得模棱两可。

西方有很多对新老建筑的协调关系把握得很到位的作品，如一位叫米歇罗佐的建筑师在 15 世纪建造的弃婴医院旁设计的另一幢建筑就很匹配，被贝聿铭称赞为"非常文明，有高度的修养"。这并不是"颂古非今"，也不是"以新就古"，更非取消建筑的个体特色和富有表现力的艺术性，而是主张将这种特色和个性融在建筑环境的整体特色之中，如图 1-6 所示。

图 1-6　油画　山脚小屋(作者：朱丽[①])

　　个体建筑的特色美一旦离开了环境整体，就等于取消了特色。在环境这个看似限制的大前提下，只有发挥自我的表现才能，才会有更广阔的天地。建筑是具有使用功能的，其精神因素应寄托在实体之中，如果让建筑艺术的表现更多地向前大跨步，到了一定程度，就会如黑格尔所警告的那样：建筑已经越出了它自己的范围而接近比它更高一层的艺术，即雕刻。所以说建筑需要表现，但这种表现并不能脱离建筑美的本义，应该将这种表现更多地投向整体环境。

　　优秀的建筑作品，既不应该是威风凛凛的招牌，也不应该是可有可无的摆设，而应该与建筑一起成长。协调并不是单单只求形式表面的相同或相近，建筑环境美的奥妙在于结合，协调是一种结合，同样，对比也是一种结合。

　　对于造型奇特、个性张扬，与周围环境形成巨大形体反差和个性特征突显的建筑也不应一味地否定，这种建筑物只是在特定条件下，在与环境的强烈对比中去求得整体美的一个特例。将艺术的喜剧色彩、幽默诙谐或荒诞滑稽注入建筑艺术之中，虽然是一种极端化做法，但它至少可以打破现代建筑整体上的刻板沉闷。建筑环境艺术的主旨不但要创造和谐统一，而且要创造丰富多彩。

1.2.4　建筑环境学

　　人类在几千年的建筑活动中，根据各自环境的特点，总结出适合自己需要的"营造法式"。随着社会的发展，对艺术的追求，在营造法式的基础上又产生了许多有价值的"图式理论"。进

---

① 朱丽. 山脚小屋. 文学理论与批评[J]，2017.

入 20 世纪，建筑业的扩大，物质技术条件的增长，又出现了以功能法则为基础的"建筑空间理论"。到了 20 世纪 70 年代，环境问题成了世界的中心话题，人是环境的主体，于是人和环境又成为建筑创作的中心课题。也就是说，建筑设计已经从经营构图、组织空间扩大到创造环境，这是对建筑本质理解的深化，是建筑设计观念的进步和革新。

所谓建筑环境学，就是指在建筑空间内，在满足使用功能的前提下，如何让人们在使用过程中感到舒适和健康的一门科学。根据使用功能的不同，从使用者的角度出发，研究室内的温度、湿度、气流组织的分布、空气品质、采光性能、照明、噪声和音响效果等及其相互组合后产生的效果，并对此做出科学的评价，为营造一个舒适、健康的室内环境提供理论依据。

人们在长期的建筑活动中，结合各自生活所在地的地形，为了适应当地的气候条件，在就地取材、因地制宜方面，积累了很多设计经验。例如生活在北极圈的爱斯基摩人利用当地的冰块及动物皮毛，盖起了"圆顶小屋"，并使小屋内的温度能够满足人的生活需要，如图 1-7 所示。

图 1-7　爱斯基摩人的圆顶小屋

在我国寒冷的华北地区，由于冬季干冷、夏季湿热，为了能在冬季保暖防寒，夏季防热防雨及春季防风沙，就出现了"四合院"，如图 1-8 所示。

图 1-8　中国华北地区的四合院

而在我国的西北和华北黄土高原地区，由于土质坚实、干燥，地下水位低等特殊的地理条件，人们就创造出了"窑洞"来适应当地的冬季寒冷干燥，夏季有暴雨，春季多风沙，气温差异较大的特点，如图 1-9 所示。

图 1-9 黄土高原的窑洞

生活在西双版纳的傣族人民，为了防雨、防湿和防热以获得较为干爽阴凉的居住条件，创造出了颇具特色的架竹木楼"干阑"建筑，如图 1-10 所示。

图 1-10 西双版纳的"干阑"建筑

除了使用上述这些设计经验来创造和改善自己的居住环境以外，随着科学技术的不断进步，人类开始主动地营造受控的室内环境。20 世纪初，能够实现全年运行的空调系统首次在美国的一家印刷厂内建成，这标志着人类可以不受室外气候的影响，在室内自由地营造出能满足人类生活和工作所需的温热环境。随着科学技术的发展和大量新材料、新设备的使用，使人们在室内的生活变得更方便，"感觉"更好。因此，建筑设计不仅要求造型新颖美观、功能合理，还必须把它提高到人工环境的角度加以考虑，以满足人们物质文明和精神文明的需求。

1999 年，第 20 届世界建筑师大会的《北京宣言》指出"20 世纪以其独特的方式丰富了建筑史，大规模的技术和艺术革新造就了丰富的建筑设计作品"，同时又指出"技术是一种解放的力量。人类经过数千年的积累，终于使科技在近百年来释放了空前的能量。科技发展，新材料、新结构、新设备的应用，创造了 20 世纪特有的建筑形式。如今，我们处在利用技术的力量和潜能的进程中"。由此可见，使用科技手段，与建筑设计有机地结合创造出舒适、健康的室内环境是现代建筑设计质量的保证，是现代建筑创作的一个有机组成部分。

在强调可持续发展的今天，建筑环境学也面临着两个亟待解决的问题，第一是如何协调满足室内环境舒适性与能源消耗和环境保护之间的矛盾。目前建筑物的年耗能量中，为满足室内温度、湿度要求的空调系统能耗所占的比例约为 50%，照明所占比例约为 33%。而所消耗的电能或热能大多来自热电厂或独立的工业锅炉，其燃烧过程的排放物是造成大气温室效应和污染环境的根源。所以研究和制定合理的舒适标准，以便有效地合理利用能源，是我们的一个艰巨而紧迫的任务。第二，在室内的空气品质方面，由于大量使用合成材料作为建筑内部的装修和保温材料，并一味地为节能而减低新风量，因此出现了所谓的病态建筑，在这些建筑内长期停留和工作的人，则会产生气闷、黏膜刺激、头疼及嗜睡等症状。流行病学研究进展也使我们认识到这种低水平环境污染下的潜在危险，以及这种环境下对人体健康可能产生的有害影响。研究和掌握形成病态建筑的起因，分析各种因素之间的相互影响，为创造一个健康的环境提供科学依据也是我们面临的一个很重要的任务。

如何研究建筑环境学呢？建筑环境学主要由建筑外环境、室内空气品质、室内热湿与气流环境、建筑声环境和光环境等若干个部分所组成。由于建筑环境学内容的多样性，各组成环节相对的独立性和应用的广泛性，人类从各个学科的角度对其内容进行了研究，如在建筑学专业的范畴内，为了建筑规划的总体布局、单体建筑设计、建筑围护结构和室内装修等设计的需要，从材料的物理性能着手，对材料的热物性、光学性能、声学性能进行研究的建筑物理学。

生理学从研究人体的功能出发，用热生理学、心理学来研究人体对热和冷的反应机理，从中去认识血管收缩和出汗等一系列的反应机理。

心理学家非常关心人在某些给定的热、声、光环境条件下的感觉。在一给定环境条件的刺激下，人是如何感觉的，又如何来定量地描述这种感觉，通过观察受试者的反应得出结论，必须借助心理学的研究手段。由于感觉是不能测量出来的，需要通过某些间接的途径来实现，所以心理学家又通过不同的测试手段来研究反应与感觉的关系。

劳动卫生保护专家则从室内的一些不太令人舒服的环境出发，例如在过冷或过热的环境、空气组分比例不符合卫生健康要求的场合、有着噪声的工厂、采光条件太差或者光对比度过强的操作空间等诸如此类的环境下，研究这些环境可能对人体健康和安全带来的危害及由此造成的工作效率下降的问题。

综上所述，我们可以知道，建筑环境学包含了建筑、传热、声、光、材料及生理、心理和生物学等多门学科的内容，事实上，它是一种跨学科的边缘科学。因此对环境的认识需要综合以上各类学科的研究成果，这样才能完整和准确地描述一个环境，并有可能给出一个评判环境的标准。

1.3 概 念 设 计

概念设计是利用设计概念并以其为主线贯穿全部设计过程的设计方法。它是一个完整而全面的设计过程，通过设计概念将设计者繁复的感性和瞬间思维上升到统一的理性思维，从而完成整个设计，是由分析用户需求到生成概念产品的一系列有序的、可组织的、有目标的设计活动，表现为一个由粗到精、由模糊到清晰、由抽象到具体的不断进化的过程。

1.3.1 概念设计简述

"概念设计"中的概念不外乎两大点——非技术性的概念(包含意识形态、观念和设计方法等)和技术性的概念。概念设计不仅仅是建筑,也包含工业设计(日常见到的汽车和日用产品等)等众多方面。设计师利用概念设计向人们展示新颖、独特、超前的构思,反映着人类对先进工业产品的梦想与追求。

概念设计还具有时代性,随着技术的发展,很多"概念"被实现后自然就毫无新意了,但是在当时它可以算是革命性的。

概念的设想是创造性思维的一种体现,概念产品是一种理想化的物质形式。下面举例说明概念设计的含义:给出一个概念"断药",让学生进行座椅的开发设计。其步骤是,首先向学生讲述心理学中的一个名词——暗示心理,并分别举出一个"安乐死"实验和一个"挽救少女生命"的文学名著故事,从正反两个方面说明暗示对人的健康的影响,然后运用一个"民间故事"阐述如何将"断药"的概念物化到具体的产品上。

因为在民间曾有这样一个说法,就是将一把断了的钥匙用红线穿着挂在小孩的脖子上,取"断钥"的谐音"断药"暗示常生病的孩子挂上"断钥"这挂项链之后,就断了药,从此不再吃药,这也意味着孩子走向健康。

所以,将一把断了的钥匙(断药)的概念物化到具体的产品上来为健康做设计时,用折断了的钥匙做椅架为主题,由学生创意出现了形形色色的座椅开发设计方案(其草图、效果图、视图等技术说明从略),于是就有了一种新型的专用座椅的概念设计。其应用场合为疗养院、医院、不能自理的老人家庭等。

这是传统的产品概念设计。当然,产品的类型不只是这种无障碍设计思想指导下的专用座椅。产品即人之观念的物化,设计是一种思维行为。在这种思维创造性行为活动中,产品概念的构思是丰富的,人的创作智慧是无穷的。概念产品的类型更是多种多样的。

1.3.2 建筑概念设计

建筑概念设计是在建筑设计中利用概念进行判断、推理、创新和决策的方法和过程。

概念设计的方法,是从建筑工程实践中发现问题,在理论指导下分析问题,找出解决问题的方法,然后通过建筑工程实践的改进加以验证,最终总结出新的理论和设计方法,指导建筑概念设计。

建筑概念设计可以应用在如下几个方面。

解决具体设计问题:在一些建筑设计任务中,会有一些性质特殊的基地,或者是任务书中有特殊功能面积要求的基地,概念设计将对这些设计难点进行针对性解决。

回应诉求:有一些基地天然地自带特点。比如毗邻公园,或者正对火车站,抑或紧邻历史保护建筑,这时若想设计新的建筑,就不可避免地需要处理好与这些城市的关系。如何处理与这些城市的关系就可以称为建筑的概念。

转变既有类型:有些建筑类型已经有了比较固定的平面、剖面模式,比如学校、办公室、住宅等。在一些项目中可能有条件转变这种常规的类型,从而提供一些原本无法实现的优点和趣味,这种转变可以称为建筑的概念。

空间感知的设想:有一些建筑类型,空间的设计很重要,比如博物馆、剧院、图书馆等公共建筑。设计者对想要给使用者感知到的空间可能会有特定的设想,这也应用到了概念设计。

1.4 建筑与环境概念设计案例

1.4.1 同志社礼拜堂

同志社礼拜堂是建筑概念设计的极好体现，如图 1-11 所示。

图 1-11 同志社礼拜堂

"同志社礼拜堂"是日本建筑事务所 bakoko 和 structured environment 的工程师共同完成的一个竞赛项目，它是位于日本京都同志社大学校园内的一座基督教会。"同志社礼拜堂"包含一个礼拜祈祷中心和一个基督教文化中心，两个功能区分别位于一条道路的两边。建筑的设计概念来自无限符号，并通过适当的扭曲变换使建筑形态更加流畅灵动，如图 1-12 所示。

图 1-12 无限符号

最终设计出的流动的建筑形态是由不同环境和功能相互推挤形成的，弧形墙面更好地体现了流动空间的概念，如图 1-13 所示。

图 1-13 流动的建筑形态

弧形墙面为光线反射提供了良好的条件，同时还设计了一个可上人的绿色屋顶。外围交通区域被一道透明的玻璃墙包围，让人们能在这个公共区域相互交流，同时它也是户外庭院的一部分，让建筑与环境完美融合，如图 1-14 所示。

01

图 1-14　绿色屋顶

同志社礼拜堂处在一个两边有低矮建筑物较为开敞环境中，保证了交通的顺畅。一条主要干道穿过建筑物的中心，并将其分为两个空间，如图 1-15 所示。

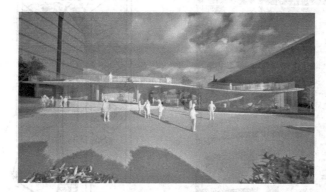

图 1-15　礼拜堂的一条主要干道

在室内设计方面，礼拜堂拥有两个大面积近圆形的室内空间，顶部用圆弧玻璃覆盖，可容纳很多人一起在采光良好的礼堂内做礼拜与休息，如图 1-16 所示。

透明玻璃屋顶保证了室内有足够的采光，而在室内经过精心设置的各种灯发出的光线经过漫反射也使内部光线更加充足与柔和，如图 1-17 所示。

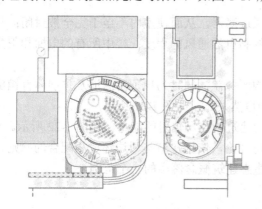

图 1-16　室内设计

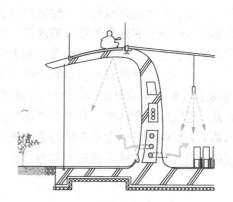

图 1-17　光线设计

技术性概念设计除了设计产品本身具有独特的创意外，设计师还解决了诸如能源、环保、效率、便利等人类为了更好地生活所需关注的前沿问题。

1.4.2　米那亚大厦

　　著名的马来西亚米那亚大厦是生态建筑概念设计的代表之作，坐落于马来西亚的梳邦再也市，其外貌如图 1-18 所示。

　　米那亚大厦的主要(生态)设计特征，其一为空中花园，它的空中花园从一个三层高的植物绿化护堤开始，沿建筑表面螺旋上升，如图 1-19 所示。

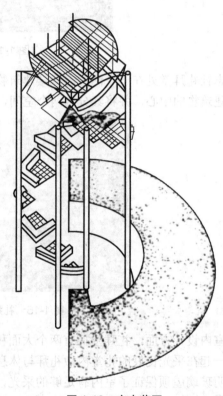

图 1-18　米那亚大厦　　　　　　　　　　　　图 1-19　空中花园

　　其二，是它独特的建筑形式。建筑内设置通风过滤器，从而使室内不至于完全被封闭；每层办公室都设有外阳台和通高的推拉玻璃门，以便控制自然通风的程度；楼中所有的电梯和卫生间都是自然采光和通风。建筑构造如图 1-20 所示。

　　其三，它的空间屋顶露台由钢和铝的支架结构所覆盖，同时为屋顶游泳池及顶层体育馆的曲屋顶(远期有安装太阳能电池的可能性)提供遮阳和自然采光，如图 1-21 所示。

　　其四，建筑的南北两面设有曲面玻璃墙，可为建筑调整日辐射的能量，如图 1-22 所示。

　　米那亚大厦的设计概念基于生态系统的原理与理论，依据建筑与周边环境相配合的原则，实现了经济、自然和人文效应的三大生态目标，是生态建筑概念落实的一个范例。

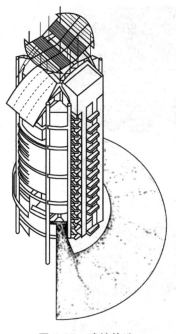

图 1-20　建筑构造　　　　　　　　　图 1-21　屋顶露台

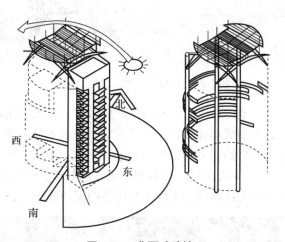

图 1-22　曲面玻璃墙

1.4.3　福戈岛艺术工作室

　　由桑德斯(Todd Saunders)设计的福戈岛艺术工作室位于纽芬兰省边界的福戈岛，岛上住着一群温和、与世隔绝的人，几个世纪以来，他们都在岛上以捕鱼为生。岛上展现了典型的北大西洋自然风景，充满了野性之美。Shorefast 基金会试图在岛上找到保护这块土地和特殊文化的方法，Saunders Architecture 建筑事务所受其委托在岛上建造了一座艺术工作室。建筑师希望该建筑既能表达出对土地海洋的敬意，同时也能突出此地的风景特点。

　　六座工作室的面积从 $20m^2$ 到 $120m^2$ 不等。第一座工作室"长屋"(Long Studio)在 2010 年 6 月建成。2011 年 6 月，"桥屋"(Tower Studio)、"塔屋"(Tower Studio)以及"扁屋"(Squish Studio)已经开放，福戈岛艺术工作室外部图如图 1-23、图 1-24 所示。

图 1-23　福戈岛艺术工作室外部图

图 1-24　福戈岛艺术工作室外部图

　　"长屋"采用了纽芬兰当地的施工方法和材料，以方便当地工作团队在冬天进行模板预制。"长屋"是一个光线充足、美丽简单而又可持续的建筑，是福戈岛艺术公司在此地开发得最早的一个工作室。桑德斯的建筑以简约有力的几何造型取胜，这一工作室也不例外，其狭长的菱形躯干兀立在粗犷的岩石上，直面辽阔的海天。看似茕茕孑立的外形实则根植于当地传统建筑与渔舍，对彰显该地区的建筑文化起着关键作用，工作室与环境的配合如图 1-25 所示。

图 1-25　工作室与环境的配合

　　建筑材料和方法反映了当地悠久的建筑传统，锐利的几何方块坐落在地面上，通过小型混凝土基座加以巩固。严寒的冬季当地工作团队进行预制件生产，而春季就可以安装建造。如此即可保证该设计能在岛上的任何地形得以进行。宽大的窗户除了让明亮的自然光线照射外，同时还可以让美丽的户外风景延伸到室内。一米深的墙内设有储物间、厕所等，平台设计如图 1-26、图 1-27 所示，剖面示意图如图 1-28 所示。

01

图 1-26　平台设计

图 1-27　平台设计

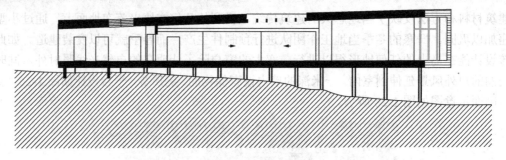

图 1-28　剖面示意图

　　"扁屋"是一个白色尖角形体，栖息在沿海岸线的岩石地带，如图 1-29 所示。"扁屋"工作室正门极富对比色彩，最南端高于地面 6.1m(20 英尺)，工作室紧凑的梯形平面，因其东西两面外墙的延展而加大，在南面形成了一个掩蔽的三角形平台入口，在北面则是俯瞰大洋的露台，西南立面图和东立面图如图 1-30、图 1-31 所示。

图 1-29　"扁屋"

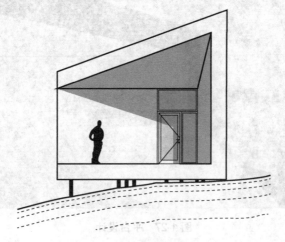

图 1-30　西南立面图

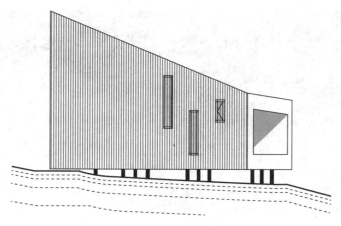

图 1-31　东立面图

其内部是明亮的白色，让本来并不大的房间看起来比实际要宽敞。私人空间和存储领域集中在一端，以保持柔和、干净的设计风格，并提供一个足够大的开放空间，如图 1-32 所示。

图 1-32　内部环境

1.4.4　诺丁汉大学

建造在英国诺丁汉市的诺丁汉大学新校区，也是一个优秀的绿色建筑案例，模型如图 1-33 所示。

霍普金斯的设计重点是 $13000m^2$ 的线形人工湖，使其成为有机的缓冲体。在这一水体的设计上，人工化被尽量避免，而试图营造一种人工的自然平衡：通过对雨水的回收利用、培养水生动植物去带动水体的生态循环等措施减少人工保养费用等。人工湖如图 1-34、图 1-35 所示。

在建筑材料的选择方面，诺丁汉大学新校区注重材料的生态效应，选择了木材贴面，如图 1-36 所示。而且，还加上了保温层，在建筑外形成一个"呼吸"外皮。在中厅的外墙中，亦加了一层麻布作为吸音层，如图 1-37 所示。

此外，诺丁汉大学新校区还采用了节能围护结构，起到了良好的保温作用，如图 1-38 所示。

01

图 1-33　校区模型

图 1-34　人工湖(1)

图 1-35　人工湖(2)

图 1-36　木材贴面

图 1-37　吸音层

图 1-38　节能围护结构

在通风设计方面，诺丁汉大学新校区最初设计为自然通风，后来经过严格的实地考察，发现原来的设计难以获得通风效果，所以，改为在利用自然通风的基础上辅以有效的机械通风，如图1-39所示。专门设计的"楼梯间"风塔如图1-40所示。

图 1-39 机械通风

图 1-40 "楼梯间"风塔

此外，诺丁汉大学新校区还通过中庭的设置，在建筑内形成"风道"。夏季时，主导风经过湖面得到自然的冷却；而到了冬季，靠近住宅区的树林则成为有效的挡风屏障，如图1-41、图1-42所示。

在太阳能利用方面，建筑师考虑了适合的太阳水平角和高度角，把光电板安置在中庭，如图1-43所示。

中庭还能够起到一个阳光房的作用，进入教室的气流可以在这里得到加热，如图1-44所示。

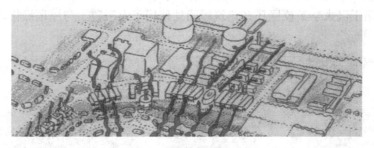

图 1-41　夏季通风效果手绘

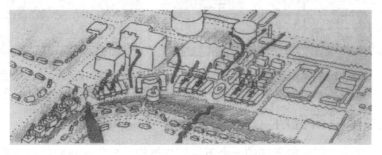

图 1-42　冬季通风效果手绘

图 1-43　太阳能光电板

图 1-44　阳光房

　　在自然采光方面，建筑内部合理的开窗和天窗都为室内提供了足够的自然光，而且，建筑内部设有监测系统，用以控制没有必要的人工采光。自然采光设计如图 1-45、图 1-46 所示。

图 1-45　自然采光设计(1)

除此之外，诺丁汉大学新校区还在建筑屋顶处使用了人工覆土与屋顶绿化，以减小屋顶的热损失，如图 1-47 所示。

图 1-46　自然采光设计(2)　　　　　　图 1-47　人工覆土与屋顶绿化

1.4.5　美国太阳能研究所

太阳能研究所是美国国家能源部的一个下属研究机构，坐落在科罗拉多州的南桌山上海拔较高的半沙漠地带，建筑面积约 1394m^2，包括一系列办公室、研究室、实验室等，主要用来进行太阳能利用、光合作用等方面的专业研究，如图 1-48 所示。其生态策略如图 1-49 所示。

图 1-48　太阳能研究所外观

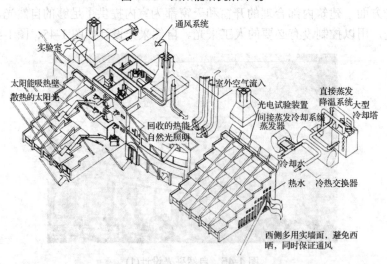

图 1-49　太阳能研究所的生态策略

退台式体型和窗户的设计扩大了日光的入射深度，最大可以达到 27.4m，有效地减少了人工照明的能源消耗，如图 1-50 所示。

建筑屋顶安装了太阳能光电板，并设置了排风口，如图 1-51、图 1-52 所示。

建筑内部树状的散气装置，成为室内醒目的装饰性元素，南向的窗户封闭，但其上设有高窗供自然通风用，如图 1-53、图 1-54 所示。

图 1-50　退台式体型

图 1-51　太阳能光电板

图 1-52　排风口

图 1-53　散气装置

图 1-54　高窗

实验室的墙体可以自由移动，网络布线非常灵活，可根据实验室功能的变化重新布置，以减少重新调整的费用并避免材料浪费，如图1-55所示。

太阳能吸热壁能充分吸收半沙漠地带的太阳热辐射，在白昼防止室内温度的升高；在夜间则缓缓释放存储的热量，以保持室内的温度，如图1-56所示。

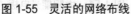

图1-55 灵活的网络布线

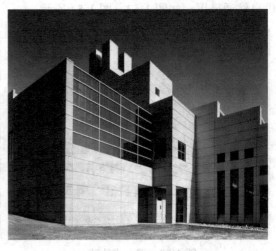

图1-56 太阳能吸热壁

光敏窗户可以根据阳光的强度上升或下降，而且可以调整室内的光照强度，如图1-57、图1-58所示。

图1-57 光敏窗户

图1-58 光敏窗户

实验室有部分埋入山体，以减少热传导，节约供暖或制冷的能源消耗，如图1-59所示。

图 1-59 部分埋入山体的实验室

在绿化方面，实验室做到了因地制宜，全部采用本地植物做为绿化植物，如图 1-60 所示。

图 1-60 绿化植物

作为美国能源部的研究机构，太阳能研究所在环保节能方面做出了表率。自投入使用以来，这一建筑每年能够节省大约 20 万美元的能耗支出。

本章小结

本章主要介绍了建筑与环境概念设计的基本要点，其中，重点介绍了建筑与建筑工程的定义、现状，阐释了建筑与自然或人文环境的关系，同时对概念设计、建筑概念设计进行了详细的介绍。

思考与习题

(1) 建筑的对象有哪些？
(2) 建筑工程与建设工程的区别是什么？
(3) 建筑与环境之间是什么关系？
(4) 概念设计的内容是什么？

第 2 章

建筑与外环境概念设计

- 了解与建筑外环境相关的气候要素。
- 熟悉中国建筑气候区划。
- 了解建筑外环境景观设计。

【本章要点】

建筑外环境是建筑周围的环境，它与建筑的室内环境共同构成了人类最基本的生存活动环境。为得到良好的室内气候条件，必须了解当地各主要气候要素的变化规律及其特征。一个地区的气候是在许多因素综合作用下形成的，与建筑密切相关的气候要素有：太阳辐射、气温、湿度、风、降水等。本章主要介绍与建筑外环境相关的气候要素，介绍中国建筑气候区划，同时对建筑外环境景观设计进行阐释。

2.1 地球绕日运动的规律

地球上的任何一点位置都可以用地理经度和纬度来表示。一切通过地轴的平面同地球表面相交而成的圆都叫经度圈，经度圈都要通过地球两极，因而都在南北极相交。

这样每个经度圈都被南北两极等分成两个 180° 的半圆，这样的半圆叫经线或子午线。全球分为 180 个经度圈，360 条经线。1884 年经国际会议商定，以英国伦敦的格林尼治天文台所在的子午线为全世界通用的本初子午线，如图 2-1 所示。

一切垂直于地轴的平面同地球表面相交而成的圆，都是纬线，它们彼此平行，其中通过地心的纬线叫赤道。赤道所在的赤道面将地球分成南半球和北半球，如图 2-2 所示。

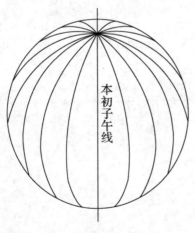

图 2-1　地球经度圈

图 2-2　地球纬度圈

不同的经线和纬线分别以不同的经度和纬度来区分。所谓经度，就是本初子午线所在平面与某地子午线所在平面的夹角。因此，经度以本初子午线为零度线。自零度线向东分为 180°，叫东经，向西分为 180°，称为西经。纬度是本地法线(地平面的垂线)与赤道平面的夹角，是在本地子午线上度量的。赤道面是纬度度量起点，赤道上的纬度为零。自赤道向北极方向分为 90°，称为北纬，向南极方向分为 90°，称为南纬。

一天时间的测定，是以地球自转为依据的，昼夜循环的现象给了我们以测量时间的一种尺度。日照设计中所用的时间，均以当地平均太阳时为准。它与日常钟表所指的标准时之间有一差值，应予以换算。

所谓平均太阳时，是以太阳通过该地的子午线时为正午 12 点来计算一天的时间。这样经度不同的地方，正午时间均不同，使用起来不方便。因此，规定在一定经度范围内统一使用一种标准时间，在该范围内同一时刻的钟点都相同。

经国际协议，以本初子午线处的平均太阳时为世界时间的标准时，称为"世界时"。把全世界按地理经度划为 24 个时区，每个时区包含地理经度 15°。以本初子午线东西各 7.5° 为零时区，向东分 12 个时区，向西也分 12 个时区。每个时区都按它的中央子午线的平均太阳时为计时标准，称为该时区的标准时，相邻两个时区的时差为 1 小时。时区的划分如图 2-3 所示。

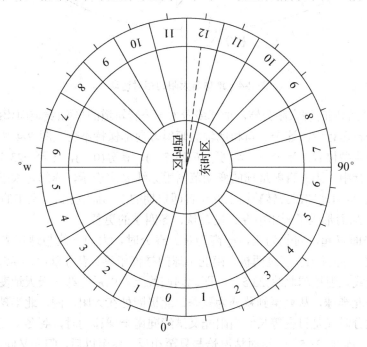

图 2-3　时区划分

我国地域广阔，从东 5 时区到东 9 时区，横跨 5 个时区。为计算方便，我国统一采用东 8 时区的时间，即以东经 120° 的平均太阳时为中国的标准时间，称为"北京时间"。北京时间与世界时相差 8 小时，即北京时间等于世界时加上 8 小时。

标准时与地方平均太阳时可按下式计算

$$T_0 = T_m + 4(L_0 - L_m)$$

式中：T_0——标准时间，min；

T_m——地方平均太阳时，min；

L_0——标准时间子午线的经度，deg；

L_m——当地时间子午线所在处的经度，deg。

日照是指物体表面被太阳光直接照射的现象。建筑对日照的要求主要是根据它的使用性能和当地气候情况而定。太阳在天空中的位置因时、因地时刻都在变化，正确掌握太阳相对运动的规律，是处理建筑环境问题的基础。

地球绕着太阳旋转过程中的位置示意图如图 2-4 所示。

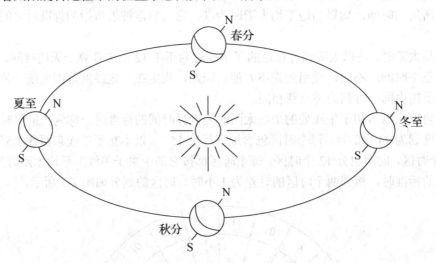

图 2-4　地球与太阳的相对运动

地球绕地轴自转的同时绕太阳公转，地球绕着太阳公转轨道的平面(黄道面)始终保持在 66.5° 的倾角，而且在公转运行中，这个交角和地轴的倾斜方向都保持不变。图 2-4 中给出的是地球在公转轨道上的几个典型位置：春分(0°)，夏至(+23.5°)，秋分(0°)，冬至(-23.5°)。

地球在公转运行中，阳光直射地球的变动范围用赤纬 d 来表示，赤纬是太阳光线与地球赤道平面之间的夹角。它是随地球在公转轨道上的位置即日期的不同而变化的，全年的赤纬在+23.5°～ -23.5°之间变化。从而形成了一年中春、夏、秋、冬四季的更替。

赤纬从赤道平面算起，向北为正，向南为负。春分时，太阳光线与地球赤道面平行赤纬为 0°，阳光直射赤道，并且正好切过两极，南北半球的昼夜相等。春分以后，赤纬逐渐增加，到夏至为最大，太阳光线直射地球北纬 23.5°，即北回归线上。以后赤纬一天天地变小，秋分时赤纬又变回到 0°。在北半球，从夏至到秋分为夏季，北极圈处在太阳一侧，北半球昼长夜短，南半球夜长昼短，到秋分时又是日夜等长。当阳光又继续向南半球移动时，到冬至日，阳光直射南纬 23.5°即南回归线，赤纬-23.5°，这时情况恰与夏至相反。冬至以后，阳光又向北移动返回赤道，至春分太阳光线与赤道平行，如此周而复始。地球在绕太阳公转的行程中，不同日期有不同的太阳赤纬，春分、夏至、秋分、冬至是四个典型的季节日，分别为春夏秋冬四季中间的日期。从天球上看，这四个季节把黄道等分成四个区段，若将每一个区段再等分成六小段，则全年分为 24 小段，每小段太阳运行大约为 15d 左右，这就是我国传统的历法——二十四节气。

地球与太阳的相对位置可以用纬度 ϕ、太阳赤纬 d、时角 h、太阳高度角 β 和方位角 A 等来表示。夏至到冬至这一段期间太阳在中午照射时的几何图形如图 2-5 所示。

O 点表示地心，QQ' 表示赤道，NS 表示地球轴线。

纬度(ϕ)：地球表面某地的纬度是该点对赤道平面偏北或偏南的角位移。

时角(h)：时角是指 OP 线在地球赤道平面上的投影与当前时间 12 点时日、地中心连线在赤道平面上的投影之间的夹角。当地时间 12 点时的时角为零，前后每隔一小时，增加 360°/24=15°，如 10 点和 14 点均为 15×2=30°。时角如图 2-6 所示。

图 2-5　夏至和冬至时太阳高度角与纬度之间的关系(北纬 40°)

地球上某一点所看到的太阳方向，称为太阳位置。太阳位置常用两个角度来表示，即太阳高度角 β 和太阳方位角 A。太阳高度角为太阳方向与水平面的夹角，太阳方位角为太阳方向的水平投影偏离南向的角度，如图 2-7 所示。

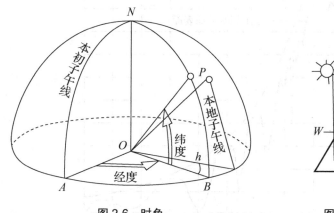

图 2-6　时角

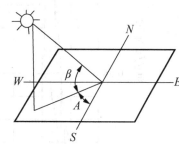

图 2-7　太阳高度角与方位角

确定太阳高度角和方位角的目的在于进行日照时数、日照面积、房屋朝向和间距以及房屋周围阴影区范围等的设计。

影响太阳高度角和方位角的因素有三：赤纬(d)，它表明季节(日期)的变化；时角(h)，它表明时间的变化，地理纬度(ϕ)，它表明观察点所在的位置。

太阳高度角 β 和方位角 A 可用下式表示。

$$\sin \beta = \cos \phi \cos h \cos d + \sin \phi \sin d$$

$$\sin A = \frac{\cos d \sin h}{\cos \beta}$$

2.2　太　阳　辐　射

太阳辐射能是地球上热量的基本来源，是决定气候的主要因素，也是建筑物外部最主要的气候条件之一。

2.2.1　太阳常数与太阳辐射的电磁波

太阳是一个直径相当于地球 110 倍的高温气团，其表面温度约为 6000K 左右，内部温度则高

达 2×10^7 K。太阳表面不断以电磁辐射形式向宇宙空间发射出巨大的能量，地球接受的太阳辐射能约为 1.7×10^{14} kW，仅占其辐射总能量的二十亿分之一左右。

太阳辐射热量的大小用辐射强度 I 来表示。它是指 $1m^2$ 黑体表面在太阳辐射下所获得的热量值，单位为 W/m^2。太阳辐射热强度可用仪器直接测量。在地球大气层外，太阳与地球的平均距离处，与太阳光线垂直的表面上的辐射强度 $I_0=1353$ W/m^2，被称为太阳常数。

太阳辐射的波谱如图 2-8 所示。

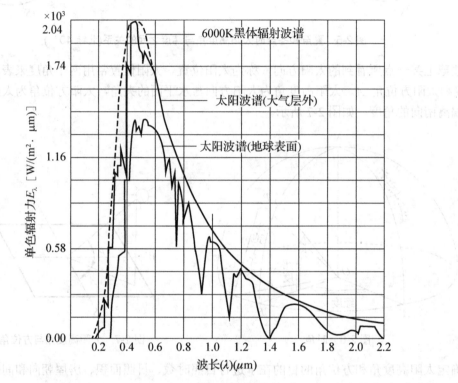

图 2-8　太阳辐射的波谱

在各种波长的辐射中，能转化为热能的主要是可见光和红外线。太阳辐射中约有 46% 来自波长为 $0.38\sim0.76\mu m$ 的可见光，其次是波长在 $0.76\sim3.0\mu m$ 的近红外线。当太阳辐射透过大气层时，由于大气对不同波长的射线具有选择性的反射和吸收作用，因此，在不同的太阳高度角下，光谱的成分也不相同，各种辐射能量占太阳辐射总能量的百分比与太阳高度角的变化如表 2-1 所示。

表 2-1　太阳辐射与太阳高度角的关系

太阳高度角	紫外线	可见光	红外线	太阳高度角	紫外线	可见光	红外线
90°	4%	46%	50%	0.5°	0	28%	72%
30°	3%	44%	53%				

从表 2-1 中可以看出，太阳高度角越高，紫外线及可见光成分越多；红外线则相反，它的成分随太阳高度角的增加而减少。

2.2.2　大气层对太阳辐射的吸收

太阳辐射通过大气层时，其中一部分辐射能被云层反射到宇宙空间，另一部分则受到天空中的各种气体分子、尘埃、微小水珠等质点的散射，还有一部分被大气中的氧、臭氧、二氧化碳和水蒸气所吸收。由于反射、散射和吸收的共同影响，使到达地球表面的太阳辐射强度大大削弱，辐射光谱也因此发生了变化。到达地面的太阳辐射由两部分组成，一部分是太阳直接照射到地面的部分，称为直射辐射；另一部分是经过大气散射后到达地面的，成为散射辐射。直射辐射与散射辐射之和就是到达地面的太阳辐射总和，称为总辐射。

大气对太阳辐射的削弱程度取决于射线在大气中射程的长短及大气质量。而射程长短又与太阳高度角和海拔高度有关。水平面上太阳直射辐射强度与太阳高度角、大气透明度成正比，在低纬度地区，太阳高度角偏高，阳光通过的大气层厚度较薄，因而太阳直射辐射强度较大；在高纬度地区，太阳高度角偏低，阳光通过大气层厚度较厚，因此太阳直射辐射强度较小。又如，在中午太阳高度角大，太阳射线穿过大气层的射程短，直射辐射强度就大，早晨和傍晚的太阳高度角小，射程长，直射辐射就小。

各种大气透明度下的直射辐射强度如图 2-9 所示。

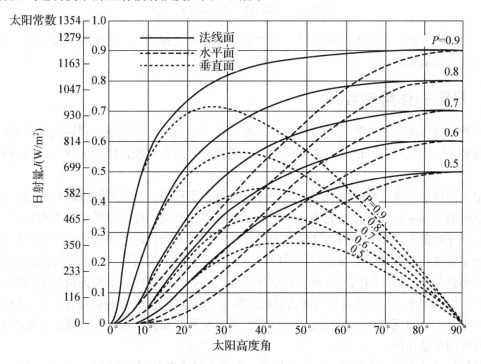

图 2-9　不同太阳高度角和大气透明度下的太阳直射辐射强度

从图 2-9 中可以看出，在法线方向和水平面上的直射辐射强度随着太阳高度角的增大而增强，而垂直面上的直射辐射强度开始随着太阳高度角的增大而增强，到达最大值后，又随着太阳高度角的增大而减弱。

北纬 40°全年各月水平面、南向表面和东西向表面每天获得的太阳总辐射热量如图 2-10 所示。

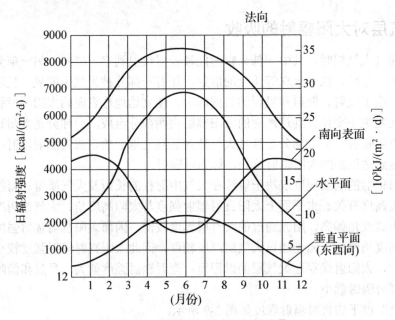

图 2-10　北纬 40° 的太阳辐射总量

从图中可以看出，对于水平面来说，夏季总辐射热量达到最大；而南向垂直表面，则冬季所接受的总辐射量最大。

2.2.3　日照的作用与效果

日照是指物体表面被太阳光直接照射的现象。从太阳光谱可以知道，到达大气层表面太阳光的波长范围大约为 0.2～3.0μm。太阳光中除了可见光外，还有短波范围的紫外线，长波范围的红外线。

住宅内的日照标准一般是由日照时间和日照质量来衡量的。保证足够或最低的日照时间是对日照要求的最低标准。中国地处北半球的温带地区，居住建筑一般总是希望夏季避免日晒，而冬季又能获得充足的阳光照射。居住建筑多为行列式或组团式布置，考虑到前排住宅对后排住宅的遮挡，为了使住户保持最低限度的日照时间，总是首先着眼于底层住户。北半球的太阳高度角全年中的最小值是冬至日，因此，冬至日底层住宅内得到的日照时间，被作为最低的日照标准。在我国一般民用住宅中，要求冬至日的满窗日照时间不低于 1 h。住宅中的日照质量是由日照时间的积累和每小时的日照面积两方面组成的。只有日照时间和日照面积都得到保证，才能充分发挥阳光中紫外线的杀菌作用。

紫外线的波长大约为 0.2～0.4μm。紫外线具有强大的杀菌作用，尤其是波长在 0.25～0.295μm 范围内杀菌作用更为明显。波长在 0.29～0.32μm 范围内的紫外线还能帮助人体合成维生素 D。由于维生素 D 能帮助人们的骨骼生长，对婴幼儿进行必要和适当的日光浴，则可预防和治疗由于骨骼组织发育不良导致的佝偻病。当人体的皮肤被这一段波长照射后，会产生红斑，继而色素沉淀，也就是人们通常所说的晒黑。

另一方面，过度的紫外线照射，会危及人类的身体健康。臭氧在地球的大气层中最高浓度是在距地面大约 30000 m 处的平流层，也被称为臭氧层或臭氧带。臭氧层吸收波长在 0.32μm 以下的高密度紫外线，对地球的生态环境和大气环流有重要的影响，由于氯氟碳化合物(CFCs)的光解破坏和氯原子在平层流中间释放，消耗大量的臭氧，从而导致臭氧层浓度降低，会造成紫外线辐射增强。研究表明，波长在 0.23～0.32μm 的紫外线(又称 UV-B 短波)是一种黑瘤的一个致病因素，而目前黑瘤死亡率大约为 45%。

可见光的波长大约在 0.4～0.77μm 的范围内，是我们眼睛所能感知的光线，在照明学上具有重要的意义。波长在 0.77～0.63μm 范围的是红色，0.63～0.59μm 的为橙色，0.59～0.56μm 的为黄色，0.56～0.49μm 的为绿色，0.49～0.45μm 的为蓝色，0.45～0.4μm 的为紫色，如图 2-11 所示。

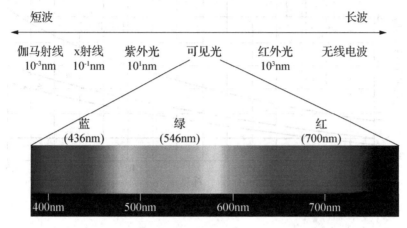

图 2-11　波长与光

波长在 0.77～4.0μm 左右的红外线是造成热效果的主要因素。建筑物周围或室内有阳光照射，就会受到太阳辐射热能的作用，尤其是红外线含有大量的辐射热能。日照强度大小和时间长短还会对人类的行为产生影响。研究表明，在一些纬度较高的地区，每当到了日照时间变少的冬季，有些人会变得非常胆小，疲劳而又忧郁；随着春夏的来临，日照时间变长，这些症状会逐渐消失，人又恢复正常。这是因为在无光照的黑暗环境中，人的机体内会分泌一种褪黑激素，由于冬季日短，褪黑激素分泌增多，使一些人的精神受到压抑。在这种情况下，如果患者连续数次接受光照治疗，包括红外线、紫外线等模拟阳光，忧郁症即可明显缓解。

虽然阳光对生产和生活是不可缺少的，但直射阳光对生产和生活也会产生某些不良影响。如夏季直射阳光会使室内温度过高，人易于疲劳，尤其是紫外线能破坏眼睛的视觉功能。又如，在直射阳光中注视物体，或阳光反射到人的视野范围中，可引起显著的明暗对比，会产生眩光感，时间过长会影响视觉功能。因此，直射阳光的高度角低于 30°，或反射光与工作面所夹的角在 40°～60°之间的光线是有害的。

2.3　建筑的配置、外形与日照的关系

建筑对日照的要求主要是根据它的使用性质和当地气候情况而定。寒冷地区的建筑、病房、幼儿活动室等一般都需要争取较好的日照，而在炎热地区的夏季，一般建筑都需要避免过量的直射阳光进入室内，尤其是展览室、绘图室、化工车间和药品库都要限制阳光直射到工作面或物体上，以免发生危害。

由于建筑物的配置、间距或者形状造成的日影形状是不同的。对于行列式或组团式建筑，为了得到充足的日照，必须考虑南北方向的楼间距。在我国一般民用住宅中，要求冬至日的满窗日照时间不低于 1 h，有的国家则要求更高。最低限度日照要求的不同，建筑所在地理位置即纬度的不同，使建筑物南北方向的相邻楼间距要求也不同。日照时间南北方向相邻楼间距和纬度之间的关系如图 2-12 所示。

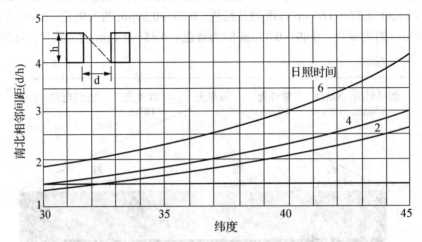

图 2-12　不同纬度下南北相邻楼间距与日照时间的关系

从图 2-12 中可以看出，对于需要同一日照时间的建筑，由于其所在纬度不同，南北方向的相邻楼间距是不同的，纬度越高，需要的楼间距也越大。以长春(北纬 43°52′)、北京(北纬 39°57′)和上海(北纬 31°12′)为例，如果日照时间为 2 h，在上海地区的楼间距 d/h 约为 0.9，北京地区约为 2，而最北的长春则需要 2.5 左右。

由于有其他建筑的遮挡，有的地方整天都没有日照，这种现象称为终日日影，同样在一年中都没有日照的现象称为永久日影。为了居住者的健康，也为了建筑物的寿命起见，终日日影和永久日影都应该避免。

建筑物周围的阴影和建筑物自身阴影在墙面上的遮蔽情况，是与建筑物平面体形、建筑物高度和建筑朝向有关。常见的建筑物平面体形有正方形、长方形、L 形及凹形等种类。它们在各朝向上产生的阴影和自身阴影遮蔽示意图，见图 2-13～图 2-15。

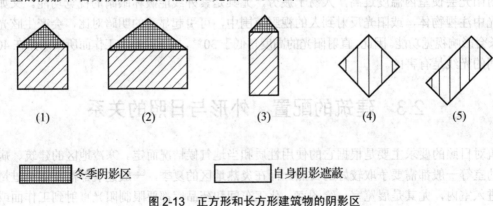

图 2-13　正方形和长方形建筑物的阴影区

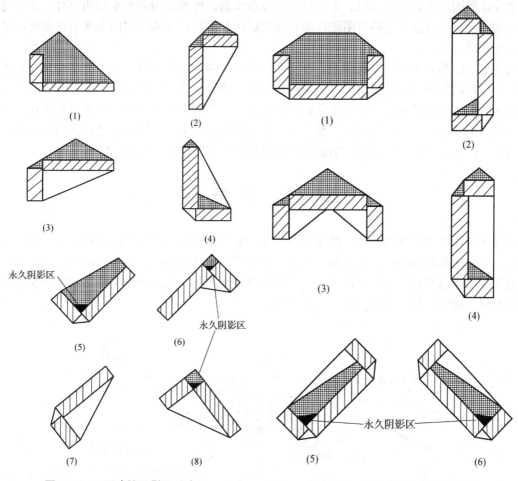

(1)　　(2)　　(1)

(3)　　(4)　　(2)

永久阴影区

(3)

(5)　　(6)

永久阴影区

(4)

永久阴影区

(7)　　(8)　　(5)　　(6)

永久阴影区

图 2-14　L 形建筑阴影区示意图　　图 2-15　凹形建筑阴影区示意图

正方形和长方形是最常见的较简单的平面体形，其最大的优点都是没有永久阴影和自身阴影遮蔽情况。L 形体形的建筑会出现终日阴影和建筑自身阴影遮蔽情况。同时，由于 L 形平面是不对称的，在同一朝向上因转角部分连接在不同方向上的端部，其阴影遮蔽情况也有很大的变化，也会出现局部永久阴影区，如图 2-16 所示。

建筑体形较大，并受场地宽度的限制或其他因素的影响，会采用凹形建筑。这种体形虽然南北方向和东西场地没有永久阴影区，但在各朝向上转角部分的连接方向不同，都有不同程度的自身阴影遮蔽情况。

从日照角度来考虑建筑物的体形，期望冬季建筑阴影范围小，使建筑周围的场地能接受比较充足的阳光，至少没有大片的永久阴影区。在夏季最好有较大的建筑阴影范围，以便对周围场地起一定的遮阳作用。

正方形体形由于体积小，在各朝向上冬季的阴影区范围都不

图 2-16　油画　晨巷(作者：朱丽)

大，能保证周围场地有良好日照。正方形和长方形体形，如果朝向为东南和西南时，不仅场地上无永久阴影区，而且全年无终日阴影区和自身阴影遮蔽情况，单从日照的角度来考虑时，是最好的朝向和体形。

长方形、L 形和凹形这三种体形，在南北朝向时，冬季阴影区范围较大，在建筑物北边有较大面积的终日阴影区；在夏季阴影区范围较小，建筑物南边终年无阴影区。东西朝向时，冬季阴影区范围较小，场地日照良好；夏季阴影区都很大，上午阴影区在西边，下午阴影区在东边。在东南或西北朝向时，阴影区范围在冬季较小，在夏季较大。上午阴影区在建筑物的西北边，下午在东南边。在西南或东北朝向时，阴影变化情况与东南朝向相同，只是方向相反。

2.4 室外气候

在建筑设计中所涉及的室外气候通常在"微气候"的范畴。微气候是指离地 30～120 cm 高度范围内，在建筑物周围地面上及屋面、墙面、窗台等特定地点的风、阳光、辐射、气温与湿度条件。建筑物本身以其高大的墙面而成为一种屏障并在地面与其他建筑物上投下阴影，也会改变该处的微气候。微气候的影响因素如图 2-17 所示。

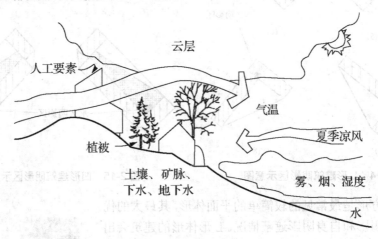

图 2-17 微气候的影响因素

2.4.1 建筑与室外温度

室外气温一般是指距地面 1.5m 高、背阴处的空气温度。大气中的气体分子在吸收和放射辐射能时具有选择性。它对太阳辐射几乎是透明体，直接接受太阳辐射的增温是非常微弱的，主要靠吸收地面的长波辐射(波长在 3～120μm 范围)而升温，因此，地面与空气的热量交换是气温升降的直接原因。与温暖的地表直接接触的空气层，由于导热的作用而被加热，此热量又靠对流的作用而转移到上层空气。因此，气流和风带着空气团不断地与地表接触而被加热。在冬季和夜间，由于地面向外太空的长波辐射作用，地表较空气要冷，这样与地表所接触的空气就会被冷却。

影响地面附近气温的因素主要有：第一是入射到地面上的太阳辐射热量，它起着决定性的作用。例如气温有四季的变化，日变化及随着地理纬度的变化，都是由于太阳辐射的热量的变化而引起的。第二是地面的覆盖面例如草原、森林、沙漠和河流等及地形对气温的影响。不同的地形及地表覆盖面对太阳辐射的吸收和反射本身温度变化的性质均不同，所以地面的增温也不同。第三是大气的对流作用以最强的方式影响气温。无论是水平方向还是垂直方向的空气流动，都会使两地的空气混合，减少两地的气温差别。

气温有年变化和日变化。一般在晴朗天气下，气温一昼夜的变化是有规律的。将一天 24h 所测得的温度值做谐量分析，所得出的曲线如图 2-18 所示。

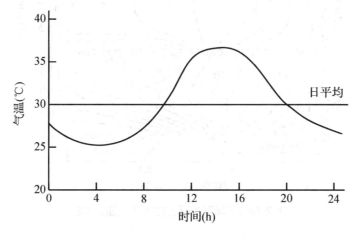

图 2-18　室外空气温度变化

从图 2-18 中可以看出，气温日变化中有一个最高值和最低值。最高值通常出现在下午 2 时左右，而不是正午太阳高度角最大的时刻。最低气温一般出现在日出前后，而不是在午夜。这是由于空气与地面间因辐射换热而增温或降温都需要经历一段时间。

一日内气温的最高值和最低值之差称为气温的日较差，通常用它来表示气温的日变化。另外，如前所述，气温的年变化及日变化取决于地表温度的变化，在这一方面，陆地和水面会产生很大的差异。在同样的太阳辐射条件下，大的水体较地块所受的影响要慢。所以，在同一纬度下，陆地表面与海面比较，夏季热些，冬季冷些。在这些表面上所形成的气团也随之而变，陆地上的平均气温在夏季较海面上的高些，冬季则低些。由于海陆分布与地形起伏的影响，我国各地气温的日较差一般从东南向西北递增。

一年中各月平均气温也有最高值和最低值。对处于北半球的我国来说，年最高气温出现在 7 月(大陆地区)或 8 月(沿海或岛屿)，而年最低气温出现在 1 月或 2 月。一年内最热月与最冷月的平均气温差叫作气温的年较差。我国各地气温的年较差自南到北、自沿海到内陆逐渐增大。华南和云贵高原约为 10～20℃，长江流域增加到 20～30℃，华北和东北南部约为 30～40℃，东北的北部与西北部则超出了 40℃。

在微气候范围内的空气层温度随着空间和时间的改变会有很大的变化。这一区域的温度会受到土壤反射率、夜间辐射、气流形式及土壤受建筑物或种植物遮挡情况的影响。草地与混凝土地面上典型的温度变化及靠近墙面处的温度所受的影响如图 2-19 所示。

从图 2-19 中可以看出，在同一高度，离建筑物越远，温度越低；草地地面的温度明显低于混凝土地面的温度，最大温差可达 7℃，微气候区的两者温差也可达 5℃左右。

在这个范围内，众所周知的温度变化是温度的局地倒置现象，其极端形式称为"霜洞"。当空气流入山谷、洼地、沟底时，只要没有风力扰动，空气就会如池水一样积聚在一起。最有可能出现这种现象的条件是寒冷、晴朗的夜晚。那时天空的低温会加速地表的冷却过程，因此使靠近地表的空气冷却，而这种现象通常会平静地进行，因此不会形成风。在这种凹地的建筑或住宅里，

02

冬季温度较其周围地面上的温度低得多，特别是在夜间更明显。同样地，在建筑物底层或位于一般地面以下而室外有凹坑的半地下室，情况也与此类似，如图 2-20 所示。

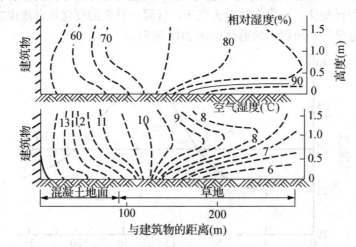

图 2-19　不同下垫面上空气温、湿度变化

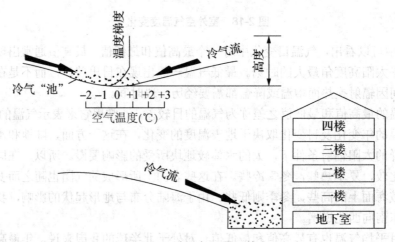

图 2-20　室外气温霜洞效应

2.4.2　建筑与湿度

　　空气湿度是指空气中水蒸气的含量。这些水蒸气来源于江河湖海的水面、植物及其他水体的水面蒸发，一般以绝对湿度和相对湿度来表示。相对湿度的日变化受地面性质、水陆分布、季节寒暑、天气阴晴等因素的影响，一般是大陆低于海面、夏季低于冬季、晴天低于阴天。相对湿度日变化趋势与气温日变化趋势相反，如图 2-21 所示。

　　晴天时的最高值出现在黎明前后，此时虽然空气中的水蒸气含量较少，但温度最低，所以相对湿度最大；最低值出现在午后，此时空气中的水蒸气含量虽然较大，但由于温度已达最高，所以相对湿度最低。

　　在一年当中，最热月的绝对湿度最大，最冷月的绝对湿度最小。这是因为蒸发量随温度的变化而变化的缘故。有时即使绝对湿度基本不变，相对湿度的变化范围也可以很大。这是由于气温的日变化和年变化所引起的。显著的相对湿度日变化主要发生在气温日较差较大的大陆上。在这类地区，中午后不久当气温达到最高值时，相对湿度会变得很低，而一到夜间，气温很低时，相对湿度又变得很高。我国因受海洋气候的影响，南方大部分地区的相对湿度在一年当中以夏季为最大，秋季为最小。华南地区和东南沿海一带，因春季海洋气团的侵入，由于此时的温度还不高，所以形成了较高的相对湿度，大约在三、四、五月为最大，秋季最小，所以在南方地区春夏交接的时候，气候较为潮湿，室内地面会产生返潮现象。

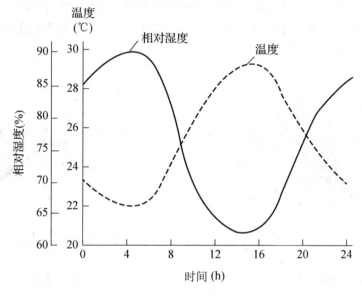

图 2-21　室外湿度的变化

2.4.3　建筑与风

　　风是指由于大气压力差所引起的大气水平方向的运动。地表增温不同是引起大气压力差的主要原因，也是风的主要成因。风可分为大气环流与地方风两大类。由于照射在地球上的太阳辐射不均匀，造成赤道和两极间的温差，由此引发的大气从赤道到两极和从两极到赤道的经常性活动，叫作大气环流。它是造成各地气候差异的主要原因之一。控制大气环流的主要因素是地球形状和地球的自转和公转。地方风是由于地表水陆分布、地势起伏、表面覆盖等地方性条件不同所引起的，如海陆风、季风、山谷风、庭院风及巷道风等。上述地方风除季风外，都是由于局部地方昼夜受热不均匀而引起的，所以都是以一昼夜为周期，风向产生日夜交替的变化。季风是因为海陆间季节温差而引起的。冬季的大陆强烈冷却，气压增高，季风从大陆吹向海洋；夏季大陆强烈增温，气压降低，季风由海洋吹向大陆。因此，季风的变化以年为周期。我国的东部地区，夏季湿润多雨而冬季干燥，就是受了强大的季风的影响。我国的季风大部分来自热带海洋，多为南风和东南风。

　　风向和风速是描述风特征的两个要素。通常，人们把风吹来的地平方向确定为风的方向，如风来自西北方称为西北风，如风来自东南方称为东南风。在陆地上常用 16 个方位来表示。风速则为单位时间风所行进的距离，以 m/s 为单位。气象台一般以所测距地面 10m 高处的风向和风速作为当地的观察数据。

　　为了直观地反映出一个地方的风向和风速，通常用当地的风向频率图(又称风玫瑰图)来表示。它是按照逐时所实测的各个方向的风所出现的次数，分别计算出每个方向的风出现的次数占总次数的百分比，并按一定比例在各方位线上标出，最后连接各点而成。风向频率图可按年或按月统计，分别为年风向频率图或月风向频率图以及年风速频率图或月风速频率图，如图2-22所示。

图2-22(a)表示了某地全年(实线部分)及7月份(虚线部分)的风向频率，其中，除圆心以外每个圆环间隔代表频率为5%。从图中可以看出，该地区全年以北风为主，出现频率为23%；7月份以西南风为最盛，出现频率为19%。在城市工业区布局及建筑物个体设计中，都要考虑风向频率的影响。除风向频率图以外，有时气象部门还绘出风速频率图。图2-22(b)即表示了某地各方位的风速，从图中可以看出，该地一年中以东南风为主，风速也较大，西北风所发生的频率虽较小，但高风速的次数占有一定比例。

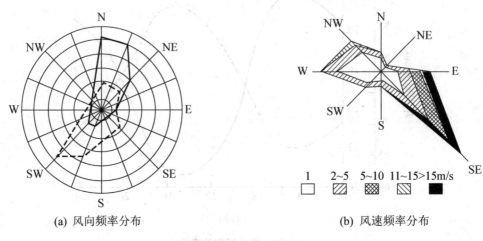

(a) 风向频率分布   (b) 风速频率分布

图 2-22　风玫瑰图

2.4.4　建筑与降水

从大地蒸发出来的水进入大气层，经过凝结后又降到地面的液态或固态水分，称为降水。雨、雪、冰雹等都属于降水现象。降水性质包括降水量、降水时间和降水强度。降水量是指降落到地面的雨、雪、冰雹等融化后，未经蒸发或渗透流失而积累在水平面上的水层厚度，以mm为单位。降水时间是指一次降水过程从开始到结束的持续时间。用h或min来表示。降水强度是指单位时间内的降水量。降水强度的等级以24h的总量(mm)来划分：小于10 mm的为小雨；中雨为10～25 mm；大雨为25～50 mm；暴雨为50～100 mm。

影响降水分布的因素很复杂，首先是气温。在寒冷地区水的蒸发量不大，而且由于冷空气的饱和水蒸气分压较低，不能包容很多的水气，因此寒冷地区不可能有大量的降水。在炎热地区，由于蒸发强烈，而且饱和水蒸气分压也较高，所以水汽凝结时会产生较大的降水。此外，大气环流、地形、海陆分布的性质及洋流也会影响降水性质，而且它们往往互相作用。我国的降水量大体是由东南往西北递减。因受季风的影响，雨量都集中在夏季，变化率大，强度也可观。华南地区季风降水从5月份开始到10月份结束，长江流域为6月到9月间。梅雨是长江流域夏初气候上的一个特殊现象，其特征是雨量缓而范围广，延续时间长，雨期为20～25 d左右。珠江口和中国台湾南部由于西南季风和台风的共同影响，在7、8月间多暴雨，特征是单位时间内雨量很大，但一般出现范围小，持续时间短。

我国的降雪量在不同的地区有很大的差别，在北纬35°以北到45°地段为降雪或多雪地区。

2.4.5　建筑与城市气候

在城市建筑物的表面及其周围，气候条件都有较大的变化。这种变化的影响会大大地改变建筑物的能耗及热反应。再加上城市是一个人口高密度聚集，高强度的生活和经济活动区域，其影响就更为严重，可造成与农村腹地气候迥然不同的城区气候。城市小气候主要有以下特点。

由于城市的发展，城市下垫面原有的自然环境如农田、牧场等发生了根本的变化，人工建筑物高度集中，以水泥、沥青、砖石、陶瓦和金属板等坚硬密实、干燥不透水的建筑材料，替代了原来疏松和植物覆盖的土壤。人工铺砌的道路纵横交错，建筑物参差不齐，使城市的轮廓忽升忽降。下垫面是气候形成的重要因素，它对局地气候的影响非常大。城市人为的立体下垫面，对太阳辐射的反射率和地面的长波净辐射都比郊区小，其热容量和蓄热能力都比郊区大，但因为植被面积小，不透水面积大，储藏水分的能力却比郊区低，蒸发蒸腾量比郊区小。粗糙的城市下垫面对空气的温度、湿度、风速和风向等都有很大的影响，是导致城市气候与农村气候不同的重要原因之一。表 2-2 给出了某地各种不同性质的下垫面上的表面温度。

表 2-2　表面实测温度(当时气温 29～30℃)

下垫面性质	湖泊	森林	农田	住宅区	停车场及商业中心
表面温度(℃)	27.3	27.5	30.8	32.2	36.0

研究表明，由于建筑群增多、增密、增高，导致下垫面粗糙度增大，消耗了空气水平运动的动能，使城区的平均风速减小。在建筑密集地区、城市边缘的树林地区和开阔水域的风速变化如图 2-23 所示。

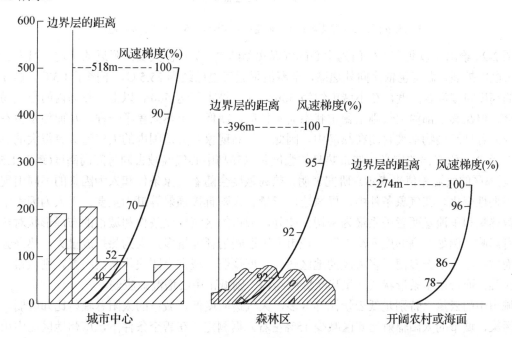

图 2-23　不同下垫面区域的风速分布

尽管市区的风速较低，但在高层建筑的地区仍然会出现大量复杂的湍流。当风吹向高层建筑的墙面向下偏转时，会和水平方向的气流一道在建筑物侧面形成高速风和湍流，在迎风面上形成下行气流，而在背风面上，气流上升。街道常成为一风漏斗，把靠近两边墙面的风汇集在一起，造成近地面处的高速风。这种风常掀起灰尘，并在低温时还会成为冷风，形成不舒适的气候条件。

气温较高，形成热岛现象。由于城市地面覆盖物多，发热体多，加上密集的城市人口的生活和生产中产生大量的人为热，造成市中心的温度高于郊区温度，且市内各区的温度分布也不一样。如果绘制出等温曲线，就会看到与岛屿的等高线极为相似，人们把这种气温分布的现象称为"热岛现象"，如图 2-24 所示。

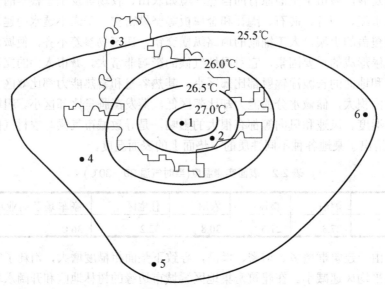

图 2-24　北京地区热岛强度

1—天安门；2—龙潭湖；3—海淀；4—丰台；5—大兴；6—通州

图 2-24 给出了以北京天安门为中心的气温实测结果。7 月份天安门附近的平均气温为 27℃，随着市区的扩展，温度也依次向外递减，至海淀附近气温已经为 25.5℃，下降了 1.5℃。热岛影响所及的高度叫作混合高度，在小城市约为 50m，在大城市可达 500m 以上。热岛内的空气易于对流混合，但在其上部的大气则呈稳定状态而不扩散，就像一个热的盖子一样，从而使发生在热岛范围内的各种污染物都被封闭在热岛中。因此，热岛现象对大范围内的大气污染有很大的影响。依照学者 Oke 所提出的定义，城市热岛的强度是以热岛中心气温减去同时间同高度(距地 1.5m 高处)附近郊区的气温差值来表示。研究表明，热岛强度会随着气象条件和人为因素的不同出现明显的非周期性变化。在气象条件中，以风速、云量、太阳直接辐射等最为重要。而人为因素中则以空调散热量和车流量两者关系最为密切。此外，城市的区域气候条件和城市的布局形状对热岛强度都有影响。例如在高纬度寒冷地区，城市人工取暖消耗能量多，人为热排放量大，热岛强度增大，而常年湿热多云多雨或多大风的地区热岛强度偏弱。城市呈团块状紧凑布置，则城市中心增温效应强；而城市呈条形状或呈星形状分散结构，则城市中心增温效应弱。

城市中的云量，特别是低云量比郊区多，大气透明度低，城市的太阳总辐射比郊区弱。由于大气污染，城市的太阳辐射比郊区减少 15% 左右。据测定，在碧空条件下，广州地区比中山市的直射太阳辐射减小约 13%，虽然两者所处纬度相差不大，且都具有湿度大、雨水多的共同气候特点，但由于广州属于城市工业区，而中山市属于非城市工业区，前者空气污染比后者严重，因而直射太阳辐射强度大大降低了。

2.5　中国建筑气候区划

我国幅员辽阔，地形复杂。各地由于纬度、地势和地理条件不同，气候差异悬殊。根据气象资料表明，我国东部从漠河到三亚，最冷月(1 月份)平均气温相差 50℃左右，相对湿度从东南到西北逐渐降低，1 月份海南岛中部为 87%，拉萨仅为 29%，7 月份上海为 83%，吐鲁番为 31%。年降水量从东南向西北递减，中国台湾地区年降水量多达 3000 mm，而塔里木盆地仅为 10 mm。北部最大积雪深度可达 70 cm，而南岭以南则为无雪区。

不同的气候条件对房屋建筑提出了不同的要求。为了满足炎热地区的通风、遮阳、隔热，寒冷地区的采暖、防冻和保温的需要，明确建筑和气候两者的科学联系，我国的《民用建筑热工设计规范》(GB50176—1993)从建筑热工设计的角度出发，将全国建筑热工设计分为五个分区，其目的就在于使民用建筑(包括住宅、学校、医院、旅馆)的热工设计与地区气候相适应，保证室内基本热环境要求，符合国家节能方针。因此用累年最冷月(1 月)和最热月(7 月)平均温度作为分区主要指标，累年日平均温度≤5℃和≥25℃的天数作为辅助指标，将全国划分为五个区，即严寒、寒冷、夏热冬冷、夏热冬暖和温和地区，并提出相应的设计要求。

同时，在《建筑气候区划标准》(GB 50178—1993)中提出了建筑气候区划，其适用的范围为一般工业建筑与民用建筑，适用范围更广，涉的气候参数更多。该标准以累年 1 月和 7 月的平均气温、7 月平均相对湿度等作为主要指标，以年降水量、年日平均气温≤5℃和≥25℃的天数等作为辅助指标，将全国划分为七个一级区，即Ⅰ、Ⅱ、Ⅲ、Ⅳ、Ⅴ、Ⅵ、Ⅶ区，在Ⅰ级区内，又以 1 月、7 月平均气温、冻土性质、最大风速、年降水量等指标，划分成若干二级区，并提出相应的建筑基本要求。由于建筑热工设计分区和建筑气候区划(一级区划)的划分主要指标是一致的，因此两者的区划是互相兼容、基本一致的。建筑热工设计分区中的严寒地区，包含建筑气候区划图中全部Ⅰ区以及Ⅵ区中的ⅥA、ⅥB，Ⅶ区中的ⅦA、ⅦB、ⅦC；建筑热工设计分区中的寒冷地区，包含建筑气候区划图中全部Ⅱ区以及Ⅵ区中的ⅥC，Ⅶ区中的ⅦD；建筑热工设计分区中的夏热冬冷、夏热冬暖、温和地区，与建筑气候区划图中全部区Ⅲ、Ⅳ、Ⅴ区完全一致。

建筑气候区划中的各个区气候特征的定性描述如下。

一级区中的Ⅰ区：包括黑龙江、吉林全境；辽宁大部；内蒙古中、北部及陕西、山西、河北、北京北部的部分地区)。Ⅰ区冬季漫长严寒，夏季短促凉爽，气温年较差较大，冻土期长，冻土深，积雪厚，日照较丰富，冬天多大风，西部偏于干燥，东部偏于湿润。

Ⅱ区：包括天津、山东、宁夏全境；北京、河北、山西、陕西大部；辽宁南部；甘肃中、东部以及河南、安徽、江苏北部的部分地区。Ⅱ区冬季较长且寒冷干燥，夏季炎热湿润，降水量相对集中。春秋季短促，气温变化剧烈。春季雨雪稀少，多大风风沙天气，夏季多冰雹和雷暴。气温年较差大，日照丰富。

Ⅲ区：包括上海、浙江、江西、湖北、湖南全境；江苏、安徽、四川大部；陕西、河南南部；贵州东部；福建、广东、香港、澳门、广西北部和甘肃南部的部分地区。Ⅲ区夏季闷热，冬季湿冷，气温日较差小。年降水量大，日照偏少。春末夏初为长江中下游地区的梅雨期，多阴雨天气，常有大雨和暴雨天气出现。沿海及长江中下游地区夏秋常受热带风暴及台风袭击，易有暴雨天气。

Ⅳ区：包括海南(含南海)、台湾全境；福建南部；广东、广西大部以及云南西南部和元江河谷地区。Ⅳ区夏季炎热，冬季温暖，湿度大，气温年较差和日较差均小，降雨量大，大陆沿海及台湾、海南诸岛多热带风暴及台风袭击，常伴有狂风暴雨。太阳辐射强，日照丰富。

Ⅴ区：包括云南大部、贵州、四川西南部、西藏南部部分地区。Ⅴ区立体气候特征明显，大部分地区冬湿夏凉、干湿季节分明，常年有雷暴雨，多雾，气温年较差小，日较差偏大，日照较强烈，部分地区冬季气温偏低。

Ⅵ区：包括青海全境；西藏大部；四川西部、甘肃西南部；新疆南部部分地区。Ⅵ区常年气温偏低，气候寒冷干燥，气温年较差小而日较差大，空气稀薄，透明度高，日照丰富强烈。冬季多西南大风，冻土深，积雪厚，雨量多集中在夏季。

Ⅶ区：包括新疆大部；甘肃北部；内蒙古西部。Ⅶ区大部分地区冬季长而严寒，南疆盆地冬季寒冷，大部分地区夏季干热，吐鲁番盆地酷热，气温年较差和日较差均较大，雨量稀少，气候干燥，冻土较深，积雪较厚，日照丰富、强烈，风沙大。

2.6　建筑外环境景观设计

现阶段，人们对建筑外环境景观的综合性需求已不是单纯的园林造景所能够满足的，景观环境设计需要真正以人与自然的和谐交融为目的，同时对各种功能需求进行整合。住宅区外环境景观是随着城市建设发展起来的，主要作用是改善居民的生活环境，维持生态平衡。

良好而舒适的建筑外环境是由人、建筑和环境系统进行有机整合后的和谐共生体。而居住环境作为人类活动的重要载体，承担着人类对美好生活的不同需求。当今人类的生活已经进入高速度、升级型、换代型、感知型和物质型阶段，人们对居住环境的要求也在不断提高，现实的环境已经不能满足人类当今的心理需求，景观环境设计需要在小区及房产区的规划中明确定位居民需求，充分体现以人为本的设计理念，才能实现对这些要素和功能的整体把握，最终营造出满足人与自然协调发展需要的生态景观。

2.6.1　居住区建筑外环境景观设计原则

在现代高速发展的信息社会中，人类对于生活质量的要求逐渐提高，需要在紧张的工作、学习过后有一个相对放松的环境缓解压力，从而对绿色生态环境提出了更高的要求，而景观又是在环境中满足人们精神需求和物质需求必不可少的部分。

近几年，随着城市化进程的不断加快，高楼大厦不断崛起，导致城市绿地覆盖率降低、环境质量下降，人类已经认识到改善环境、提高生活质量的必要性，而居住区环境与人们生活紧密相连，其环境质量已作为评判居住区质量优劣的重要标准之一。居住区环境作为建筑外环境的一个重要组成部分，一方面，其景观规划设计要因地制宜、布局科学、形式多样、富有创意，结合生态园林要求，达到一定的园林绿地率；另一方面，居住区景观是一个集合了社会经济、文化面貌以及人文观念、思想的综合表象，是社会形态的物化形式，也是现代文明的一个映射。从而景观设计则可直接体现出人类对于环境功能需求的一种状态，其目的是改善人们的生活空间状态的环境质量和生活质量，应遵循的原则如下。

注重人文思想、体现"以人为本"已是当代人居环境创造的共同要求，尊重人性，充分肯定人的行为及精神则是最基本的体现。居住区景观设计是物质与精神的统一体，居民对环境的基本心理需求包括私密性、舒适性和归属性，居住区环境景观设计通过形式、色彩、质感等可以赋予环境以特定的属性，以满足居民的生理和心理要求。

设计优美舒适的景观。居住区环境设计与任何艺术创作相同，是设计师的一件艺术作品，它的设计离不开美学的基本原则，必须遵循形式美的规律和满足不同人的审美情趣。设计师通过对居住区环境景观的整体及各要素的合理组构，使其具有完整、和谐、连续、多样的特点。

文化特色的表达。居住环境文化特征通过空间及空间界面表达出来，并运用景观元素和手法象征性体现出来，陶冶人们的情操。然而一个居住区的文化底蕴不仅仅是依靠景观元素简单地排列组合，还需要在组织、象征等内涵方面深层次地探索、加工。

体现生态保护理念。无论是何种景观都应看作是生态环境和人类活动的有机体，霍华德提出的"田园城市"的概念，强调人与自然的和谐。一切景观建筑活动都应从认识环境的各种变化和生态因素出发，在贴近自然环境的同时，引入环保意识，树立低碳观念。

2.6.2 居住区环境的景观设计

1. 居住区环境现状

随着社会、经济快速发展，面对城市人口急剧增长、城市用地规模扩展造成生态空间和生存空间用地矛盾等诸多问题的挑战，建筑外环境已成为现代城市普遍存在的问题。各种建筑"见缝插针"，居住区楼间距过小、有效空间不能充分利用、公共绿地功能不足以及植物配置不合理等诸多问题随之出现，列举如下。

尺度失调，缺乏亲切感。居住区建筑外环境为满足居民休闲、娱乐的要求，往往设置一些景观设施，然而有些环境设施尺度不合理，如楼间距过小、运动设施场所尺度失调，很难满足人们的行为需要，从而缺乏亲切感，如图 2-25 所示。

图 2-25 楼间距过小

一味偏重形式，而忽视功能。居住区建筑外环境景观设计主要为居民服务，提供必要的娱乐、休息场地，不能只是单纯地讲究形式主义，本末倒置，忽视了居民对环境功能的基本需求。如设计大面积观赏性的草地、花坛，占据了宝贵的活动场地。

道路交通规划混乱，居民活动无序。居住区建筑外环境的空间设计要合理规划，多方面考虑，尽可能满足居民对空间的需要。如停车场的设置，目前许多居住区内存在停车无序、占用绿地及活动场所的现象，致使出现人车混乱的现象，如图 2-26 所示。

图 2-26 停车无序

　　造型单一，缺少协调。居住区建筑外环境的景观设施，如在照明灯具、景观小品、植物配置上形式过于单一，设计作品缺乏生活气息，只是简单地放置或栽植，缺少创意，致使环境失去了乐观向上的精神，丧失人性化理念。这也是我国当前景观规划设计所欠缺的。有些设计作品只是单纯地模仿西方传统园林，而且居住区作为一件整体的艺术品，往往由于建设时间或者单位的不同，同一环境往往协调性差，风格各异。

　　绿地覆盖率低，植物配置混乱。绿色是生命的颜色，绿化则是居住区建筑外环境生命的代言。以北方地区为例，居住区很少进行植物配置或因配置不合理而出现植物死亡的现象，树种搭配没有规律可言，绿化配置处于混乱的状态，如图 2-27 所示。

图 2-27 绿化配置混乱

2. 居住区建筑外环境景观设计

　　居住区建筑外环境景观构成包含物质和精神文化两个方面。物质构成主要包括人、建筑、道路、设施小品、绿化及水体等实体要素；精神文化方面则涵盖环境的历史、文脉和特色。二者是相互联系、不可分割的统一体，物质要素是精神内涵的载体，精神又是物质要素的升华。

　　1) 居住外环境道路景观设计

　　道路是城市居住区的构成框架，如同人体的骨架，在一定程度上决定着居住区内部空间的布局，一方面其主要功能为疏导交通，使各个活动空间产生联系，另一方面道路设计本身也可作为景观的一部分。

因此，在进行居住区道路设计时，首先要考虑到道路本身的线形、铺装材质、颜色，其次还要与周边环境、植物配置及景观小品相协调，赋予道路美的形式。如居住区的小游园道路可在铺装、颜色上有所变化；宅间步道则可选用青石板或卵石铺装，模仿自然环境，使人仿佛置身大自然之中。居住区外环境道路通常可分为若干级别：居住区级道路、小区级道路、组团级道路和宅间小路。规划中的道路应分级衔接，以形成良好的道路系统，并构成层次分明的空间领域感。

(1) 居住区外环境道路绿化设计。住宅小区道路是联系各住宅组团之间的道路，是居民上班工作、日常生活的必经之地，同时作为联系小区各项绿地的纽带，让小区各类绿化产生关系，形成一体，对住宅小区的绿化面貌有着极大的影响。景观中的道路绿化设计依附于各种园林植物、小品等设施，不仅有利于住宅小区的通风，改善小气候，减少交通噪音的影响，而且作为居住区景观规划的一部分在增加居住区绿地面积的同时，也可作为居住区建筑外环境中一道不可或缺的亮丽风景线，通过合理巧妙的布置，引人入胜，使人陶醉其中。

(2) 居住区外环境道路线形设计。居住区中的道路为居民服务，有步行道、机动车道，设计过程中要满足居民的使用要求，让居民感觉到方便、舒适。如小区中的步行道设计，为满足居民休闲、散步需求，绿化效果好的道路则处于主导地位。因此，道路线形当曲则曲，当窄则窄，不可一味地追求构图，防直防宽。合理的道路布局、方便易行的道路线形、优美的道路铺装及与周边环境良好的组织成为一个优秀居住区的评判标准之一，在满足基本功能的前提下，赋予道路更多的景观功能，使道路充满人情味儿。

(3) 居住区外环境道路铺装设计。路面铺砌多采用块状材料。块料大小、形状的选择非常重要，既要与环境、空间相协调，又要方便施工，适用于自由曲折的线型铺砌。块料表现的粗细程度影响着人们的出行，因此需要满足行人的各种需求，如行驶童车、路面防滑等都是选材时需要注意的问题。块料尺寸模数的选择要以路面的宽度为基准，不同材质块料的拼砌，要根据色彩、质感、形状等特性有机结合，以形成强烈的对比效果。在铺砌硬质景观时选用多种色彩人工原料，通过对颜色选择、搭配、调和，可以削弱硬质景观在心理上带来的坚定、理性、现代的感觉，甚至可以制造出超越植物、水体等软质景观的"软质感"，形成富有亲和力的空间效果。

2) 居住区外环境设施景观设计

居住区外环境以各种设施与小品为主，主要为居民活动服务，因而必须有实用的功能性，同时要兼具观赏性。这些设施种类多样、造型各异，反映出不同空间的属性。它可分为儿童娱乐设施、休憩设施、公共服务设施等。

居住区环境的主要服务对象之一为儿童，所以儿童游乐设施必不可少。儿童户外游戏具有季节性、时间性、同龄性以及以自我为中心的特点，在空间的构成、形式、色彩、质感和材质上应综合考虑，创造出符合儿童心理、促进儿童身心健康与智力开发的活动场所，如图 2-28 所示。

居住区作为具名的"露天客厅"，休憩设施则是该客厅中的"沙发"。休憩设施主要是指居住区中露天的凳、椅，其造型要与周边环境相统一，追求与居住区风格相符，并可结合花坛、树池、水池、亭、廊设置，其材质结合不同的环境选择石质、金属、木材等，如图 2-29 所示。

公共服务设施可为居民提供便利，如报亭、垃圾箱、车库等。然而公共服务设施在为居民提供便利的同时，也会带来景观的不和谐，需要结合实际情况进行处理。

图 2-28　儿童游乐设施

图 2-29　休憩设施

3)　居住区外环境庭院景观设计

居住区外环境庭院指住宅和交通道路外的一切外部空间，其类型可以分为游赏性庭院、以休息为目的的自然性庭院及以活动为目的的广场。

游赏性庭院主要以观赏为主，供人流连漫步，具有动态的观赏特点；自然性庭院要有足够的休憩设施，景观考虑到静态观赏的特色，并以亭、台、廊、榭为点缀，相互借景，形成空间序列。广场则较为开放，以满足居民活动交往的需求，需注意广场尺度与细部处理，如地面作为广场的主要界面元素要注意地面铺装的色彩与变化。

4)　居住区外环境植物种植设计

要想凸显出小区植物配置的特色，在绿化景观的设计上应考虑以下几方面。

(1)　讲求不同植物高低层次的搭配，根据地形的特点，由低到高依次种植草皮、地被、灌木、小乔木、大乔木。层次丰富的植物搭配既有利于形成丰富饱满的绿色空间，又能够充分发挥植物的生态效益。

(2)　在选择植物种类时应充分考虑本土的气候类型，适地适树，保证成活率，降低后期养护成本，切不可盲目种植名贵树种。树木种类的选择应侧重纵向生长的乔木、花灌木；地被植物以多年生粗放管理的宿根花卉为主，既能丰富景观色彩，又能降低管理成本。

(3) 种植抗污染树种。以北方地区为例，如国槐、香花槐、栾树、合欢等乔木，又如丁香、连翘、月季、迎春等花灌木，此类抗污染常规树种绿化效果明显且抗性强，易管理，是很好的绿化植物，既可观花也可观果，使居民在享受绿色的同时，感受到大自然的气息，陶冶情操。

(4) 运用植物营造生态景观。园林景观设计的目的是在人类生活的建筑空间中建立和谐舒适的生态空间环境，该空间既是人们休闲、娱乐的生活场所，又是人们游览观赏的艺术空间，更是人们亲近自然，享受绿色的途径。所谓植物造景，就是充分利用植物自身的形态、线条、色彩等自然美来营造具有艺术观赏性的园林景观。植物造景的优势在于它既能展现景观的艺术特性，又能充分发挥植物净化空气、降低噪音、保持水土、改善气候的功能，在满足人们欣赏艺术的同时营造出和谐生态的生活空间，呵护人们的身心健康。

(5) 植物种植施工过程中要考虑到与建筑周边的距离，避免植物生长过程中生长空间不足或者遮挡住宅阳光。

5) 居住区外环境夜景设计

居住环境夜景设计中照明设施应营造出安静、柔和、富有层次和韵律的氛围。光作为夜景设计中的主题，可以使普通的形式变得极富艺术感染力。住宅旁的照明可以通过住宅的窗口透射出不同色彩的灯光，营造温馨的环境；道路照明最好以地灯、圆灯为主，不仅可以形成蜿蜒的光带指引行人，还可避免高杆照明影响居民休息。小区的其他景观如雕塑、喷泉、庭院等均可以适当地布置灯光照明，渲染出迷人的效果，但亮度应适中，夜晚要及时关闭。

2.6.3　居住区建筑外环境景观设计创新

国际建协第十八次大会的主题就是可持续发展，大会发表的《芝加哥宣言》指出："建筑及其建成环境在人类对自然环境的影响方面扮演着重要的角色，符合可持续发展原理的设计需要对资源和能源的使用效率，对健康的影响，对材料的选择方面进行综合思考。"

改善居住区建筑外的生态环境，打造绿色名片，建设适宜人居的环境是景观设计师的责任，低碳型景观设计也将成为城市景观绿色环保设计的重要一环。景观设计应该抓住机遇，把握设计与施工的任何一个环节，争取低碳、节能、环保。随着我国城市化进程的加快，旧城改造、旧村改造逐步展开，住宅建设在实现住有所居的同时，更加注重居住环境的生态效益。因此在居住区建筑外环境设计环节中要注重生态元素，尊重自然，充分发挥环境效益。

1. 景观生态设计的特点

景观生态设计不仅仅是一个简单的学科，它涵盖了生态学、美学、风景园林学等学科，通过研究景观格局与生态过程以及人类活动与景观的相互作用，建立区域景观生态系统优化利用的空间结构和模式。

景观生态设计以生态过程为核心，将生态理念融入环境设计过程中，赋予景观设计更深层次的含义，向自然及美的再现方向发展。基于生态学的设计思想，生态优先、以人为本作为景观生态设计绿色理念，逐步形成生态与居民相和谐的空间网络，使以往简单的环境设计向人性化的生态环境过渡，让居民感受到绿色、自然的居住区环境。

2. 居住区生态空间景观设计

生态空间景观设计的目的是为了充分利用空间，把居民的居住环境从室内延伸到室外，扩大居住生态空间，方便居民的活动，同时使其享受到大自然的魅力。

1）阳台、窗台的绿化

在城市住宅区内，高层建筑逐渐增多，尤其是在用地紧张的大城市，住户远离地面，心理上难免会产生与大自然隔离的失落感，渴望借助阳台、窗台之类狭小空间创造出自己喜爱的小花园，因此阳台与窗台越来越被视为与大自然接近、美化居住环境的新天地。阳台是住宅建筑立面重点绿化装饰的部位。

阳台的绿化设计应按建筑立面的总设计要求考虑。阳台是住宅内外空间的过渡，要使地面庭院绿化逐步上升到屋顶花园的纵向绿化空间序列。由于阳台的空间有限，常栽种攀援或蔓生植物，采用平行垂直绿化或平行水平绿化的方式。

西阳台夏季西晒严重，采用平行垂直绿化的方式较适宜。植物可形成绿色幕帘，遮挡夏日烈日直晒，起到隔热降温的作用，从而创造出舒适的小环境。

在朝向较好的阳台可采用平行水平绿化的方式。绿化时候注意不要影响室内采光，可选择观花观果植物，如金银花、葡萄等。

阳台的绿化可采用多种形式，如在阳台和栏板混凝土的扶手上，除摆放花盆外，值得推广的种植方式是与阳台同步建造的各种类型的种植槽；或者用建筑材料做成简易的棚架形式，棚架本身具有观赏价值，适宜攀援能力较弱的植物；还可在阳台的栏杆上悬挂各种种植盆，形式灵活，既能满足种植要求，还能起到装饰的作用。窗台绿化在西方建筑中是丰富住宅环境景观的"乐土"。当人们平视窗外的时候，可欣赏到窗台的"小花园"，感受到自然的乐趣，如图 2-30 所示。

图 2-30　窗台绿化

窗台绿化成为建筑立面美化的组成部分，也是纵向与横向绿化空间序列的一部分。可用于窗台绿化的植物种类较为丰富，可以是常绿的也可以是落叶的，可以是多年生的也可以是一两年生的，如黄杨、常春藤、栀子、天竺葵、矮牵牛等。

2）墙面绿化

墙面绿化早在西方国家就有应用。17 世纪，俄国就已将攀援植物用于建筑墙面绿化。居住区建筑密集，墙面绿化对居住环境的改善尤为重要，如图 2-31 所示。

墙面绿化是垂直绿化的重要形式，主要是利用吸附、卷须、钩刺等攀援植物绿化墙体。实践证明，墙面越是粗糙越有利于植物攀爬；反之，效果则差。为了使植物能附着墙面，欧美国家常用木架、金属丝等辅助攀援，我国住宅建筑墙体的材料多为水泥或拉毛、砖墙，有利于植物的攀爬，更可以借助多种辅助形式营造不同的墙面效果。

图 2-31　墙面绿化

墙面种植形式多样，一般选择地栽、容器种植、堆砌花盆等。由于墙面朝向不同，适宜的植物材料也不同。朝南、朝东的墙面光照充足，适宜爬山虎、凌霄等植物；朝北、朝西的墙面则因为光照不足，可选择常春藤、扶芳藤等，但要做到因地制宜。

3）　屋顶绿化

屋顶绿化也称为屋顶花园，其历史可追溯到 2500 多年前世界七大奇观之一的空中花园。屋顶绿化是开拓城市空间、美化城市、调节城市气候、提高城市环境质量、改善城市生态环境的重要途径之一。绿化的屋顶不仅增加了绿化面积，而且还可增强屋顶的密封性，防止紫外线照射，同时起到降温、防火的作用。

屋顶绿化与地面绿化设计不尽相同，应注意以下问题：植物生长必要的土壤厚度、建筑屋顶的荷载能力、灌溉和排水设备的选择、防水层的设计、植物种类的选择等，此外还要考虑到树木养护、树木生长发育过程中对周围环境的影响等因素。

屋顶绿化的形式要根据屋顶的荷载、人流量、周边环境、用途等确定，常用的方式有棚架式、地毯式、庭院式和自由种植。

(1)　棚架式：在载重墙上种植藤本植物。如栽植葡萄等攀爬植物时，可以在屋顶做成简易棚架，高度为 2 米左右，使其沿棚架生长，最后覆盖整个棚架。为减轻屋顶荷载，可把棚架立柱安放在载重墙上，如图 2-32 所示。

图 2-32　棚架式设计

(2) 地毯式：在全部或者大部分屋顶上种植地被类植物或小灌木，可形成一层绿化地毯。这种绿化形式的绿化覆盖率高、生态效益好，若采用图案化的地被植物效果更佳，如图 2-33 所示。

图 2-33　地毯式设计

(3) 庭院式：就是把地面的庭院绿化建在屋顶上，与棚架式、地毯式相比，还要建立亭、台、浅水池、园林小品等，使屋顶空间成为有山有水的园林环境。庭院式绿化一般建在高级宾馆等商业性建筑上，如图 2-34 所示。

图 2-34　庭院式绿化设计

(4) 自由种植：采用有变化的自由种植地被花卉灌木，一般种植面积较大，采用园林的手法，产生层次丰富、色彩斑斓的效果。

居住区建筑外环境景观设计，可以维护和保持城市的生态平衡，并融合意境创造、自然景观、人文地理、风俗习惯等总体环境，给人们提供一个方便、舒适、优美的居住场所。生态设计思想的与时俱进赋予了建筑外环境景观设计更深刻的内涵，使之突破了以往狭隘的视觉美学范畴，将研究对象提升到多元化、复杂化的社会环境与自然环境可持续发展的高度。确立人类社会可持续发展的新战略，建设和谐生态景观，把景观设计和和谐人居环境、低碳环保、可持续发展的理念结合起来，这是将来景观设计重要的发展趋势。

本章主要介绍了与建筑外环境相关的气候要素，包括日照、室外温度、湿度、风、降水等，还介绍了中国建筑气候区划，同时对建筑外环境景观设计进行了阐释。

(1)　为可见光、红外线、紫外线的波长排序。

(2)　建筑外环境相关的气候要素有哪些？

(3)　中国建筑气候区划是什么？

(4)　你对建筑外环境景观设计有什么看法？

02

第 3 章

建筑与空气环境概念设计

【学习目标】

- 了解室内空气品质。
- 熟悉空气污染的指标与来源。
- 熟悉空气污染物种类。
- 了解通风与气流分布对空气质量的影响。

【本章要点】

空气环境是建筑环境中的重要组成部分。本章主要介绍室内空气品质、空气污染的指标与来源；详细介绍空气污染物种类及其所造成的污染、换气量与换气次数；同时讲解通风与气流分布对空气质量的影响，介绍建筑的自然通风设计。

3.1 室内空气品质

人类在各种社会活动、生活活动以及生产活动中，约有 80%的时间是处在室内环境中的，因此，室内空气的质量直接影响着人们的身体健康。

3.1.1 室内空气品质简介

室内空气品质的定义在近 20 年中经历了许多变化。最初，人们把室内空气品质几乎完全等价为一系列污染物浓度指标。近年来，人们认识到这种纯客观的定义不能涵盖室内空气品质的全部内容。在 1989 年国际室内空气品质讨论会上，丹麦的 Fanger 教授提出了一种空气品质的主观判断标准：空气品质反映了人们的满意程度。如果人们对空气满意，就是高品质；反之，就是低品质。

美国供热制冷空调工程师协会(American Society of Heating，Refrigerating and Air-conditioning Engineers，ASHRAE)1998 年颁布的标准 ASHRAE 62—1989《满足可接受室内空气品质的通风》中兼顾了室内空气品质的主观和客观评价，给出的定义为，良好的室内空气品质应该是："空气中没有已知的污染物达到公认的权威机构所确定的有害物浓度指标，且处于这种空气中的绝大多数人(≥80%)对此没有表示不满意。"这一定义把对室内空气品质的客观评价和主观评价结合起来，是人类认识上的一个飞跃。

1996 年，该组织在修订版 ASHRAE 62—1989R 中，又提出可接受的室内空气品质(acceptable indoor air quality)和感受到可接受室内空气品质(acceptable perceived in-door air quality)的概念。可接受的室内空气品质定义为：空调房中的绝大多数人对空气没有表示不满意，并且空气中没有已知的污染物达到了可能对人体健康产生严重威胁的浓度。感受到可接受室内空气品质定义为：空调房中的绝大多数人没有因为气味或刺激性而表示不满，它是可接受的室内空气品质的必要条件，不是充分条件。

室内空气品质不仅影响人体的舒适和健康，而且对室内人员的工作效率也有显著影响，良好的室内空气品质能够使人感到神清气爽、精力充沛、心情愉悦。然而 20 多年来，许多国家的室内空气品质却不容乐观，很多人抱怨室内空气品质低劣，使他们出现一些病态反应：头痛、困倦、恶心和流鼻涕等，此类症状被统称为"病态建筑综合症"(Sick Building Syndrome，SBS)。

调查和研究表明，造成室内空气品质低劣的主要原因是室内空气污染，这些污染一般可分为三类：物理污染(如粉尘)；化学污染(如有机挥发物，英文名为 Volatile Organic Compounds，简称 VOCS)；生物污染(如霉菌)。

室内空气品质方面产生问题的主要原因如下所述。

1. 强调节能导致的建筑密闭性增强和新风量减少

20 世纪 70 年代的能源危机爆发后，建筑节能在发达国家普遍受到重视，作为建筑节能的有效手段，很多建筑密闭性增强，新风供给量减少，以降低空调负荷，而新建的大量大型建筑及其空调系统普遍采用此策略。

2. 新型合成材料在现代建筑中大量应用

一些合成材料由于价格低廉、性能优越作为建筑材料和建筑装修材料获得广泛应用，但其中一些材料会散发对人体有害的气体，如有机挥发物。

3. 散发有害气体的电器产品大量使用

随着电子技术的发展，一些电器产品在办公室和家庭日益普及，其中如复印机、打印机、计算机等会散发有害气体如臭氧、有机挥发物等，造成室内空气品质的下降。

4. 传统空调系统的固有缺点以及系统设计和运行管理的不合理

传统空调冷凝除湿的方式，使空调箱和风机盘管系统往往成为霉菌的滋生地。系统设计和运行管理不合理，如过滤网不及时清洗或更换，新风口设计不合理等也常是造成室内空气品质低劣的原因。

5. 厨房和卫生间气流组织不合理

厨房和卫生间是特殊的生活空间，由于对这一空间的特殊性缺乏足够的认识，在气流组织上缺乏很好的应对措施，不仅造成这一特殊空间室内空气品质低劣，而且影响了普通生活空间或工作空间的室内空气品质。

6. 室外空气污染

由于我国能源主要依赖于煤炭，燃煤过程往往会导致 SO_x、NO_x 及颗粒污染物的大量排放。城市汽车数量剧增，汽车尾气的排放也会降低室外空气品质。此外，一些地区植被被破坏，造成沙漠化，导致沙尘暴时有发生。

3.1.2　室内空气品质对人的影响

室内空气品质对人的影响主要有两方面，危害人体健康与影响工作效率。

1. 危害人体健康

据美国等发达国家统计，每年室内空气品质低劣造成的经济损失非常惊人。现代建筑室内空气品质恶化，引发了以下三种病症：病态建筑综合症(SBS)、与建筑有关的疾病(BRI)、多种化学污染物过敏症(MCS)。

1) 病态建筑综合症(SBS)

病态建筑综合症是指没有明显的发病原因，只是和某一特定建筑相关的一类症状的总称，其症状通常包括眼睛、鼻子或者咽喉刺激、头痛、疲劳、精力不足、烦躁、皮肤干燥、鼻充血、呼吸困难、鼻子出血和恶心等，这种病症有个显著的特征就是一旦离开污染的建筑物，病症会明显减轻或消失。病态建筑综合症的病因尚不完全清楚。病态建筑综合症是由多个因素引起的，包括心理因素和生理因素。

2) 与建筑有关的疾病(BRI)

与建筑有关的疾病包括呼吸道感染和疾病、军团菌病、各种空气传染的疾病、心血管病和肺癌以及中毒反应，主要是由于在具有生物污染、物理污染、化学污染的空气中暴露所致。这些疾病病因可查，而且有明确的诊断标准和治疗对策。患建筑相关疾病的人群离开被怀疑室内空气质量不良的建筑后，症状不会很快消失，仍然需要特殊治疗，且康复时间较长，并且完全康复或症状减轻往往需要远离致病源。它和病态建筑综合症相区别的另外一个特点是要诊断一个人是否有这种疾病并不需要对和他同室人的健康进行调查。一些建筑相关疾病能够通过室内空气传播，如军团菌病、组织胞浆菌病、肺结核和某些鼻病毒。除了病源来自外部环境的军团菌病外，其他疾病传播的可能性通常是随着室内人员密度的增加而增大的。引起与建筑相关的疾病的原因也和病态建筑综合症的原因类似，可分为化学因素、物理因素和生物因素。

3) 多种化学污染物过敏症(MCS)

多种化学污染物过敏症的症状是指慢性(持续三个月以上)多系统紊乱，通常涉及中枢神经系统和一种以上其他系统。症状通常具有不确定性，包括行为变化、疲劳、压抑、精神疾病、肌肉与骨骼、呼吸系统、泌尿生殖系统和黏膜刺激等，由于临床上表现各种各样，缺乏明确的判断依据，通常临床医生不认为这是一种疾病。患多种化学污染物过敏症的人群通常以低于正常剂量对某些化学物质产生对抗效应，对某些食物会产生抵触心理。而受影响者的发病轻重也大不一样，轻者仅仅表现出轻微不适，重者甚至完全丧失劳动能力。这种病症的主要特征是改进和避免可疑化学物质后，症状会消除或减轻，但再次的暴露会引发症状的重现。

2. 影响工作效率

室内空气品质的好坏和劳动效率的高低有着密切的关系。《美国医学杂志》1985年调查报告估计，在美国，每年因呼吸道感染而就医的人数达到7500万次，每年损失1.5亿个工作日，花费的医疗费用达150亿美元，而缺勤损失则高达590亿美元。

同样，病态建筑综合症会妨碍人正常工作，造成工作日的损失，同时也会消耗大量医疗费用。1989年美国环保署对新西兰的一项调查表明，每年由于室内空气品质不良造成的损失约占国民生产总值的3%，而1990年对英国4373名白领工人的调查表明，病态建筑综合症确实对他们的健康有负面影响，对数据进行分析后发现，病态建筑综合症使生产力降低了4%。在1997年Menzies的一项实验研究中发现，好的室内空气品质提高了大约11%的生产力。在1996年，美国因为病态建筑综合症引起的经济损失高达76亿美元。

因此，不良的室内空气品质会引起巨大损失，必须引起足够重视。

我国室内空气品质问题较发达国家更为严重，除上述原因外，我国室内环境污染还有很多独有的特点。如，我国每年新建建筑量惊人，逾10亿平方米。不合适的建筑设计、空调系统设计和运行管理的不合理严重影响了室内空气品质；大量散发有害物质的建材充斥市场，被投入使用等。

室内空气品质的研究已经成为建筑环境科学领域的一个重要组成部分。与室内空气品质有关的国际性的专业学术会议(如 Indoor Air，Roomvent，Healthy Building，ASHRAE 中的专题会议)已经举办过多次，直接涉及室内空气品质的国际学术期刊也有很多，如：*Environment Science and Technology*、*Atmospheric Environment*、*Indoor Air*、*ASHRAE Transactions*、*Building and Environment* 等。

3.1.3　室内空气品质的评价

室内空气品质评价是认识室内环境的一种科学方法，是随着人们对室内环境重要性认识的不断加深所提出的新概念。在评价室内空气品质时，一般采用量化监测和主观调查结合的手段进行，即采用客观评价和主观评价相结合的方法。

1. 客观评价

客观评价是直接测量室内污染物浓度来客观了解、评价室内空气品质。但涉及室内空气品质的低浓度污染物很多，不可能样样都测，需要选择具有代表性的污染物作为评价指标，全面、公正地反映室内空气品质的状况。由于各国的国情不同，室内污染特点不一样，人种、文化传统与民族特性的不同，造成对室内环境的反映和接受程度上的差异，选取的评价指标也有所不同。一般选用二氧化碳、一氧化碳、甲醛、吸入尘，加上温度、相对湿度、风速、照度以及噪声等 12 个指标，全面、定量地反映室内环境。当然上述评价指标可以根据具体评价对象适当增减。

在客观评价方法中，暴露(Exposure)水平评价是相对常见的方法。

暴露是指人体与一种或一种以上的物理、化学或生物因素在时间和空间上的接触。而暴露评价就是对暴露人群中发生或预期将发生的人体危害进行分析和评估，通常这种方法是一种客观评价方法，它包括两方面，即对人体暴露进行定性评价和对进入机体内的有害物剂量进行定量评价，具体内容包括以下五点。

(1) 剂量水平：主要包括人群和暴露的关系，人群分布和个体状况。

(2) 污染来源：调查污染源、污染物传输途径与速率、污染物传输介质、污染物进入人体方式等。

(3) 暴露特征：指污染物进入机体的方式和频率。

(4) 暴露差异性：这主要是指个体内的暴露差异、个体间的暴露差异、不同人群间的暴露差异、不同时间的暴露差异和暴露空间分布的差异。

(5) 不确定性分析：主要指资料缺乏或不准确，暴露测量或模型参数的统计误差，危害确认和因果判定的不准确等构成的不确定性分析。

通常在进行上述分析的同时还需要人群或个体的"时间—活动"模式资料，这类资料主要记录研究对象每天的日常活动内容、方式与时间安排规律。国内外的研究普遍认为，通过问卷、日记、访谈、观察和某些技术手段获得准确的"时间—活动"模式资料对于建立准确合理的室内暴露模型、分析不同人群的室内活动特征，从而对其暴露特征进行评估和研究具有非常重要的意义。

在上述暴露评价的基础上通过对以下指标进行测量、观察，可以评价室内空气品质的好坏。

(1) 主观不良反应发生率：由于室内空气污染物种类繁多、浓度较低，这些污染对人体健康的影响通常是长期和缓慢的。在这种污染危害的早期，人群的反应不会立刻出现明显的疾病症状，而是以轻度的机体不良反应表现出来。因此人体不良反应发生率和室内空气品质的好坏有着定性的对应关系，可以用作评价室内空气品质的一个指标。

(2) 临床症状和体征：许多室内污染物长期作用于人体，就可能引起机体出现一系列的临床症状和体征，例如由于室内装修而造成的甲醛浓度过高可使暴露人群早期出现眼痒、眼干、嗜睡、记忆力减退等，长期暴露后可能出现嗓子疼痛、急性或慢性咽炎、喉炎、眼结膜炎和失眠等，还可出现过敏性皮炎、哮喘等症状和体征。

(3) 效应生物标志：很多室内污染物对于健康的影响，早期由于暴露剂量低，人群的不良反应和临床表现不明显，不易被察觉，此时可采用效应生物标志，这对于确定室内污染物对人体健康的"暴露—反应"关系，评价室内空气品质具有很多优越性。

(4) 相关疾病发生率：人群长期暴露在低劣的室内空气品质环境中，除发生主观不良反应和临床症状外，还可能使暴露人群发生各种相关疾病，比如过敏性哮喘、过敏性鼻炎和儿童白血病等，因此该指标也可用来评价室内空气品质。

2. 主观评价

主观评价主要是通过对室内人员的询问得到的，即利用人体的感觉器官对环境进行描述与评判。室内人员对室内环境接受与否是属于评判性评价；对空气品质感受程度则属于描述性评价。

人们普遍认为人是测定室内空气品质最敏感的仪器，利用这种评价方法，不仅可以评定室内空气品质的等级，而且也能够证实建筑物内是否存在着病态建筑综合症。但作为一种以人的感觉为测定手段(人对环境的评价)或为测定对象(环境对人的影响)的方法，误差是不可避免的。在室人员与来访者对空气品质感受程度不一致，也是正常的。这是由于人与人的嗅觉适应性不同以及对不同的污染物适应程度不一致所造成的。同时，有时候利用人们的不满作为改进和评价建筑物性能的依据，也是非常模糊的。因为人们的不满常常是抱怨头痛、疲乏，或不喜欢室内家具、墙壁的颜色等，很难弄清楚什么是不满意的真正原因。

3.1.4　室内空气品质标准

室内空气品质标准是客观评价室内空气品质的主要依据。该标准中规定了室内污染物浓度的上限值。我国于 1996 年发布并实施了《公共场所卫生标准》。其中在《旅店业卫生标准》(GB 9663—1996)中规定，三星级以上的饭店、宾馆，CO_2 浓度不超过 0.07%，可吸入颗粒物不超过 0.15 mg/m^3，空气细菌总数不超过 1000 cfu/m^3，如表 3-1 所示。

表 3-1　旅店客房卫生标准 GB9663—1996

项　目	3～5 星级饭店、宾馆	1～2 星级饭店、宾馆	普通旅店、招待所
温度(℃)冬季	>20	>20	≥16(供暖地区)
夏季	<26	<28	—
相对湿度(%)	40～65	—	—
风速(m/s)	≤0.3	≤0.3	—
二氧化碳(%)	≤0.07	≤0.10	≤0.10
一氧化碳(ppm)	≤5	≤5	≤10
甲醛(mg/m³)	≤0.12	≤0.12	≤0.12
可吸入颗粒物(mg/m³)	≤0.15	≤0.15	≤0.20
撞击法(cfu/m³)	≤1000	≤1500	≤2500
沉降法(个/皿)	≤10	≤10	≤30
台面照度(lx)	≥100	≥100	≥100

续表

项　　目	3～5星级饭店、宾馆	1～2星级饭店、宾馆	普通旅店、招待所
噪声(dB(A))	≤45	≤55	—
新风量[m³/(h·人)]	≥30	≥20	—
床位占地面积(m²/人)	≥7	≥7	≥4

芬兰对公寓建筑提出了良好的室内气候标准，它是经芬兰"室内空气质量和室内气候学会"提出并经有关高校和研究所共同完善的文件。它已作为业主、设计者、施工者、设备厂家和材料供应商所遵循的依据，如表 3-2 所示。

表 3-2　芬兰良好室内气候标准

内　　容	室内气候规定值(SI)	内　　容	室内气候规定值(SI)
房间温度(℃)冬	21～22	全部挥发性有机化合物(mg/m³)	<0.2
房间温度(℃)夏	22～25	气味强度(decipol)	<2
空气流速(m/s)冬	<0.10	CO_2(mg/m³)	<1800
空气流速(m/s)夏	<0.15	全部悬浮微粒(mg/m³)	<0.06
相对湿度(%)冬	25～45	表层材料散发物的上限值	
相对湿度(%)夏	30～60	全部挥发性有机化合物[mg/(m²·h)]	<0.2
噪声(dB(A))	<25	甲醛[mg/(m²·h)]	<0.05
换气次数(次/h)	>0.8	氨[mg/(m²·h)]	<0.03
散发物(g/m³)	<0.02	致癌混合物[mg/(m²·h)]	<0.005
甲醛(mg/m³)	<0.03	不满意气味(%)	<15

日本近几年提出室内 CO_2 浓度标准为 0.1%。俄罗斯评价居室内空气清洁程度的数据是：在夏季，当细菌总数小于 1500 个/m³，为清洁空气；大于 2500 个/m³ 为污染空气；在冬季，当细菌总数小于 4500 个/m³，为清洁空气；大于 7000 个/m³，为污染空气。

3.2　空气污染的指标与来源

室内空气污染物的来源可分为在室人员的活动、建筑与装饰材料、室内设施以及室外带入等几类。室内空气污染物的种类很多，包括化学的、物理的和生物的等。广义上的污染物包括固体颗粒、微生物和有害气体等。为了描述和定量分析这些污染物对室内空气的污染程度，制定有关污染物允许浓度指标是十分必要的。这些指标也是客观评价室内空气品质的主要依据。

3.2.1　空气环境指标

1. 阈值

在远离工业区的地方，空气给人们的印象是"新鲜"的。但是通过分析表明，其中也含有大量的各种有机化合物。具有多种污染源的室内空气中，各种有害物成分就更多了。因此，必须确定有关污染物成分在人体呼吸的空气中的允许浓度标准。这是一件很不容易做的工作，因为对人类处在污染危险非常小的环境中所产生的深远影响和后果的调查研究工作是一个很复杂的课题。

即使是对吸烟和肺癌这样相互有关联的严重危险进行调查，在危险确定之前也需要做大量流行病学方面的研究。因此必须认识到不同污染物允许浓度的标准体现了根据当时可资利用的资料信息所做出的最佳决定，随着更多资料可资利用，进一步修改也就有了可能和必要。在确定污染物允许浓度标准时，使用最广的概念就是阈值。所谓阈值，就是空气中传播的物质的最大浓度，在该浓度下日复一日地停留在这种环境中的所有工作人员几乎均无有害影响。因为人们的敏感性变化很大，所以即使是浓度处在阈值以下，还是会有少数人由于某种物质的存在而感到不舒适。阈值一般有如下三种定义。

时间加权平均阈值。它表示正常的 8 h 工作日或 35 h 工作周的时间加权平均浓度值，长期处于该浓度下的所有工作人员几乎均无有害影响。

短期暴露极限阈值。它表示工作人员暴露时间为 15 min 以内的最大允许浓度。

最高限度阈值。它表示即使是瞬间也不应超过的浓度。短期暴露极限阈值和最高限度阈值特别适用于短时间的工业暴露。而本章中所涉及的允许浓度标准值均指时间加权平均阈值。

2. 室内空气品质

室内空气品质的定义在近 20 年中经历了许多变化。最初，人们把室内空气品质几乎完全等价为一系列污染物浓度的指标。近年来，人们认识到这种纯客观的定义已不能完全涵盖室内空气品质的内容，于是对室内空气品质的定义进行了不断的深化。

在 1989 年国际室内空气品质讨论会上，丹麦哥本哈根大学教授 P.O. Fanger 提出：品质反映了人们要求的程度，如果人们对空气满意，就是高品质；反之，就是低品质。这种定义是将室内空气品质完全变成了人们的主观感受。

最近几年，美国供热制冷空调工程师学会颁布的标准《满足可接受室内空气品质的通风》(ASHRAE62—1989)中所做的定义为：良好室内空气品质应该是"空气中没有已知的污染物达到公认的权威机构所确定的有害浓度指标，并且处于这种空气中的绝大多数人(≥80%)对此没有表示不满意"。这一定义体现了人们认识上的飞跃，它把客观评价和主观评价结合起来。不久，该组织在修订版 ASHRAE62—1989R 中，又提出了可接受的室内空气品质和感受到的可接受的室内空气品质等概念。在 ASHRAE62—1989R 中，可接受的室内空气品质的定义如下：空调房中绝大多数人没有对室内空气表示不满意，并且空气中没有已知的污染物达到了可能对人体健康产生严重威胁的浓度。感受到的可接受的室内空气品质定义如下：空调房中绝大多数人没有因为气味或刺激性而表示不满。它是达到可接受的室内空气品质的必要而非充分条件。由于有些气体，如氡、一氧化碳等没有气味，对人也没有刺激作用，不会被人感受到，但却对人体危害很大，因而仅用感受到的室内空气品质是不够的，必须同时引入可接受的室内空气品质。

ASHRAE62—1989R 中对室内空气品质的描述相对于其他定义，最明显的变化是它涵盖了客观指标和人的主观感受两个方面的内容，相对比较科学和全面。因此，尽管当前各国学者对室内空气品质的定义仍存在偏差，但基本上认同 ASHRAE62—1989R 中的两类定义。

3. 室内环境品质

大量研究证明，引起病态建筑综合症的并非某一种室内污染物的单独作用，也并非完全由室内空气中的污染物所致，而是多种因素的综合作用，包括不良的室内空气品质、水系统结露或泄漏造成微生物的繁衍、长久地坐在电脑前接收到大剂量辐射等生理上的因素，也包括工作压力、工作满意度、人事关系等心理上的因素。由此可见，仅用室内空气品质这一概念不能完全解释与多种综合原因相联系的病态建筑综合症,因而国外学者引进了室内环境品质(Indoor Environment Quality,IEQ)的概念。

由美国国家职业安全与卫生研究所提出的室内环境品质概念比室内空气品质的内涵更广,它是指室内空气品质、舒适度、噪声、照明、社会心理压力、工作压力、工作区背景等因素对室内人员生理和心理上的单独和综合的作用。实际上,上述提到的我国发布和实施的"公共场所卫生标准",也包括了室内环境品质方面的标准。

室内环境品质对人的影响可分为直接影响和间接影响。直接影响是指环境的直接因素对人体健康与舒适的直接作用,如室内良好的照明,特别是利用自然光可以促进人们的健康;人们喜欢的室内布局和色彩可以缓解工作时的紧张情绪;室内适宜的温度、湿度和清新的空气能提高人们的工作效率等。间接影响是指间接因素促使缓解对人员产生的积极或消极作用,如情绪稳定时适宜的环境使人精神振奋,萎靡不振时不适宜的环境使人更加烦躁不安等。由此可见,提高室内环境品质,可以增加室内人员的舒适度及健康保障,避免病态建筑综合症,从心理和生理两方面提高人员对环境的满意率。因此,在评价和分析一栋建筑物时,应考虑使用室内环境品质这一概念。

3.2.2　室内空气污染的来源

室内空气污染的来源很多。对于建筑环境与设备专业工作者来说,掌握其各种来源是十分必要的。只有了解各种污染物的来源、形成原因以及进入室内的各种渠道,才能有针对性地采取有效措施,堵源节流,把好控制室内空气环境的第一关。

根据各种污染物形成的原因和进入室内的不同渠道,一般可将室内污染物分为室外来源、室内来源(非人体自身)以及在室人员等几个方面。

1. 室外来源

这类污染物原本存在于室外环境中或其他室内环境中,一旦遇到机会,则可通过门窗、孔隙或管道缝隙等途径,进入室内。大气中很多污染物均可通过上述途径进入室内,如 SO_2、NO_x、烟雾、硫化氢等。这类污染物主要来自工业企业、交通运输工具以及建筑周围的各种小锅炉、垃圾堆等多种污染源。有的房基地的地层中含有某些可逸出有害物质或挥发性有害物质,这些有害物可通过地基的缝隙逸入室内,如氡及其子体、某些农药、化工染料、汞等。质量不合格的生活用水在用于室内淋浴、冷却空调、加湿空气等时,以喷雾形式进入室内。水中可能存在的致病菌或化学污染物可随着水雾喷入室内空气中,例如军团菌、苯、机油等。另外,人为带进室内或从邻居家传来的污染物,也是外来污染之一。

2. 室内来源

室内污染的来源除人体自身外主要包括以下几种途径。

1)　由室内进行的燃烧或加热而生成

这里主要是指各种燃料、烟草、垃圾的燃烧以及烹调油的加热。这些燃烧产物和烹调油烟,都是经过高温反应而产生的。不同的燃烧物或相同种类但品种或产地不同,其燃烧产物的成分会有很大差别,燃烧条件不同,燃烧产物的成分也会有差别。

厨房烹饪使用煤、天然气、液化石油气和煤气等燃料,会产生大量含有 CO,CO_2,NO_x,SO_2 等气体及未完全氧化的醇、苯并呋喃及丁二烯和颗粒物。江苏省卫生防疫站对民用新型燃料在燃烧时所产生的有害气体的污染程度进行了测定,结果表明,燃烧 120 min 后,有一定通风,室内甲醇和甲醛平均浓度分别是 3.91 mg/m³ 和 0.1 mg/m³，不通风条件下分别是 11.78 mg/m³ 和 0.49 mg/m³，可见污染程度比较严重。

另外烹调本身也会产生大量的污染物，烹调油烟是食用油加热后产生的，通常炒菜温度在 250℃ 以上，油中的物质会发生氧化、水解、聚合、裂解等反应。随着沸腾的油挥发出来。这种油烟有 200 余种成分，其中含有多种可致突变性物质，主要来源于油脂中不饱和脂肪酸的高温氧化和聚合反应。

厨房中的这些产物不仅会对烹饪者产生影响，而且在通风设计不好的情况下会严重影响室内空气品质，应该引起重视。

2) 从室内各种化工产品中释放而出

这类化工产品包括建筑材料、装饰材料、化妆品、胶粘剂、空气消毒剂、杀虫剂等。这类产品由于原材料本身成分中含有某些有害物质(例如氡的母元素——镭)或在生产过程中加入了某些挥发性有机物(例如苯、甲醇)，使其生产出来的成品中也含有这类物质。随着产品进入室内后，这些物质即可从产品中释放出来，污染室内空气。例如发胶中的氟利昂、胶粘剂中的甲醛等。

常见的散发污染物的室内装饰和装修材料主要有如下几种。

(1) 无机材料和再生材料。这主要包括大理石、花岗岩等石材和水泥、砖、混凝土等建筑材料，以及一些建筑用的工业废渣。这类材料主要的污染为辐射问题。另外一种无机材料为泡沫石棉，它是一种用于房屋建筑的保温、隔热、吸声、防震的材料。以石棉纤维为原料而制成，它引起的污染是由于在安装、维护过程中，石棉纤维颗粒会飘散到空气中，对人的健康危害严重。

(2) 合成隔热板材。以各种树脂为基本原料，加入一定的发泡剂、催化剂和稳定剂等辅助材料，经加热发泡而成。主要品种有聚苯乙烯泡沫塑料、聚氯乙烯泡沫塑料等，这类材料在使用的过程中会释放出多种 VOC，主要有甲醛、氯乙烯、苯、甲苯和醚类等。有研究表明，聚氯乙烯泡沫塑料在使用过程中，能挥发 150 多种有机物。

(3) 壁纸和地毯。天然纺织壁纸尤其是纯羊毛壁纸中的织物碎片是一种致敏源，而化纤纺织物型壁纸则可释放出甲醛等有害气体，塑料壁纸则可能释放出甲醛、氯乙烯、苯、甲苯、二甲苯和乙苯等。纯羊毛地毯的细毛绒是一种致敏源，化纤地毯可释放甲醛、丙烯腈和丙烯等 VOC。另外地毯的吸附能力很强，能吸附许多有害气体和病原微生物，纯毛地毯还是尘螨虫的理想滋生和隐蔽场所。

(4) 人造板材及人造板家具。由于人造板材在生产过程中需要加入黏合剂进行粘接，家具表面要涂刷各种油漆，而这些黏合剂和油漆中都含有大量的有机挥发物。因此人造板材和人造板家具的使用会使这些有机物不断地释放到室内空气中。许多调查都发现，在布置新家具的房间可以检测出较高浓度的甲醛、苯等几十种有毒化学物质。

(5) 涂料。含有许多化合物，成分十分复杂。在刚刚涂完涂料的房间，空气中可检测出大量的苯、甲苯、乙苯、二甲苯、丙酮、醋酸丙酯、乙醛、丁醇和甲酸等 50 多种有机物。

(6) 黏合剂。黏合剂主要可分为两类：天然黏合剂及合成黏合剂。天然黏合剂包括胶水(由动物的皮、蹄、骨等熬制而成)、酪蛋白黏合剂、大豆黏合剂、糊精、阿拉伯树胶、胶乳、橡胶水和粘胶等。合成黏合剂包括环氧树脂、聚乙烯醇缩甲醛、聚醋酸乙烯、酚醛树脂、氯乙烯、醛缩脲甲醛、合成橡胶胶乳、合成橡胶胶水等。这类黏合剂在使用时可以释放出大量有机挥发物，如甲酚、甲醛、乙醛、苯乙烯、甲苯、乙苯、丙酮、二异氰酸盐、乙烯醋酸酯、环氧氯丙烷等。长期接触这些有机物会对皮肤、呼吸道以及眼黏膜有所刺激，引起接触性皮炎、结膜炎、哮喘性支气管炎以及一些其他疾病。

(7) 吸声和隔声材料。常见的吸声材料包括无机材料如石膏板等，有机材料如软木板、胶合板等，多孔材料如泡沫玻璃等，纤维材料如矿渣棉、工业毛毯等。隔声材料一般有软木、橡胶、聚氯乙烯塑料板等。这些吸声和隔声材料都可向室内释放多种有害物质如石棉、甲醛、酚类、氯乙烯等，可造成室内人员闻到不舒服的气味，出现眼结膜刺激、接触性皮炎和过敏等症状。

3) 室内生物性污染

由于建筑物的密闭，使室内小气候更加稳定，温度更适宜，湿度更湿润，通风极差，这种密闭环境很容易滋生尘螨、真菌等微生物，还能促使生物性有机物(例如生活污水、有机垃圾等)在微生物作用下产生很多有害气体，常见的有 CO_2、NH_3、H_2S 等。

4) 家用电器的电磁辐射

近年来，电视机、组合音响、微波炉、电热毯等多种家用电热器进入室内，导致人们接触电磁辐射的机会增多，由此产生的健康影响已引起国内外有关专家的关注。

5) 不良的暖通空调设备及系统

暖通空调系统和室内空气品质密切相关，合理的空调系统及其管理能够大大改善室内空气品质，反之，也可能产生和加重室内空气污染，如空调系统新风采集口受到污染、空调系统的过滤器失效导致的室内空气污染；气流组织不合理导致污染物在局部死角滞留、积累，形成室内空气污染；空调系统冷却水中有可能存在的军团菌而导致的空气微生物污染等。

空调系统可能对室内空气品质产生不良影响的部件主要有如下几种。

(1) 新风口。新风口选址靠近室外污染比较严重的地方，新风入口离排风口太近，发生排风被吸入的短路现象。

(2) 混合间。新风、回风、排风三股气流交汇，如果该空间受到污染或者有关阀门气密性不好，压力分布不合理，将直接影响室内送风的空气品质。

(3) 过滤器。过滤器存在堵塞、缺口、密闭性差和穿透率高等问题，都可能造成在滤材上积累大量菌尘微粒，在空调的暖湿气流作用下非常容易生长繁殖并随着气流带入室内造成污染。如果不恰当地选择过滤器面积、风速，不及时清洗或更换过滤器，则会造成污染源扩散，严重影响室内空气品质。

(4) 风阀。风向包括主通及旁通风阀。风阀操作不准确、风阀位置偏低会带来污染扩散问题。

(5) 盘管。盘管可分为冷热合用与分用两种形式。当除湿盘管及前后连接风道污染、迎风面风速过大引起夹带水珠等均可造成室内空气品质问题。

(6) 表冷器托盘。如果托盘中的水不能及时排走，或不能及时清洗消毒，一些病菌就会在这阴暗潮湿并且有有机物养分的环境中滋生繁衍，从而进入室内，造成室内空气品质降低。

(7) 送风机。风机叶片表面污染、风机皮带轮磨损脱落都会造成空气污染。另外风机电动机因为轴承等问题造成过热，亦会产生异味，随送风传入室内，影响室内空气品质。

(8) 加湿器。一些加湿器周围温度和湿度都很适合微生物的繁殖生长，微生物随送风进入室内，造成室内生物污染。

(9) 风道系统。由于风道内表面不清洁，消声器的吸声材料多为多孔材料，容易造成微生物表面聚积、繁殖和扩散，使空气通过风道后进入室内造成室内空气污染。另一方面由于回风的大量使用可能造成污染扩散，影响室内空气品质。

因此空调系统的合理设计、妥善管理对于改善室内空气品质有着十分重要的意义。

3. 在室人员形成的空气污染及其种类

1) 二氧化碳

二氧化碳(CO_2)是人体产生最多的污染物质,在人体呼出的空气中它约占 4%。人体呼出的 CO_2 量与用于肺中的氧气量的比值在 0.7～1 之间变化。因此,一个人的 CO_2 发生量与其新陈代谢率有关。一个成年人在安静状态下每小时呼出的 CO_2 约为 20L 左右,儿童约为成年人的一半。除 CO_2 外,呼出气体中还含有很多其他代谢废气和有害气体。

除了在高浓度的情况下,二氧化碳是无毒的。正常情况下室外空气中 CO_2 含量为 0.03%～0.04%。当环境中 CO_2 浓度达到 0.07%,体内排出的其他气体也相应达到一定浓度时,少数气味敏感者将有所感觉;当 CO_2 浓度达到 0.1% 时,则有较多人感到不舒服。若 CO_2 浓度再增加,达到 1%～2% 时,引人注意的影响就是呼吸的深度显著增加。可见,室内 CO_2 浓度的高低在相当程度上可以反映出室内有害气体的综合水平。由于人体所产生的 CO_2 量比较标准,且易于测量,因此常常将其浓度作为室内通风量是否满足要求的一般指标。但近年来的研究表明,室内污染物还包括非人产生的污染物,这些污染物浓度较高时不仅使人感到不舒服,而且有些还直接影响到人的健康。因此,简单地以 CO_2 为指标的新风量控制标准有时难以满足人们对室内空气健康性和舒适性要求。

应该指出的是:呼气不是 CO_2 的唯一来源,因为所有使用有机燃料的燃烧过程都会产生二氧化碳。其产生量随燃料种类的不同而稍有区别。除了人体以外,其他动植物的新陈代谢也要排出 CO_2。不同发生源所产生的 CO_2 量如表 3-3 所示。

表 3-3 二氧化碳发生源与发生量

发生源	发生量	发生源	发生量
呼吸	7.3×10^{-5} M L/(s·人)	燃烧:天然气	0.027L/(s·kW)
轻微活动	0.005L/(s·人)	煤油	0.034L/(s·kW)
		液化石油气	0.033L/(s·kW)

2) 一氧化碳

一氧化碳是无色、无味的气体,低浓度情况下便有毒性。它的产生主要是由于燃料的不完全燃烧。当人体吸入 CO 时,它比氧气更易被血液所吸收而形成碳氧血红蛋白,该蛋白不能用来执行它的输送氧气的正常功能,从而导致受害者窒息直至死亡。CO 中毒在全世界是一个很大的问题。法国一项调查显示,每年 CO 中毒事件的发生率为 0.175‰,这其中 97% 是偶然事件,死亡率达 5%。CO 能够快速地被肺吸收,它和血红蛋白结合的速率是氧气的 250 倍,从而阻止氧的传输,然后其生成物 COHb 的浓度在人体冠状动脉和脑部动脉处急剧升高,而在其他地方则相对要慢得多。CO 的大气浓度只要达到万分之一,就会使很多人产生轻微的头痛。当然,人体对 CO 的敏感性是各不相同的。在老年人与年轻人中,以及在具有慢性呼吸器官疾病的人中其相互差别是很大的。我国旅店业卫生标准中规定:1～5 星级饭店、宾馆的一氧化碳的阈值为百万分之五。

对一氧化碳的注意主要集中在它作为室外空气的污染物质方面,这是因为城市中汽车排气可能使其在空气中的浓度超过阈值。室内最普遍的一氧化碳污染是人体自己引入的。吸烟者吸入的一氧化碳量肯定超过阈值。同时来自香烟的二次烟气,即两次喷烟之间香烟燃烧时所发出的烟气,其中所含的 CO 是室内一氧化碳的一个重要来源,如表 3-4 所示。

毋庸置疑,室内非常高的 CO 浓度也几乎总是与使用不合格燃烧设备分不开的。煤气炉在烹调时往往会产生许多一氧化碳。小型燃煤暖气炉不完全燃烧时产生大量的一氧化碳常常是居室中 CO 意外中毒的主要原因。

表 3-4　香烟烟气的典型组成成分

组成成分	每支香烟的含量(mg)		组成成分	每支香烟的含量(mg)	
	主流烟气	二次烟气		主流烟气	二次烟气
燃过的烟草	350	400	二氧化碳	60	80
全部颗粒	20	45	氧化氮	0.01	0.08
尼古丁	1	1.7	丙烯醛	0.08	—
一氧化碳	20	80	产生烟气的时间	20s	550s

3)　烟草的烟气

吸烟是在室吸烟人员造成的最普遍的室内空气污染，主要的影响当然还是吸烟者本人。在确定了吸烟和肺癌之间的关系之后，人们的注意力更多地转向了非吸烟者，即被动吸烟者。有研究人员指出：在一定条件下，烟气对被动吸烟者的危害比吸烟者还大。吸烟者吸入的烟气通常被称为主流烟气，而香烟燃烧发出的烟气被称为二次烟气。表 3-4 列出了吸一支香烟产生的烟气中所包含的主要成分。实际所产生的烟气量取决于烟草的种类、吸烟者吸入的烟量和空气的湿度。吸烟时还能释放出大量的有机化合物。同时香烟烟气更多的主观影响也是非常重要的，而且实际上是决定通风量最为敏感的因素。主要的影响是能见度差，令大多数人讨厌的气味和眼睛所受到的刺激。烟气对能见度的影响只发生在诸如体育馆之类需要较长视线的大空间中。臭味和刺激随所经受时间的长短而具有不同的作用。嗅觉是可以适应的。因此人们察觉气味的能力随时间延长而减弱；另一方面，刺激所造成的影响却随停留时间的增加而增强。而一旦眼睛开始受到刺激，是无法适应的，就会把烟草烟雾视为最令人讨厌的物质了。

4)　气味

如上所述，空气质量标准的制定通常采用污染物浓度阈值这一准确的物理术语，但实际上人们往往根据室内气味的强烈程度来评价室内空气质量。在具有空调的建筑物中，如果气味难闻，人们仍会抱怨室内通风量不足。人们在室内决定进行通风换气也常常是由于室内气味不好。但遗憾的是气味的强度既不易定量也不易测量。人的鼻子是极为灵敏的，即使某些物质的浓度低于最灵敏的仪器所能测量到的强度，人们仍能觉察出这些物质的存在。另一方面，对于气味强度的察觉不能只靠气味的浓度。嗅觉容易疲劳，觉察能力会随时间的推移而迅速下降。对气味的敏感程度也因人而异。女性通常比男性对气味更敏感。人们对气味的灵敏度还随着环境温度和湿度的变化而变化。国外学者已进行了大量有关气味的描述与定量化的研究工作。我国在这方面的研究工作尚处于起步阶段。

建筑物内的气味起因于多个方面。如室内装饰物品、烟草烟雾、厨房、厕所等都是气味的发生源。其中一个无法避免的来源就是人们自己。人体蒸发、流汗、呼吸和体表的各种有机排泄物中微生物分解时发出的体臭、汗臭以及人体排泄的氨等。洗得十分干净的人体也会散发出一种复杂的混合气味，当达到足够的浓度时，就会产生一种令人不愉快的气味。亚格隆(C.P.Yaglon)制定的臭气强度指标被许多国家所接受，如表 3-5 所示。

表 3-5 臭气强度指标

臭气强度指数	定 义	说 明	臭气强度指数	定 义	说 明
0	无	完全感觉不出	3	强	不快感
1/2	可感觉	极微，经训练的人才嗅得出	4	很强	强烈的不快感
1	临界值明确	一般人可感觉出，无不适感			
2	中	稍有不适	5	极强	令人作呕

有关研究结果表明：人体所散发的气味量各人差别很大，而且与每一个人的卫生习惯有关。经常换衣服、洗澡的人，可以消除衣服上的异味和体臭。有些人喜欢向室内洒香水，掩盖房间的臭味，这种做法并未消除污染源，反而又增加了污染，因为清洁的空气应该是无色、无味的。气味的强度与每个人所占的空间体积和通风量有着密切的关系。在经过较长一段时间后，污染物的平衡浓度便与房间体积无关，而只与通风量和污染物的发生量有关。人体的气味是比较易变的，且随时间而衰减，在气味放出约 15 min 后，气味强度即出现显著的降低。

3.3 空气污染物种类及其所造成的污染

空气污染物主要包括气体污染物、悬浮颗粒与微生物和其他污染物，本节主要对这三种污染物进行详细讲解。

3.3.1 气体污染物

1. 气体污染物主要种类、来源及危害

1) 氡

氡是一种惰性放射性气体，由镭衰变而成。它易扩散，能溶于水和脂肪，在体温条件下，极易进入人体组织。

氡及其衰变产物对人体的危害主要是通过内照射产生，即以食物、水和大气为媒介，进入人体后自发衰变，放射出电离辐射，对人体构成危害。由于氡的半衰期较长(3.82 天)，因此随着人体的呼吸，吸入体内的氡大部分可被呼出，对人体的危害不大。但是氡的衰变物却能够沉积在气管和支气管中，部分深入到人体肺部，随着这些衰变物的快速衰变，所产生的很强的电离辐射可能会使大支气管上的上皮细胞发生癌变，因此大部分的肺癌就发生在此区域。科学研究表明，诱发肺癌的潜伏期大多在 15 年以上，而世界上 1/5 的肺癌患者与氡有关，因此氡的危害往往不易被人察觉。另外氡及其衰变产物在衰变时还会同时释放出穿透力极强的 γ 射线，长期暴露在 γ 射线环境中的人体血液循环系统会受到损害，如白细胞和血小板减少，严重的会造成白血病。

室内的氡主要来自两方面。一是由于房屋的地基土壤内含有镭，一旦衰变成氡，即可通过地基或建筑物的缝隙、管道引入室内部位等处逸入室内；也可从下水道的破损处进入管内再逸入室内。二是从含镭的建筑材料中衰变而来。如石块、花岗岩、水泥等材料中含有镭，一旦这些材料用于地基、墙壁、地面、屋顶等的建造，衰变出来的氡即可逸入室内。室内的氡若是来自地基土壤，则地下室和底层房间内的氡浓度往往高于层数高的房间，氡的浓度随层数的升高而降低。如果氡来自建筑材料，则与层高无关，而是靠近建筑材料处的氡浓度高，远离处氡浓度低，即氡浓

度与建筑材料的距离有关。

氡是导致肺癌的主要诱因之一，其潜伏期约为 15～40 年。有关专家认为除吸烟以外，氡比其他任何物质都更能引起肺癌。美国估计每年约有 2 万例肺癌患者是与室内氡的暴露有关。

影响室内氡含量的因素除了污染源的释放量以外，室内密闭程度、空气交换率、大气压高低、室内外温差等都是重要的影响因素。国外有关报道认为在建筑材料表面刷上涂料，能阻挡氡的逸出，使室内空气中的氡浓度降低，起到防护作用。

2)　甲醛

甲醛是一种挥发性有机化合物，无色、具有强烈的刺激性气味。空气中的年平均浓度大约是 $0.005～0.01$ mg/m³，一般不超过 0.03 mg/m³。

室内甲醛有多种来源，可来自室外的工业废气、汽车尾气、光化学烟雾等；室内来源主要有两方面，一是来自燃料和烟叶的不完全燃烧，二是来自建筑材料、装饰物品及生活用品等化工产品。

甲醛在工业上的用途主要是作为生产树脂的重要原料。这些树脂用作胶黏剂。各种人造板(刨花板、纤维板、胶合板等)中由于使用了胶粘剂，因而可能含有甲醛。新式家具的制作，墙面、地面的装饰铺设、都要使用胶粘剂。因此，凡是大量使用胶黏剂的环节，总会有甲醛释放。此外，某些化纤地毯、塑料地板砖、油漆涂料等也含有一定量的甲醛。

甲醛不仅大量存在于多种装饰物品中，也可来自建筑材料，如由脲醛树脂制成的泡沫树脂隔热材料。此外，甲醛还可来自化妆品、清洁剂、杀虫剂、消毒剂、防腐剂等多种化工轻工产品。由此可见甲醛的来源极为广泛。

由于甲醛的室内来源很多，造成室内污染日益严重。20 世纪 70 年代以来，美国、荷兰、瑞典、丹麦等国均对此开展了大量的调查研究。发现使用装饰物品的室内，甲醛浓度的峰值可达 2.3 mg/m³ 以上。我国大型宾馆新装修后，其峰值可达 0.85 mg/m³ 左右，使用一段时间后可降至 0.08 mg/m³ 以下。一般住宅在新装修后的峰值在 0.2 mg/m³ 左右，个别可达 0.87 mg/m³，使用一段时间后可降至 0.04 mg/m³ 以下。甲醛在室内的浓度变化，主要与污染源的释放量和释放规律有关；也与使用期限、室内温度、湿度以及通风程度等因素有关。其中，温度和通风的影响最大。

甲醛对室内暴露者的健康影响主要是嗅到异味、刺激眼和呼吸道黏膜、产生变态反应等。其中最敏感的是嗅觉和刺激。人体受甲醛刺激的敏感部位是眼睛、咽喉、气管及支气管等，主要能引起眼红、眼痒、流泪、咽喉干燥发痒等症状。美国于 1978—1979 年在威斯康星州调查 100 幢住宅，甲醛浓度为 $0.131～4.93$ mg/m³。在 261 名居民中，经常出现上述刺激症状，多数人在离开该住宅后，症状即能消退。

降低室内甲醛浓度的措施，主要有以下几方面。

(1)　改革生产工艺流程，减少甲醛的使用量，使产品中的甲醛含量降低。

(2)　产品先放置在特制的烘烤室内，予以 40℃烘烤，加速甲醛的释放后，再投入市场，或将产品放置在空旷处，待甲醛大量释放后，再投入市场。

(3)　加强室内的通风换气。

3)　挥发性有机物

挥发性有机物(Volatile Organic Compounds，VOC)是一类重要的室内空气污染物。它们各自的浓度往往不高。但若干种 VOC 共同存在于室内时，其共同作用是不可忽视的。由于它们单独的浓度低但种类多，故总称为 VOCs，一般不予以逐个分别表示。以 TVOC(Total Volatile Organic Compounds)表示其总量。

各个组织对于 VOC 所涵盖的物质的定义并不相同，美国环境署(EPA)对 VOC 的定义是：除了 CO_2、碳酸、金属碳化物、碳酸盐以及碳酸铵等一些参与大气中光化学反应之外的含碳化合物，主要包括甲烷、乙烷、丙酮、甲基乙酸和甲基硅酸等。室内空气品质的研究人员通常把他们采样分析的所有室内有机气态物质称为 VOC。各种被测量的 VOC 被总称为 TVOC (Total VOC 的简称)。通常有一些没有在室外环境 VOC 定义中的有机物质在室内污染研究中也被当成一种 VOC，比如甲醛。

挥发性有机物的主要发生源有以下两类。

(1) 家庭常用化学品中 VOC 的释放。在现代家庭生活中，几乎不可避免地要使用各种化学产品。其中不少化学产品能在常温下释放出各种 VOC。几种典型的家庭用品和材料中 VOC 的释放量以及范围如表 3-6 所示。

表 3-6　典型家庭用品和材料中 VOC 的释放量(中值，μg/g)

释放的化学物质	化妆品	除臭剂	胶黏剂	涂料	纤维品	润滑剂	油漆	胶带
1，2-二氯乙烷	—	—	0.80	—	—	—	—	3.25
苯	—	—	0.90	0.60	—	0.20	0.90	0.69
四氯化碳	—	—	1.00	—	—	—	—	0.75
氯仿	—	—	0.15	—	0.10	0.20	—	0.05
乙基苯	—	—	—	—	—	—	527.80	0.20
1，8萜二烯	—	0.40	—	—	—	—	—	—
甲基氯仿	0.20	—	0.40	0.20	0.07	0.50	—	0.10
苯乙烯	1.10	0.15	0.17	5.20	—	12.54	33.50	0.10
四氯乙烯	0.70	—	0.60	—	0.30	0.10	—	0.08
三氯乙烯	1.9	—	0.30	0.09	0.03	—	—	0.09
样品数	5	9	98	22	30	23	4	66

从表 3-6 中可以明显看出，一些在家庭中常用的物品和材料都能释放出多种有机化合物。如胶粘剂、胶带等可释放出多种不同的 VOC。

(2) 家用装饰材料中 VOC 的释放。

室内装饰材料是 VOC 的重要来源。不少人对新装修的房间有一系列的反应，如感觉气味不佳、刺激、甚至头痛、恶心等。这是因为所用装饰材料大多能释放出各种 VOC。正是它们污染了室内空气，给人类健康带来了潜在的危害。应当指出的是，烟草烟雾也是室内 VOC 的来源之一。

2. 气味——分子污染

随着对室内空气品质要求的不断提高，目前已出现将微粒污染控制扩展到化学污染控制的趋势，即提出了所谓的"分子污染"。这不是指常规的工业污染，而特指低浓度污染，也就是说室内污染浓度一般不会超过权威机构制定的上限值，但是人们仍然可以普遍感受到。对于可感受室内空气品质来说，分子污染主要涉及气味。分子污染引起的气味决定了所感受的空气新鲜度，影响了室内空气品质的可接受性。分子比微粒小 1000～10000 倍，它的物理和化学性质与微粒有很大的差异，分子污染通常以 1/1000000000 来计量。一个分子的重量很轻，几乎要比 1μm 的微粒轻 1010 倍，使分子扩散速度的量级大大高于微粒，因此一个局部污染源会极快地污染整个空间。

反之，控制一个局部污染，不得不去对付整个空间，致使控制分子污染成为一个巨大的挑战。

住宅楼内的厨房、浴室、厕所等是分子污染−气味的主要发生源。人的生物散发物，如 CO_2、CO 等，也是常规的分子污染源。直到现在，常常采用 CO_2 敏感元件控制新风量。然而，在 ASHRAE 标准 62—1989R 中明确指出：CO_2 仅仅是人的生物散发物的指标，CO_2 合格只说明人体发生的污染没有超标，而不能代表室内空气品质合格。现代化大楼最常见的分子污染是挥发性有机物 (VOC)。许多研究均证实，室内空气中挥发性有机物的浓度明显高于室外空气，甚至高于城市工业区或石化工业区。这说明在通常情况下挥发性有机物的污染主要来源于室内。如上所述各种家用化学品、建筑材料、装饰材料等，无疑是室内有机污染的重要来源，这也是近年来人们越来越关注的卫生问题。另一种分子污染是环境烟草烟雾，其发生量对室内人员的感受程度起决定性作用。在 ASHRAE 标准 62—1989R 中也明确表明：只要室内出现烟草烟雾，就不能达到可接受的室内空气品质。

3.3.2　悬浮颗粒物与微生物

1. 悬浮颗粒物

空气中挟带的固体或液体颗粒称为悬浮颗粒物或气挟物。由于其粒径不同，大者可在短时间内沉降，小者可较长时间停留于空气中。其中中值直径小于 $10\mu m$ 者被称为可吸入颗粒物。因其可吸入并停留于呼吸道中，故其对健康影响较大。当人体吸入尘埃浓度低于 5 万粒/升时，人体可以靠自身能力将粒子排出体外，当尘埃浓度高的时候，人体还会自动调节增加巨噬细胞，增加分泌系统功能来调节防御能力，但当长期吸入高浓度的颗粒后，细菌、病毒就会繁殖，一旦超过人体免疫能力时，则感染，肺炎、肺气肿、肺癌、尘肺和矽肺等病症就会被诱发。有毒的粒子还可能通过血液进入肝、肾、脑和骨内，甚至危害神经系统，引发人体机能变化，产生过敏性皮炎及白血病等症状。另外颗粒物还能够吸附一些有害的气体和重金属元素，携带这些有害物质进入人体，对健康产生危害。

公共场所及居室内的固体颗粒除由室外进入外，主要由人在室内的活动而产生。如行走尘、衣物灰尘及烟雾等，这些固体的颗粒物可吸附某些有害物质而进入人体产生危害。我国公共场所卫生标准中对旅店等行业规定的室内可吸入颗粒物的阈值为 $0.15\ mg/m^3$，商场为 $0.25\ mg/m^3$。

常用的可吸入颗粒物的检测方法有两种。一是大量采集空气样本后称重计量法。该方法由于采样时间长，仪器噪声大，在公共场所具体测定困难较多，不便普遍推广。另一种方法是使用粒子计数器，以粒子数多少来评价空气卫生质量的高低。当粒子数 <100 个/cm^3 时为清洁空气，粒子数 >500 个/cm^3 时为污染空气。

2. 空气微生物

空气微生物亦称气挟微生物，大多附着于固体或液体颗粒物而悬浮于空气中，其中以咳嗽产生的飞沫等液体颗粒挟带的微生物最多。由于颗粒小、质量轻，在空气中滞留时间较长，故其对健康的影响最大。在呼吸道传染病流行时，影剧院、商场等公共场所尤为突出。在湿度大，通风不良，无日照的场所，空气中流感病毒可存活 4.5 h，而溶血性链球菌能存活数十日之久。

空气中微生物的存在及其危害，虽经现场采样检验和流行病学调查所确认，但定量监测在技术上仍有较多困难，在公共场所进行卫生监测时，常以空气中细菌总数表征其清洁程度，目前国内仍多沿用平皿暴露沉降法采集空气细菌样本，其监测误差较大。近年来又有各种微生物采样器上市，其中以撞击式采样器为多见，监测精度有所提高。我国公共场所卫生标准中分别用上述两种方法对微生物的浓度标准作了规定。

由于季节不同，室内通风条件各异，一般情况下室内空气微生物也有差异，多为夏季少而冬季多，夜间少而白天多。在进行室内空气微生物监测时有下列问题值得重视。

一是标准所列的两种监测方法的数值不可换算，也不能代替，两者之间无相关性。

二是关于细菌总数的表示形式，有的文献用个/m^3或个/皿表示，实际上现在通用的两种方法均系含菌颗粒在培养基上生成的菌落。一个颗粒可能含一个细菌，而更大可能是含有许多细菌，因此不应用"个"表示，而以"菌落"或"菌落形成单位"(CFU)来表示更为确切。

三是结果的判定方法，因为既然纳入了卫生标准，在实施监督时就要判定其是否合格，而微生物监测和实验误差较大，虽然标准中规定了上限值，而当稍微大于上限值时是否应判为不合格，需谨慎对待这个问题。

3.3.3　其他污染物

1. 臭氧

臭氧(O_3)是一种刺激性气体，它主要来自室外的光化学烟雾。此外，室内的电视机、复印机、激光印刷机、负离子发生器等在使用过程中也都能产生臭氧。室内的臭氧可以氧化空气中的其他化合物而自身还原成氧气；还可被室内多种物体所吸附，如橡胶制品、纺织品、塑料制品等。

臭氧对眼睛、黏膜和肺组织都具有刺激作用，能破坏肺的表面活性物质，并能引起肺水肿、哮喘等。

2. 烹调油烟

厨房里产生的污染物除燃料燃烧产物以外，烹调油烟也是其中之一。烹调油烟是食用油加热后产生的油烟。烹调油烟也是一种混合性污染物，有200余种成分。据分析，油烟的毒性与原油品种、加工精制技术、加热容器的材料种类和清洁程度、加热所用燃料种类等因素有关。

3. 军团菌属

军团菌属(Legionela)是革兰氏阴性杆菌——需氧菌，其最适宜培养温度为35℃，pH值为6.9～7.0。这种菌在自然界的抵抗力较强，广泛存在于土壤、水体中，也可存在于贮水槽、输水管道等供水系统中以及冷却塔、各种存水容器中。空气加湿器的水槽和吸氧装置的洗气瓶，如果不经常更换新鲜的清洁水，也可生长这类细菌。这种菌可通过淋浴喷头、各种喷雾设备等途径，随水雾喷入室内空气中，人一旦吸入，轻者在体内产生血清学反应，重者则引起军团菌病，简称军团病。

4. 尘螨

尘螨普遍存在于人类居住和工作的环境中，可引起哮喘、过敏性鼻炎和过敏性皮炎等。尘螨能在室温20～30℃环境中生存，其适宜湿度为75%～85%。尘螨多在空气不流通的地方生存，气流大，易死亡。近年来，某些高级住所或宾馆客房，由于使用空调或不注意勤开门窗，室内温湿度及气流较适宜尘螨滋生，尤其在床褥和纯毛地毯下面，滋生最多。

由于尘螨蛹在不良气候条件下易死亡，因此只要加强室内通风换气，经常清扫滋生场所，尘螨即能得到控制。

3.4　换气量与换气次数

如何减轻室内空气污染,保持和改善室内空气品质,使其达到人们能够接受的程度?为解决好这一问题,通常可采取三方面的措施。

一是"堵源"。建筑设计与施工特别是在围护结构表层材料的选用中,采用 VOC 等有害气体释放量少的材料。二是"节流"。切实保证空调或通风系统的正确设计、严格的运行管理和维护,使可能的污染源产污量降低到最少。三是"稀释"。保证足够的新风量或通风换气量,稀释和排除室内气态污染物。这也是改善室内空气品质的基本方法。本章主要讨论分析这一方法。这是因为"堵源"是各个专业尤其是建筑学和室内装修专业应着重注意的问题;"节流"则是本专业后续课程重点探讨的内容之一。

3.4.1　通风与空气调节

为保持和改善空气质量而采取的通风换气或空气调节措施,其主要目的都是为了提供呼吸所需要的新鲜空气、稀释室内气味和污染物、除去余热或余湿等。不同的是后者比前者在系统上更复杂一些,对空气的处理功能更强一些。

通风系统按照通风动力的不同,可分为自然通风和机械通风两类。自然通风是依靠室外风力造成的风压和室内外空气温度差所造成的热压使空气流动的;机械通风是依靠风机造成的压力使空气流动的。自然通风不需要专门的动力,对某些建筑物是一种经济有效的通风方法。目前在我国农村住宅及城市普通住宅楼中被广泛采用。但自然通风往往要受气象条件的限制,可靠性较低,有时不能完全满足室内全面通风的需要。

空气调节的意义在于使空气达到所要求的状态,对空气温度、湿度、空气流动速度及洁净度等进行人工调节与控制,以满足人体舒适和工艺生产过程的要求。现代空调系统有时还能对空气的压力、成分、气味及噪声等进行调节与控制。空气调节系统一般均由空气处理设备、空气输送管道以及空气分配装置所组成。根据需要,它能组成许多不同形式的系统。按空气处理设备的设置情况空调系统可分为集中系统、半集中系统和全分散系统。集中空调系统多用于影剧院、商场、宾馆等大型空间的公共场所;而半集中系统和分散(局部)系统多用于旅店客房和某些小空间的场所。集中式空调系统根据其处理空气的来源可分为封闭式、直流式和混合式。封闭式系统所处理的空气全部来自空调房间本身,没有室外空气补充,全部为再循环空气。这种系统冷、热消耗量最省,但卫生效果差。直流式系统所处理的空气全部来自室外,室外空气经处理后送入室内,然后全部排出室外,它与封闭式系统相比,具有完全不同的特点。由此可见,封闭式系统不能满足卫生要求,直流式系统经济上不合理,所以两者都只在特定情况下使用,对于绝大多数场合,往往需要综合这两者的利弊,采用混合室内一部分回风的系统,即混合系统。这种系统既能满足卫生要求,又经济合理,故应用最广。

3.4.2　换气量

从上述的通风和空调原理可以看出,无论是对室内进行通风还是空调,都要保证将足够的室外新鲜空气(新风)引入室内,置换室内已被污染的空气,以稀释和排除室内空气污染物,改善和维持良好的室内空气品质。

对于过渡季(春、秋季)，室内、外空气参数比较接近，通风换气除通风机械所需能量外，无其他能量消耗。而对于冬、夏季，室内、外空气参数相差很大，此时对供暖或供冷的建筑物进行通风换气，就要支付能量费用了。为减少通风所需能源消耗，就应降低换气量，同时应保证将室内的空气污染物稀释到卫生标准规定的最高允许浓度以下所必需的换气量。

1. 通风稀释方程

在容积为 V 的房间内，污染源单位时间内散发的污染物数量为 M，通风系统开动前室内空气中污染物的浓度为 C_1，如果采用全面通风稀释室内空气中的污染物，那么，根据质量守恒定律，可建立室内污染物进出平衡方程。在任何一个微小的时间间隔 d_τ 内，室内得到的污染物量(即污染源散发的污染物和送风空气带入的污染物)与从室内排出的污染物量之差应等于整个房间内增加(或减少)的污染物量，即

$$GC_0d_\tau + Md_\tau - GCd_\tau = Vd_C$$

式中： G ——全面通风量，m^3/s；

C_0 ——送风空气中污染物的浓度，g/m；

C ——在某一时刻室内空气中污染物浓度，g/m^3；

M ——室内污染物散发量，g/s；

V ——房间容积，m^3；

d_τ ——某一段无限小的时间间隔，s；

d_C ——在 d_τ 时间内房间内污染物浓度的增量，g/m^3。

该公式称为全面通风的基本微分方程式(稀释方程)。它反映了任何瞬间室内空气中污染物浓度 C 与全面通风量 G 之间的关系。

而室内污染物浓度 C_2 处于稳定状态时所需的全面通风换气量，可按下式计算：

$$G = \frac{M}{C_2 - C_0}$$

2. 根据卫生标准确定换气量

换气量主要取决于以下三点：室内污染物允许浓度 C_2；室外污染物浓度；室内污染物发生量。通常情况下，多种污染物可同时污染室内空气，所以换气量应按各种气体分别稀释至允许浓度所需空气量的总和计算。实际上，通风能同时稀释各种污染物，因此，理论上换气量应分别计算稀释各污染物所需的风量，然后取最大值。工程实践中，根据通风房间的具体特点，往往选取其中一个有代表性的污染物允许浓度标准，作为确定换气量的依据。

1) 以室内 CO_2 允许浓度为标准的必要换气量

人体在新陈代谢过程中排出大量 CO_2，由于空气中 CO_2 的增加与空气中含氧量的下降成一定比例，故 CO_2 含量常作为衡量室内空气质量的一个指标。

人体 CO_2 发生量与人体表面积和能量代谢有关。不同活动强度下人体 CO_2 的发生量和所必需的新风量如表 3-7 所示。

2) 以消除臭气为标准的必要换气量

按照气味确定换气量时，臭气强度指数一般控制在 2 级以下。臭气强度指数越小，稀释风量越大。另外，随着能量代谢率增多(活动强度大)，呼吸量增加、体表面的汗液蒸发增加。臭气发生量和 CO_2 呼出量成正比，随着能量代谢率的增加，必要新风量亦有所增加。

为排除臭气所需的新风量还与空调设备的除臭作用、每个人占有的空气体积、活动情况、年龄等因素有关。国外有关专家(C.P. Yaglon)通过实验测试，在保持室内臭气指数为 2 的前提下得出的不同情况下所需新风量，如表 3-8 所示。

表 3-7　CO_2 的发生量和必需的新风量

活动强度	CO_2 发生量(m³·h·人)	不同 CO_2 允许浓度下必须的新风量[m³/(h·人)]		
		0.1%	0.15%	0.2%
静坐	0.0144	20.6	12	8.5
极轻	0.0173	24.7	14.4	10.2
轻	0.023	32.9	19.2	13.5
中等	0.041	58.6	34.2	24.1
重	0.0748	106.9	62.3	44

表 3-8　为除去臭气所需的新风量

设　备		每人占有气体体积(m³ 人)	新风量[m³/(h·人)]	
			成　人	少　年
无空调		2.8	42.5	49.2
		5.7	27.0	35.4
		8.5	20.4	28.8
		14.0	12.0	18.6
有空调	冬季	5.7	20.4	—
	夏季	5.7	<6.8	—

稀释少年体臭的新风量，根据其所占有的空气体积，比成年人多 30%～40%。

3)　控制烟臭的必要换气量

在会议室、休息室、酒吧等场所，吸烟相当普遍。根据 C.P. Yaglon 的实验研究，为了使烟臭强度保持在臭气强度指标 2 以下，可取烟草燃烧量(mg)与新风量(m³)之比在 35.3 mg/ m³ 以下。因此在一小时的吸烟量为 W (mg)，要保持臭气强度指标为 2 时的必要新风量 L (m³/h)，可按下式计算：

$$L = W / 35.3$$

吸烟量 W，可按一支香烟的重量 980 mg、吸掉 60%、丢弃 40%考虑。据此，根据不同场合吸烟量的多少，确定出的必要新风量如表 3-9 所示。

表 3-9　不同吸烟程度的必要新风量

吸烟程度	适用例子	必要新风量[m³/(h·人)]最小值～推荐值	吸烟值[支/(h·人)]
非常多	交易所、会议室	51～85	3～5.1
多	办公室、旅馆客房	42～51	2.5～3
一般	办公室	20～26	1.2～1.6
有时	商店、银行营业室	13～17	0.8～1.0

03

4) 以氧气为标准的必要换气量

必要新风量应能提供足够的氧气，满足室内人员的呼吸要求，以维持正常生理活动。人体对氧气的需要量主要取决于能量代谢水平。由理论分析可以得出：人体处在极轻活动状态下所需氧气约为 0.423 m³/(h·人)。由此可见，单纯呼吸氧气所需新风量并不大，一般通风条件下均能满足要求。

空气调节系统的新风量不应小于总送风量的 10%，且不应小于下列两项风量中的较大值。

(1) 补偿排风和保持室内正压所需的新风量。

(2) 保证各房间每人每小时所需的新风量。

送入室内的室外新鲜空气量，可根据各房间的使用性质，按表 3-10 内估算数值计算。

表 3-10 不同房间新鲜空气需要量

建筑物类型	吸烟情况	新风量 [m³/(h·人)]		建筑物类型	吸烟情况	新风量 [m³/(h·人)]	
		适当	最少			适当	最少
公寓	有一些	35	18	舞厅	有一些	33	18
一般办公室	有一些	25	18	医院大病房	无	35	18
个人办公室	大量	50	25	医院小病房	无	50	40
会议室	严重	80	50	医院手术室	无	37m³/(m²·h)	
	有一些	60	40	旅馆客房	大量	50	30
百货公司	无	12	9	旅馆餐厅、宴会厅	有一些	25	20
零售商店	无	17	13	旅馆自助餐厅	有一些	20	17
影剧院	无	15	8	理发店	大量	25	17
	有一些	25	17	美容厅	有一些	17	13
会堂	有一些	26	18				

3. 新的通风标准 ASHRAE Standard 62—1989R

对很多以 CO_2 浓度作为控制指标的通风系统的研究和实验表明，这种系统不仅能够保证室内空气品质，而且可以达到节能的目的。但是，大多数这方面的研究都是以人作为室内空气的主要污染源或主要检测人所产生的污染物的浓度情况。近年来的研究表明，室内污染物还包括非人产生的污染物，如上一节提到的由建筑材料产生的污染物、由室内装修和家具产生的污染物，甚至由暖通空调系统本身产生的污染物等，这些污染物浓度较高时不仅使人感到不舒服，而且有些还直接影响到人的健康。针对室内这些非人产生的污染物，简单地以 CO_2 等人体散发物为控制指标的通风系统，很难消除它们对室内空气健康性和舒适性的影响。

考虑到非人产生的污染物对身体健康的影响，ASHRAE 在 1996 年 8 月提出了一个新的通风标准 ASHRAE Standard 62—1989R。在这个标准中，最小新风量 $G_{f,\min}$ (换气量)的要求不仅和室内人数有关，而且还和建筑物中所需通风的面积有关，即：

$$G_{f,\min} = G_p P + G_b A$$

其中 G_p 是每人所需的新风量，P 是室内人数，G_b 是单位建筑面积所需的新风量，A 为所需通风的面积。

新标准不再仅以人作为新风量的唯一要求，即使在室内无人的情况下，它也要求有一个基本的新风量，希望使室内由建筑材料、家具或其他非人污染源产生的污染物能够保持较低的浓度，以保证健康舒适的室内空气质量。毫无疑问，按该标准确定的新风量要比按卫生标准等确定的新风量大。因此，当夏季或冬季工况进行通风或空调时，需耗用更多的能量。目前，我国的有关设计规范或设计技术措施等还未采用该通风标准。

3.4.3　换气次数

当缺乏计算通风量的资料，如散入室内的污染物量无法具体计算，或有其他困难时，全面通风量可按类似房间换气次数的经验数值进行计算。这也是工程上常用的估算方法。所谓换气次数，就是通风量 G (m³/h) 与通风房间体积 V (m³) 的比值，即换气次数 $n = G/V$ (次/h)。根据换气次数和房间体积，便可计算出房间的通风换气量。各种房间的换气次数详如表 3-11 所示。

表 3-11　居住及公用建筑物通风换气次数

房间名称	换气次数(次/h)	房间名称	换气次数(次/h)
住宅、宿舍的卧室	1.0	托儿所活动室	1.5
一般饭店、旅馆的卧室	0.5～1.0	学校教室	3
高级饭店、旅馆的卧室	1.0	图书室、阅览室	1
住宅厨房	3	学生宿舍	2.5
商店营业厅	1.5	图书馆报告厅	2
档案库	0.5～1	图书馆书库	1～3
候车(机)厅	3	地下停车库	5～6

3.5　通风与气流分布对空气质量的影响

房间所需的通风换气量，可以通过机械通风、自然通风和空调新风系统输送到室内。机械通风和空调新风系统均设有风机等动力装置以促使空气流动，因此它们的运行需要消耗能量，运行管理较为复杂。自然通风是一种比较经济的通风方式，它不消耗动力，也可以获得较大的通风换气量。自然通风换气量的大小与室外气象条件、建筑物自身结构密切相关，难以人为地进行控制。但由于自然通风简便易行，节约能源，且有利于环境保护，被广泛应用于工业与民用建筑的全面通风中。

3.5.1　气流分布的确定

为保证和改善室内环境质量，确保室内足够的通风换气量是必不可少的。但是值得注意的是，一般向室内引入的新风是否都进入了呼吸区？室内空气更新的快慢如何？室内污染物被转移出去的速度又如何？这就涉及通风的气流组织及通风有效性了。如污染物在排风口附近产生，马上被排出的场合，室内大部分区域的污染物浓度为零。而在进风口处散发时，室内广大区域就接近假定污染物均匀扩散时的浓度。又如送、排风短路，产生滞流区时，室内污染物的残留量就会增多，室内平均浓度就会增高。因此，改变气流组织方式，提高气流组织效果，在通风换气量等条件相同时，也能够提高室内空气品质。

1. 自然通风的组织

房间要获得良好的自然通风，最好是引入穿堂风。所谓穿堂风，是指风从迎风面的进风口吹入，穿过建筑物房间从背风面的出风口吹出。穿堂风的气流路线应流过人经常活动的范围，而且要造成一定的风速，风速以 0.3～1.0 m/s 为最好。对有大量余热和污染物产生的房间，进行自然通风时，除保证必需的通风量外，还应保证气流的稳定性和气流线路的短捷。

1) 建筑朝向、间距及建筑群的布局

建筑朝向选择的原则是：既要争取房间的自然通风，也要考虑防止太阳辐射以及暴雨的袭击等。因为建筑物迎风面最大的压力是在与风向垂直的面上，所以在夏季有主导风向的地区，对单独的或在坡地上的建筑物，应使房屋纵轴尽量垂直于夏季主导风向。夏季，我国大部分地区的主导风向都是南、偏南或东南，因而在传统建筑中朝向多偏南。从防太阳辐射的角度来看，也以将建筑物布置在偏南方向较好。在有水陆风、山谷风等地方风的地区，应争取建筑朝向地方风向，或把它引导入室，使房屋在白天和夜间都可能有风吹入。

实际上建筑物都是多排、成群的布置，若风垂直于前幢建筑物的纵轴正吹，则屋后的漩涡区较大，为保证后一排房屋的良好通风，两排房屋的间距一般要达到前幢建筑物高度的 4 倍左右。这样大的距离，在建筑总图布置中是难以采用的。此时，若风向与建筑物的纵轴线构成一个角度，即有一定的风向投射角，则风可斜吹入室，对室内风的流速及流场都会产生影响。此时，虽然室内风速降低了一些，对通风效果有所影响，但建筑物后漩涡区的长度却大大缩短，有利于缩小建筑物间距，节约用地。

建筑群的布局和自然通风的关系，可从平面和空间两个方面考虑。一般建筑群的平面布局可分为：行列式、错列式、斜列式及周边式等。从通风的角度来看，错列式和斜列式较行列式和周边式好。当用行列式布置时，建筑群内部流场因风向不同而有很大变化。错列式和斜列式可使风从斜向导入建筑群内部。有时亦可结合地形采用自由排列的方式。周边式很难使风导入，这种布置方式只适于冬季寒冷地区。

建筑高度对自然通风也有很大的影响。随着建筑物高度的增加，室外风速随之变大。而门窗两侧的风压差与风速的平方成正比。另一方面，热压与建筑物的高度也成正比。因此，自然通风的风压作用和热压作用随着建筑物高度的增加而增强。这对高层建筑自身的室内通风有利。

伴随着超高层建筑的出现，产生了"楼房风"的危害。其原因是这种高大建筑会把城市上空的高速风能引向地面，大约在其迎风面高度 2/3 处的以下部分形成风的涡流区，对周围低层建筑的风向影响较大；在建筑物的两侧与顶部则因流道变窄，而使流速大大增加，形成"强风"。这将对自然通风的稳定性和控制产生不利影响。

2) 建筑的平面布置与剖面处理

建筑物的平、剖面设计，也在很大程度上影响着房间的自然通风。因此，在满足使用要求的前提下，应尽量做到有利于自然通风。

建筑物主要的房间应设置在夏季的迎风面，背风面则设置辅助用房。当房间进气口位置不能正对夏季风向时，可用台阶式平面组合，以及设置导流板、绿化等方法，改变气流的方向，引风入室，甚至使热空气的温度在吹入房间前，就略有降低。利用天井、楼梯间等，增加建筑物内部的开口面积，并利用这些开口引导气流，可以自然通风。开口位置的设置应使室内流场分布均匀，改进门、窗及其他构造，使其有利于导风、排风和调节风量、风速。例如采用漏空隔断、屏门、推窗、格窗、旋窗等。在屋顶设置撑开式或拉动式天窗扇、水平或垂直翻转的老虎窗等，都可起导风、透风的作用。

2. 气流分布的定性分析

自然通风条件下风速较小，流向变化不定、通路多，很难用一般测量仪器准确测定。而研究自然通风的目的是了解室内外空气交换情况，这也不能仅仅通过测定风速得到解决。国外广泛应用的实验研究方法是示踪气体技术。该技术是研究自然通风的有效实验方法，合理设计及组织实验，可以定量测定自然通风条件下的换气次数，分析建筑物内各点换气均匀性及气流分布等。我国清华大学等单位正在进行这项技术的研究应用工作。

室内空气流动的数学研究起源于不可压缩空气质量、动量、能量守恒方程组的求解，由于方程组的非线性特性及空气流动的紊流特点，给室内空气流动的数学研究带来了很多困难，同时也衍生出了许许多多的方法和求解技巧。随着计算机的发展和应用，方程组的非线性求解问题由计算流体力学数值解所代替；而空气流动的紊流特性也逐渐被发展的 $k\text{-}\varepsilon$ 等紊流模型所描述。数值求解方法能较全面地进行室内流场与温度场的计算，但随着计算模型不断完善，它的计算也越来越复杂，同时数学与物理模型的准确程度也常常需要模型试验与现场实测方法的检验。因此，目前还没有一种比较简单并适合工程推广的室内空气流动的数学研究方法。

自然通风与建筑结构密切相关。房间的开口和通风构造措施等，影响着通风气流的组织，同时也决定了房间自然通风的气流分布。现对此作一定性分析。

房间开口尺寸的大小，直接影响到风速及进风量。开口大，则流场较大；缩小开口面积，流速虽相对增加，但流场缩小，如图 3-1 中(a)、(b)所示。

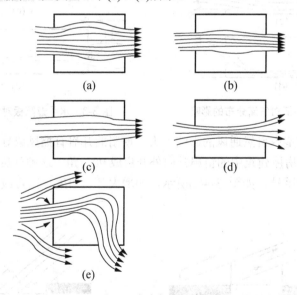

(a)　　　　　(b)

(c)　　　　　(d)

(e)

图 3-1　室内气流分布

因此，开口大小与通风效率之间并不存在正比关系。据测定，当开口宽度为开间宽度的 1/3～2/3，开口的大小为地板总面积的 15%～25% 时，通风效率最佳。图 3-1(c)表示进风口面积大于出风口，结果加大了排出室外的风速；要想加大室内风速，应加大排气口面积，如图 3-1(d)所示。

开口的相对位置直接影响着气流路线，应根据房间的使用功能来设置。通常在相对两墙面上开进、出风口，若进、出风口正对风向，则主导气流就会由进风口笔直流向出风口，除了在出风口那边两个墙角会引起局部流动外，对室内其他地点的影响很小，沿着两侧墙的气流微弱，特别是在进风口一边的两个墙角处。此时，若错开进、出风口的位置，或使进、出风口分设在相邻的两个墙面上，利用气流的惯性作用，使气流在室内改变方向，可能会获得较好的室内通风条件，如图 3-1(e)所示。

在建筑剖面上，开口高低与气流路线亦有密切关系，如图 3-2 所示。

图中 3-2(a)、(b)为进气口中心在房间高度离地面1/2 以上的气流分布示意图。图 3-2(c)、(d)为进气口中心在房间高度 1/2 以下的气流分布示意图。

遮阳设施也在一定程度上影响着室内气流分布的形态。遮挡 45°太阳高度角的各种水平遮阳板对室内气流分布的影响如图 3-3 所示。

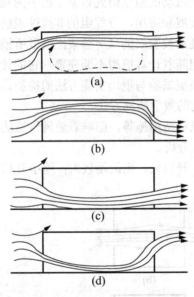

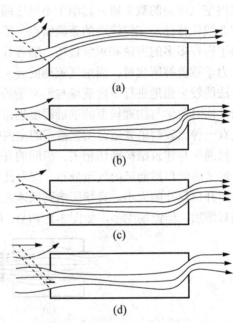

图 3-2　开口高低对气流分布的影响　　　图 3-3　水平遮阳板对气流分布的影响

门窗装置的方法对室内自然通风的影响很大。窗扇的开启有挡风或导风作用，装置得宜，则能增强通风效果。一般房屋建筑中的窗扇常向外开启成 90°角。这种开启方法，当风向入射角较大时，使风受到很大的阻挡，如图 3-4(a)所示，如增大开启角度，则可改善室内的通风效果，如图 3-4(b)所示。

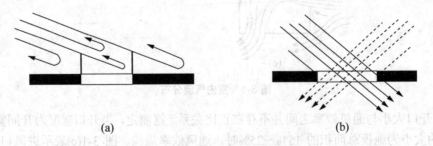

图 3-4　窗扇对气流流动的影响

中轴旋转窗扇的开启角度可以任意调节，必要时还可以拿掉。导风效果好，可以使进气量增加。百叶窗、上悬窗及可部分开启的卷帘等不同窗户形式对室内气流分布的影响如图 3-5 所示。

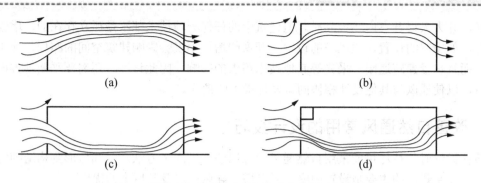

图 3-5　窗户形式对气流分布的影响

3.5.2　气流分布性能的评价

如上所述,不同的气流分布方式将涉及整个房间的通风有效性。通风有效性主要是指换气效率和通风效率。它取决于气流分布特性、污染源散布特性以及二者之间的相互关系。就气流分布本身而言,其均匀性和有效性的评价方法也有多种,现主要介绍空气年龄与换气效率。

空气年龄指空气的新鲜程度,可以用房间的换气次数来描述。对于某一微元体空气而言,也可以用这个微元体空气的换气次数来衡量。但换气次数并不能表达真正意义上的空气新鲜程度。而空气年龄概念恰好能够反映出这一点。所谓空气年龄,从表面上讲是空气在室内被测点上的停留时间,而实际意义是指旧空气被新空气所代替的速度。空气年龄分为房间平均的空气年龄和局部的(某一测点上的)空气年龄。最新鲜的空气应该是在送风口的入口处,空气刚进入室内时,空气年龄为零,如图 3-6 所示。

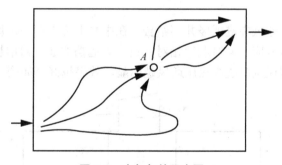

图 3-6　空气年龄示意图

此处空气停留时间最短(趋近于零),陈旧空气被新鲜空气取代的速度最快。而最"陈旧"的空气有可能在室内的任何位置,这要视室内气流分布的情况而定。最"陈旧"的空气应该出现在气流的"死角"。此处空气停留时间最长,"陈旧"空气被新鲜空气取代的速度最慢。

换气效率是指理想送风方式的空气龄与实际送风方式的空气龄之比。理论上最短换气时间是房间体积 V 与通风量 L 的比值,而实际换气时间为室内平均空气龄的 2 倍。换气效率为 100% 的情况只有在理想的活塞流时才有可能实现。

3.6　建筑自然通风设计

自然通风是建筑中常用的设计手段,可仅通过设计手法,大大减少过渡季空调的使用,降低建筑能耗，并大大提升室内环境品质。但建筑中的任何一项技术都不是孤立存在的，增强自然通风的设计，如中庭的设置、通风塔的设置、开窗的增加不仅会影响建筑空间的布局、使用、立面的形象，而且也受建筑遮阳、采光等其他技术需求的影响，因此设计时还需要平衡各方面因素，综合考量，以使通风与其他设计相协同，发挥最大的效应。

3.6.1　改善自然通风常用的设计技巧

建筑在设计时往往尽可能采用自然通风，应用的促进通风方法从空间体形到构造细部，也有很多，其中使用最多的主要是设置中庭、通风塔、导风构造及开启扇的优化。

1. 中庭通风

利用中庭的通高空间加强建筑的热压和风压拔风，增加建筑中气流流动，在建筑中部插入一个可对外通风的空间，相当于减小了建筑的进深，从而改善建筑的自然通风能力，一般对于体量较大的建筑较为适用，因此在公共建筑中是最为常用的改善通风的空间设计手法，如图 3-7 所示。

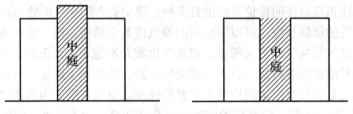

图 3-7　中庭设置

2. 通风塔

通风塔的设置一般与通风中庭或竖井相结合，在中庭上部设置高出屋面的通风设施，通过增加通风高度增加热压通风效应，同时利用相对开设、无遮挡的通风口增加风压通风，以增加中庭的拔风效果。一般通风塔通风口越高热压通风越明显，效果越好，如图 3-8 所示。

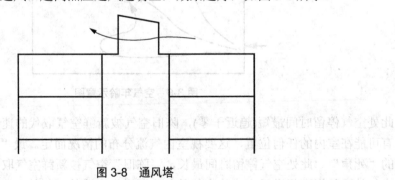

图 3-8　通风塔

3. 导风构造

导风构造是利用构件、墙体等建筑元素改变通风风路和窗口风压，从而改善内部通风效果的设计技巧。当窗口朝向不利于主导风进入时，可通过导风墙、导风板等设置加以改善；也可利用导风板的设置改变气流在室内的风速分布。导风墙的设置需要与建筑的造型紧密配合，服从建筑整体风格的设计，一般设在建筑底部，与架空、体形内凹、水景等设计相结合，并要配以合理的开启面位置设置；导风板的设置相对灵活，一般设在窗口可开启面附近，所以多与窗扇、窗框相结合，甚至合而为一，直接利用不同开启方式的窗扇导风。

4. 开窗优化

实际有效的开窗面积越大，对通风越有利。而当可开启面积一定时，开窗的位置、开启的方式则对通风有较大影响。此外，建筑中还需要考虑立面效果、采光效果及整体的节能效果。

3.6.2　自然通风的协同设计

通风设计技术不是孤立存在的，每个设计元素都会影响到建筑整体，因此需要与建筑设计、其他技术需求及应用协同考虑。

1. 建筑空间利用与中庭通风

当建筑进深较大、对流换气困难时，在中部插入中庭，利用中庭的通高空间与天窗拔风，可以有效促进气流流动，带走室内热量，但是中庭的设置同时也会使建筑损失一定的使用面积。同时中庭大小、形状也与整体空间氛围设计紧密相关，因此在设计时需要同时兼顾通风的效果、室内空间氛围的需求及建筑使用面积的经济性，选择合理的中庭面积。

1)　保证通风效果前提下减小中庭面积

例如，崇明陈家镇生态办公楼进深较大，在建筑两翼的中部各设置了两个拔风中庭，其中一个整片 3m×3m 的柱网空间全部挑空、挑空面积约 9m^2，如图 3-9 所示；另一个跨中仅开设 U 形挑空区域、挑空面积约 4m^2，如图 3-10 所示。

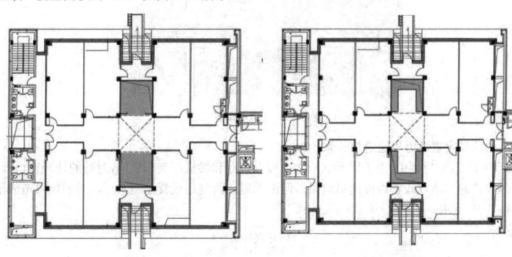

图 3-9　较大挑空面积　　　　　　　图 3-10　较小挑空面积(实际实施方案)

由于中庭面积减小对整体通风效果几乎没有影响。因此最终选择较小挑空面积的 U 形中庭方案，在保证了通风效果的同时，将增加出的楼板面积设置成为休憩共享空间，改变了单一的办公环境，增加了空间多样性，也为员工提供了沟通交流空间。

2)　为保证使用面积，减小中庭而辅以通风塔拔风

申都大厦进深超过 20 m，改造设计时增设中庭以拔风改善内部通风效果。由于本身使用面积较紧张，因此在改造设计时在对不同中庭形状、位置与大小的通风效果与使用面积比较后，最终将中庭设置在进深最大处以将中庭效果最大化，并适当减小中庭通高面积以满足使用面积要求，

同时设置高出屋面锯齿形通风塔来增加中庭拔风效果，使室内通风效果也同时得到保证。

2. 建筑体形和通风塔设置

通风塔高出建筑屋面，并在主导方向上相对开窗，既可以增加内部通风高度以增加热压通风效应又可以利用对流通风形成风压拔风效应，改善内部通风效果。一般通风塔高出屋面高度越高，热压通风效果越明显，但高出屋面过高会影响建筑的整体造型，因此需要紧密配合设计选择合理的通风口高度。

1）通风塔高度兼顾造型需求

如崇明陈家镇生态社区能源管理中心仅有两层，建筑总高不高，为了增强通风效果，在顶部设置高起的通风塔。但由于建筑造型整体扁长呈较舒展的形态，通风塔高出屋面太高会破坏整体造型，因此需要对通风塔高出屋面高度与整体造型的关系进行考量。通风塔可开启窗底部距离屋面高度在 0.55～2.15 m 范围内。然而，增高顶部通风窗通风口高度对整体通风改善效果不大。经分析可知，通风塔增高主要可加强热压拔风效果，对风压拔风影响不大，而当建筑总高不高时，少量地增高通风塔并不能明显加大上下温度差，因此改善不明显。再结合整体造型考虑建筑立面的视觉效果，最终设计选择高出屋面 0.55 m 的通风塔方案，保持了建筑的整体造型，如图 3-11 所示。

图 3-11　通风塔模型

2）通风塔设置考虑周边遮挡关系

在虹桥 T1 改造项目中，由于国际联检大厅被办票厅和候机厅夹在中间，对外的通风窗口很少，因此必须设置通风塔以改善内部通风效果。但由于屋顶两侧还设置了贵宾厅，对通风塔造成了遮挡，如图 3-12 所示。

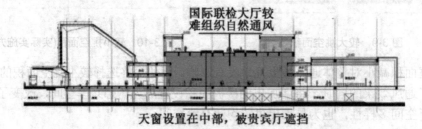

图 3-12　国际联检大厅

同时考虑通风塔设置在建筑中部，不影响建筑整体造型，且在屋顶能够形成屋顶独特的景观，因此根据通风效果需求将通风口设计为高出屋面 3.6 m，可增加总体通风量 30%以上，辅助通风效果良好，如图 3-13 所示。

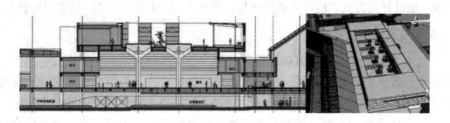

图 3-13　设置通风塔的剖面和整体模型效果

因此，在设置通风塔拔风时，高出屋面的高度需要综合考虑建筑体形、周边的遮挡关系和通风效果，进行多方位权衡。

3. 建筑遮阳设置及通风

建筑往往会考虑降低建筑负荷设置外遮阳，特别是窗口遮阳，而外遮阳构件设置在窗口，很容易对通风效果造成影响。这就需要绿色设计综合两者需求，进行统筹安排。崇明陈家镇生态社区能源管理中心由于位于生态公园的景观主轴上，建筑设计以融入周边环境为原则，将建筑沿景观主轴方向布置，导致建筑整体呈东西向，不利于节能，如图 3-14 所示。

为减小东西向日晒影响，同时考虑到其二层内部功能以展示为主，需要尽可能避免眩光影响，因此在建筑二层东、西向外墙外设置一层铝板幕墙以遮阳。同时考虑到铝板幕墙对二层采光和通风的影响，在对应墙体开窗位置将铝板设置成为穿孔铝板，使光线柔和地进入室内，气流也可以通过，如图 3-15 所示。

03

图 3-14　总体布局

图 3-15　穿孔铝板

但分析发现，尽管穿孔板可使气流通过，但由于铝板幕墙的存在，内层墙体表面风压差大大减小，从而减弱了通风效果。因此结合遮阳、采光与通风三方面需求分析，最终设计在对应内层墙体开窗处将铝板幕墙设计为穿孔板及开启式幕墙，根据通风和遮阳效果确定开启角度和大小，使遮阳板同时成为导风板，在窗口形成合理的风压差，从而加强对流通风；同时保持铝板幕墙上下端的开放式设计，使气流能够在幕墙内外自由流动，利用遮阳铝板所受辐射热量加热空气，增加热压拔风带动气流快速流动。

通风、遮阳对窗口的设计要求往往是矛盾的，需要在设计时将建筑条件与整体造型相结合，平衡两者需求，通过开窗形式、构件形式的变化，使通风、遮阳协同作用，以实现绿色效应最大化。

4. 建筑采光及通风开窗形式

建筑采光效果主要与透明部分面积、位置有关，而通风效果则与可开启部分的形式、面积有关，两者不完全一致，但可以结合在一起相互协调、综合设计，根据采光需求调整开窗形式，往往能取得采光、通风双赢的设计效果。如前述虹桥 T1 航站楼改造中的国际联检大厅由于对外开窗面较少，采光、通风条件均不好，因此在考虑通风时同时考虑了天窗采光，最终结合采光天窗造型确定了通风塔形式，最终改善了通风、采光效果。

崇明陈家镇生态社区能源管理中心在展览空间尽端设置落地玻璃幕墙为室内增加自然采光。通风设计利用落地玻璃幕墙南、北向的良好朝向，设置中轴立转门，可以全部开启，最大限度地引导主导风进入室内，大大增加了室内的自然通风效率。

在沪上生态家的设计中，根据采光与立面效果需求在一楼南立面设置了落地玻璃幕墙，但一方面建筑进深不大，不需要大量可开启窗通风；另一方面南向立面外设置了下沉庭院，安全要求也不允许整个幕墙开启，而若要在立面上划分玻璃设置部分开启扇又会破坏立面的整体感。因此，经过多方面权衡，设计最终保留了大片完整的玻璃幕墙保证了采光与立面效果，而在玻璃之间设置了也是落地的窄条形铝板幕墙作为通风的可开启扇，以保证安全，并与落地玻璃形成一致的韵律节奏。

自然通风设计会影响建筑的立面、造型，也会受到建筑使用空间大小、内部空间划分的制约，同时建筑的自然通风设计不仅要追求通风效果，还要兼顾采光、遮阳、安全等各项需求，通过设计整合提升建筑室内整体的环境品质。

中庭设计若只考虑通风效果，可不必设计过大，且可通过通风塔等通风构造的共同作用改善拔风效果；而通风塔在建筑总高不高时，超出屋面高度小幅变化对通风效果影响不大，此时应主要考虑建筑造型需求；当周边有幕墙或建筑遮阳时，则应将超出屋面高度提高才能保证通风效果；通风设计应充分理解并服从整体设计理念，充分利用设计元素，调整通风、导风构件，使其同时兼顾采光、遮阳需求，使整体设计效果达到最优。

本章主要介绍了室内空气品质、空气污染的指标与来源、空气污染物种类及其所造成的污染、换气量与换气次数，同时讲解了通风与气流分布对空气质量的影响，介绍了建筑的自然通风设计。

(1) 室内空气品质对人有哪些影响？

(2) 列举出你所知道的空气污染物。

(3) 换气量的定义是什么？

(4) 你对建筑自然通风设计有什么看法？

第4章

建筑与热湿环境概念设计

- 了解建筑围护结构的热湿传递。
- 熟悉以不同形式进入室内的热量和湿量。
- 熟悉冷负荷与热负荷。
- 了解典型负荷计算方法原理。
- 了解通风与气流分布对空气质量的影响。

【本章要点】

热湿环境是建筑环境中最主要的内容，主要反映在空气环境的热湿特性中。建筑室内热湿环境形成的最主要的原因是各种外扰和内扰的影响。外扰主要包括室外气候参数，如室外空气温湿度、太阳辐射、风速、风向变化以及邻室的空气温湿度，均可通过围护结构的传热、传湿、空气渗透使热量和湿量进入到室内，对室内热湿环境产生影响。内扰主要包括室内设备、照明、人员等室内热湿源。本章主要介绍热辐射与建筑物的作用、建筑围护结构的热湿传递；详细介绍以其他形式进入室内的热量和湿量、冷负荷与热负荷，同时讲解典型负荷计算方法原理，介绍室内热湿环境设计。

04

4.1 太阳辐射对建筑物的热作用

太阳辐射对建筑物的热作用从三个方面体现：太阳辐射热被围护结构外表面吸收、室外空气综合温度以及夜间辐射。

4.1.1 围护结构外表面所吸收的太阳辐射热

太阳的光谱主要由 0.2～3.0μm 的波长区域所组成。太阳光谱的峰值位于 0.5μm 附近，到达地面的太阳辐射能量在紫外线区(0.2～0.4μm)占的比例很小，约为 1%。可见光区(0.4～0.76μm)和红外线区占主要部分，两者能量约各占 50%。红外线区中短波红外线(波长 3μm 以下)的能量又占了大部分。而一般高温工业热源的辐射均为长波辐射，波长为 5μm 以上。

当太阳照射到非透明的围护结构外表面时，一部分会被反射，一部分会被吸收，二者的比例取决于围护结构表面的吸收率(或反射率)。但不同的表面对辐射的波长有选择性，不同类型的表面对不同波长辐射的反射率如图 4-1 所示。

由图 4-1 可以看到，黑色表面对各种波长的辐射几乎都是全部吸收，而白色表面对不同波长的辐射反射率不同，可以反射几乎 90%的可见光。因此白色的外围护结构表面或在玻璃窗上挂白色窗帘可以有效地减少进入室内的太阳辐射热。

围护结构的表面越粗糙、颜色越深，吸收率就越高，反射率越低。各种材料围护结构外表面对太阳辐射的吸收率如表 4-1 所示。

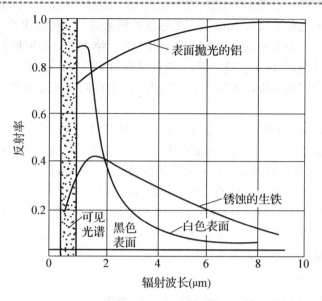

图 4-1　各种表面在不同辐射波长下的反射率

表 4-1　各种材料的围护结构外表面对太阳辐射的吸收率

材料类别	颜色	吸收率	材料类别	颜色	吸收率
石棉水泥板	浅	0.72~0.87	红砖墙	红	0.7~0.77
镀锌薄钢板	灰黑	0.87	硅酸盐砖墙	青灰	0.45
拉毛水泥面墙	米黄	0.65	混凝土砌块	灰	0.65
水磨石	浅灰	0.68	混凝土墙	暗灰	0.73
外粉刷	浅	0.4	红褐陶瓦屋面	红褐	0.65~0.74
灰瓦屋面	浅灰	0.52	小豆石保护屋面层	浅黑	0.65
水泥屋面	素灰	0.74	白石子屋面		0.62
水泥瓦屋面	暗灰	0.69	油毛毡屋面		0.86

玻璃对不同波长的辐射有选择性，其透过率与入射波长的关系如图 4-2 所示。

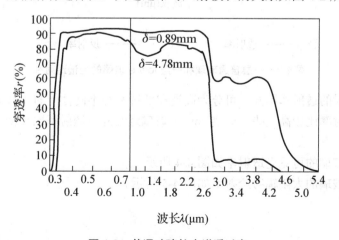

图 4-2　普通玻璃的光谱透过率

普通玻璃对于可见光和波长为 3μm 以下的近红外线来说几乎是透明的，但却能够有效地阻隔长波红外线辐射。因此，当太阳直射到普通玻璃窗上时，绝大部分的可见光和短波红外线将会透过玻璃，只有长波红外线(也称作长波辐射)会被玻璃反射和吸收，但这部分能量在太阳辐射中所占的比例很少。从另一方面来说，玻璃能够有效地阻隔室内向室外发射的长波辐射，因此具有温室效应。

随着技术的发展，将具有低红外发射率、高红外反射率的金属(铝、铜、银、锡等)采用真空沉积技术，在普通玻璃表面沉积一层极薄的金属涂层，这样就制成了低辐射玻璃，也称作 low-e (low-emissivity)玻璃。这种玻璃外表面看上去是无色的，有良好的透光性能，可见光透过率可以保持在 70%~80%。但是，它具有较低的长波红外线发射率和吸收率，反射率很高。普通玻璃的长波红外线发射率和吸收率为 0.84，而 low-e 玻璃可以低到 0.1。尽管 low-e 玻璃和普通玻璃一样对长波辐射的透射率都很低，但与普通玻璃不同的是 low-e 玻璃对波长为 0.76~3μm 的近红外线辐射的透射率比普通玻璃低得多，如图 4-3 所示。

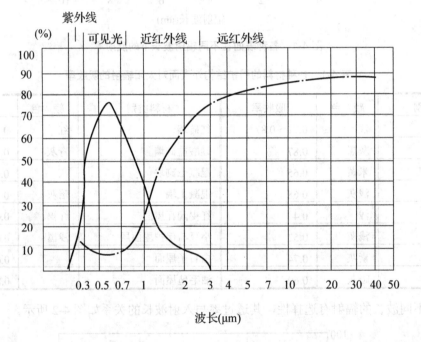

图 4-3　一层普通玻璃和一层 low-e 玻璃的光谱透射率

依据对太阳辐射的透射率不同，可分为高透和低透两种不同性能的 low-e 玻璃。高透 low-e 玻璃近红外线的透射率比较高一些；低透 low-e 玻璃近红外线透射率比较低，对可见光也有一定的影响。

其他类型平板玻璃的可见光透射率如图 4-4 所示。

其他类型平板玻璃的太阳辐射透射率如图 4-5 所示。

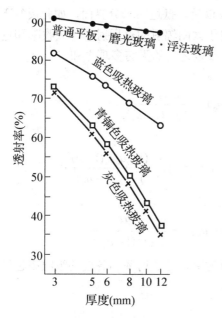

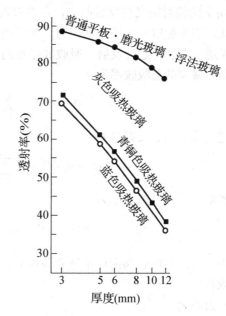

图 4-4　其他类型平板玻璃的可见光透射率　　图 4-5　其他类型平板玻璃的太阳辐射透射率

由于玻璃对辐射有一定的阻隔作用，因此不是完全的透明体。当阳光照到两侧均为空气的半透明薄层时，例如单层玻璃窗，射线要通过两个分界面才能从一侧透射到另一侧，如图 4-6 所示。

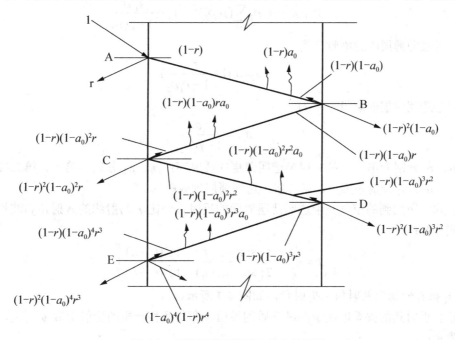

图 4-6　单层半透明薄层中的光的行程

阳光首先从空气入射进入玻璃薄层，即通过第一个分界面。此时，如果用 r 代表空气-半透明薄层界面的反射百分比，a_0 代表射线单程通过半透明薄层的吸收百分比，由于分界面的反射作用，只有 $(1-r)$ 的辐射能进入半透明薄层。经半透明薄层的吸收作用，有 $(1-r)(1-a_0)$ 的辐射能可以达到第二个分界面。由于第二个分界面的反射作用，只有 $(1-r)^2(1-a_0)$ 可以进入另一侧的空气，其余

$(1-r)(1-a_0)r$ 的辐射能又被反射回去，再经过玻璃吸收以后，抵达第一分界面，如此反复下去。

因此，阳光照射到半透明薄层时，半透明薄层对于太阳辐射的总反射率、吸收率和透过率是阳光在半透明薄层内进行反射、吸收和透过的无穷次反复之后的无穷多项之和。

半透明薄层的总吸收率为

$$a = a_0(1-r)\sum_{N=0}^{\infty} r^n(1-a_0)^n = \frac{a_0(1-r)}{1-r(1-a_0)}$$

半透明薄层的总反射率为

$$\rho = r + r(1-a_0)^2(1-r)^2\sum_{N=0}^{\infty} r^{2n}(1-a_0)^{2n} = r[1+\frac{(1-a_0)^2(1-r)^2}{1-r^2(1-a_0)^2}]$$

半透明薄层的总透射率为

$$\tau_{galss} = (1-a_0)(1-r)^2\sum_{N=0}^{\infty} r^{2n}(1-a_0)^{2n} = \frac{(1-a_0)(1-r)^2}{1-r^2(1-a_0)^2}$$

同理，当阳光照射到两层半透明薄层时，其总反射率、总透射率和各层的吸收率也可以用类似方法求得。

总透射率为

$$\tau_{glass} = \tau_1\tau_2\sum_{n=0}^{\infty}(\rho_1\rho_2)^n = \frac{\tau_1\tau_2}{1-\rho_1\rho_2}$$

总反射率为

$$\rho = \rho_1 + \tau_1^2\rho_2\sum_{n=0}^{\infty}(\rho_1\rho_2)^n = \rho_1 + \frac{\tau_1^2\rho_2}{1-\rho_1\rho_2}$$

第一层半透明薄层的总吸收率为

$$a_{c1} = a_1(1+\frac{\tau_1\rho_2}{1-\rho_1\rho_2})$$

第二层半透明薄层的总吸收率为

$$a_{c2} = \frac{\tau_1 a_2}{1-\rho_1\rho_2}$$

式中 τ_1、τ_2 分别为第一、第二层半透明薄层的透射率；ρ_1、ρ_2 分别为第一、第二层半透明薄层的反射率；a_1、a_2 分别为第一、第二层半透明薄层的吸收率。

以上各式中所用到的空气—半透明薄层界面的反射百分比 r 与射线的入射角和波长有关，可用以下公式计算：

$$r = \frac{I_\rho}{I} = \frac{1}{2}\left[\frac{\sin^2(i_2-i_1)}{\sin^2(i_2+i_1)} + \frac{\text{tg}^2(i_2-i_1)}{\text{tg}^2(i_2+i_1)}\right]$$

其中 i_1 和 i_2 分别为入射角和折射角，如图4-7所示。

入射角和折射角的关系取决于两种介质的性质，即与两种介质的折射指数 n 有关，可以用以下关系式表示：

$$\frac{\sin i_2}{\sin i_1} = \frac{n_1}{n_2}$$

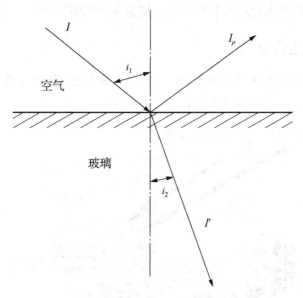

图 4-7 空气－半透明薄层界面的反射和折射

空气的平均折射指数为 1.0，在太阳光谱的范围内，玻璃的平均折射指数为 1.526。

此外射线单程通过半透明薄层的吸收百分比 a_0 取决于对应其波长的材料的消光系数 K_λ 以及射线在半透明薄层中的行程 L。而行程 L 又与入射角和折射指数有关，消光系数 K_λ 与射线波长有关。在太阳光谱主要范围内，普通窗玻璃的消光系数 $K \approx 0.045$，水白玻璃的消光系数 $K \leqslant 0.015$。射线单程通过半透明薄层的吸收百分比 a_0 可以通过以下公式进行计算：

$$a_0 = 1 - \exp(-KL)$$

因为随着入射角的不同，空气-半透明薄层界面的反射百分比 r 不同，射线单程通过半透明薄层的吸收率 a_0 也不同，从而导致半透明薄层的吸收率、反射率和透射率都随着入射角而改变。3mm 厚普通窗玻璃对阳光的吸收率、反射率和透射率与入射角之间的关系曲线如图 4-8 所示。

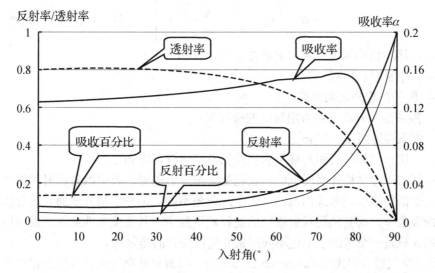

图 4-8 3mm 厚普通窗玻璃的吸收率、反射率和透射率与入射角之间的关系曲线

由图 4-8 可见，当阳光入射角大于 60°时，透射率会急剧减少。

4.1.2 室外空气综合温度

室内空气品质对人的影响主要有两方面，即危害人体健康与影响工作效率。

围护结构外表面的热平衡如图 4-9 所示。

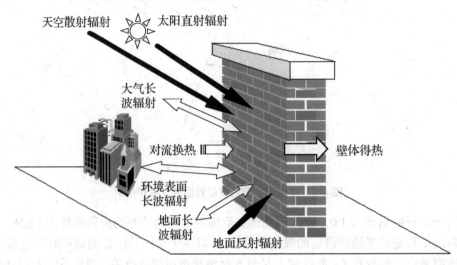

图 4-9 围护结构外表面的热平衡

其中太阳直射辐射、天空散射辐射和地面反射辐射均含有可见光和红外线，与太阳辐射的组成相似；而大气长波辐射、地面长波辐射和环境表面长波辐射则只含有长波红外线辐射部分。壁体得热等于太阳辐射热量、长波辐射换热量和对流换热量之和。建筑物外表面单位面积上得到的热量为

$$q = \alpha_{out}(t_{air} - t_w) + aI - Q_{lw}$$

$$= \alpha_{out}\left[\left(t_{air} + \frac{aI}{\alpha_{out}} - \frac{Q_L}{\alpha_{out}}\right) - t_w\right] = \alpha_{out}(t_z - t_w)$$

其中：α_{out}—— 围护结构外表面的对流换热系数，W/m²℃；

t_{air}—— 室外空气温度，℃；

t_w—— 围护结构外表面温度，℃；

a—— 围护结构外表面对太阳辐射的吸收率；

I—— 太阳辐射照度，W/m²；

Q_{lw}—— 围护结构外表面与环境的长波辐射换热量，W/m²。

太阳辐射落在围护结构外表面上的形式包括太阳直射辐射、天空散射辐射和地面反射辐射三种，后两种是以散射辐射的形式出现的。由于入射角不同，围护结构外表面对直射辐射和散射辐射有着不同的吸收率，而且地面反射辐射的途径就更复杂，其强度与地面的表面特性有关。因此式中的吸收率 a 只是一个考虑了上述不同因素并进行综合的当量值。

t_z 称为室外空气综合温度(Solar-air temperature)。所谓室外空气综合温度是相当于室外气温由原来的 t_{air} 增加了一个太阳辐射的等效温度 aI / α_{out} 值，显然这只是为了计算方便推出的一个当量的室外温度，并非实际的室外空气温度。因此室外空气综合温度的表达式为

$$t_z = t_{air} + \frac{aI}{\alpha_{out}} - \frac{Q_{lw}}{\alpha_{out}}$$

以上二式不仅考虑了来自太阳对围护结构的短波辐射，而且反映了围护结构外表面与天空和周围物体之间的长波辐射。有时这部分长波辐射是可以忽略的，这样上式就可简化为：

$$t_z = t_{air} + \frac{aI}{\alpha_{out}}$$

4.1.3　夜间辐射

在计算白天的室外空气综合温度时，由于太阳辐射的强度远远大于长波辐射，所以忽略长波辐射的作用是可以接受的。夜间没有太阳辐射的作用，而天空的背景温度远远低于空气温度，因此建筑物向天空的辐射放热量是不可以忽略的，尤其是在建筑物与天空之间的角系数比较大的情况下。特别是在冬季夜间忽略天空辐射作用可能会导致对热负荷的估计偏低。因此，长波辐射 Q_{lw} 也被称为夜间辐射或有效辐射。

围护结构外表面与环境的长波辐射换热包括大气长波辐射以及来自地面和周围建筑和其他物体外表面的长波辐射。如果仅考虑对天空的大气长波辐射和对地面的长波辐射，则：

$$Q_{lw} = \sigma \varepsilon_w [(x_{sky} + x_g \varepsilon_g) T_{wall}^4 - x_{sky} T_{sky}^4 - x_g \varepsilon_g T_g^4]$$

其中：ε_w —— 围护结构外表面对长波辐射的系统黑度，接近壁面黑度，即壁面的吸收率 a；

　　　　ε_g —— 地面的黑度，即地面的吸收率；

　　　　x_{sky} —— 围护结构外表面对天空的角系数；

　　　　x_g —— 围护结构外表面对地面的角系数；

　　　　T_{sky} —— 有效天空温度，K；

　　　　T_g —— 地表温度，见第二章，K；

　　　　T_{wall} —— 围护结构外表面温度，K；

　　　　σ —— 斯蒂芬-玻尔兹曼常数，$5.67 \times 10^{-8} W/m^2 \cdot K^4$。

由于环境表面的长波辐射取决于角系数，即与环境表面的形状、距离和角度都有关，很难求得，因此往往采用经验值。有一种方法是对于垂直表面近似取 $Q_{lw}=0$，对于水平面取 $\frac{Q_{lw}}{\alpha_{out}} = 3.5 \sim 4.0 \,℃$。很显然这种做法的前提是认为垂直表面与外界长波辐射换热之差值很小，可以忽略不计。

4.2　建筑围护结构的热湿传递

本节的任务是介绍围护结构在内外扰作用下的热过程及特点，以及各种得热的数学表述方法。某时刻在内外扰作用下进入房间的总热量叫该时刻的得热。而在这里"房间"的范围是指围护结构内表面包括的范围之内，包括室内空气、室内家具以及围护结构的内表面。所谓的得热，就是在外部气象参数作用下，由室外传到外围护结构内表面以内的热量，或者是室内热源散发在室内的全部热量，包括通过对流进入室内空气以及通过辐射落在围护结构内表面和室内家具上的热量。

4.2.1 通过非透光外围护结构的热湿传递

1. 非透光外围护结构的热平衡表达式

通过墙体、屋顶等非透光围护结构传入室内的热量来源于两部分：室外空气与围护结构外表面之间的对流换热和太阳辐射通过墙体导热传入的热量。

由于围护结构存在热惯性，因此通过围护结构的传热量和温度的波动幅度与外扰波动幅度之间存在衰减和延迟的关系，如图 4-10 所示。

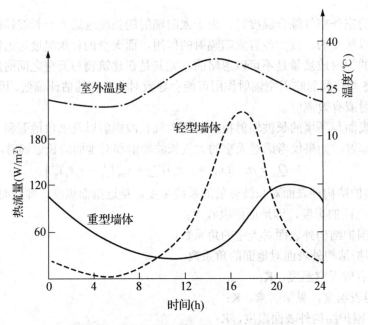

图 4-10　墙体的传热量与温度对外扰的响应

衰减和滞后的程度取决于围护结构的蓄热能力。围护结构的热容量越大，蓄热能力就越大，滞后的时间就越长，波幅的衰减就越大。由于重型墙体的蓄热能力比轻型墙体的蓄热能力大得多，因此其得热量的峰值就比较小，延迟时间也长得多。

墙体、屋顶等建筑构件的传热过程均可看作非均质板壁的一维不稳定导热过程，描述其热平衡的微分方程为

$$\frac{\partial t}{\partial \tau} = a(x)\frac{\partial^2 t}{\partial x^2} + \frac{\partial a(x)}{\partial x}\frac{\partial t}{\partial x}$$

如果定义 $x=0$ 为围护结构外侧，$x=\delta$ 为围护结构内侧，考虑太阳辐射、长波辐射和围护结构内外侧空气温差的作用，可给出边界条件：

$$\alpha_{\text{out}}[t_{\text{a,out}}(\tau) - t(0,\tau)] + Q_{\text{sol}} + Q_{\text{lw,out}} = -\lambda(x)\frac{\partial t}{\partial x}\big|_{x=0}$$

$$\alpha_{\text{in}}[t(\delta,\tau) - t_{\text{a,in}}(\tau)] + \sigma\sum_{j=1}^{m} x_j \varepsilon_j [T^4(\delta,\tau) - T_j^4(\tau)] - Q_{\text{shw}} = -\lambda(x)\frac{\partial t}{\partial x}\big|_{x=\delta}$$

初始条件为

$$t(x, 0) = f(x)$$

式中：$a(x)$——墙体材料的导温系数，m^2/s；

　　　τ——时间，秒；

　　　δ——墙体厚度，m；

　　　$t(x, \tau)$，$T(x, \tau)$——墙体中各点的温度，℃，K；

　　　$t_{in}(\tau)$——围护结构内侧的空气温度，℃；

　　　$t_{a, out}(\tau)$——围护结构外侧的空气温度，℃；

　　　$\lambda(x)$——墙体材料的导热系数，W/m·K；

　　　α_{out}——围护结构外表面对流换热系数，$W/m^2℃$；

　　　α_{in}——围护结构内表面对流换热系数，$W/m^2℃$；

　　　Q_{solar}——围护结构外表面接受的太阳辐射热量，W/m^2；

　　　Q_{lw}——围护结构表面接受的长波辐射热量，W/m^2；

　　　Q_{shw}——围护结构内表面接受的短波辐射热量，W/m^2；

　　　x_j——所分析的围护结构内表面与第 j 个室内表面之间角系数；

　　　ε_j——所分析的围护结构内表面与第 j 个室内表面之间系统黑度；

　　　m——室内表面的个数(除被考察的围护结构以外)；

　　　$T_j(\tau)$——第 j 个室内表面的温度，K。

下标：

　　　a——空气；

　　　in——室内侧；

　　　out——室外侧；

　　　lw——长波辐射；

　　　shw——短波辐射；

　　　sol——太阳辐射。

太阳辐射的作用是使墙体外表面温度升高，然后通过板壁向室内传热，如图 4-11 所示。

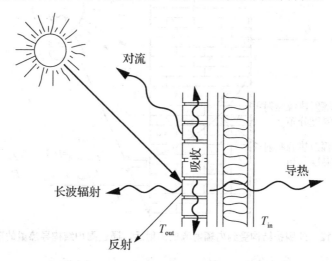

图 4-11　太阳辐射在墙体上形成的传热过程

由于太阳辐射作用的求解很复杂，因此可以利用前面介绍的室外空气综合温度 $t_z(\tau)$ 来代替围护结构外侧空气温度。即有

$$\alpha_{\text{out}}[t_z(\tau) - t(0,\tau)] = -\lambda(x)\frac{\partial t}{\partial x}\Big|_{x=0}$$

通过非透光围护结构的导热实际传入室内的热量到达围护结构内表面后，通过对流与辐射的形式传给室内空气与室内其他内表面。如果对长波辐射项进行线性化，即：

$$\sigma\sum_{j=1}^{m}x_j\varepsilon_j[T^4(\delta,\tau) - T_j^4(\tau)] = \sum_{j=1}^{m}\alpha_{r,j}[T(\delta,\tau) - T_j(\tau)] = \sum_{j=1}^{m}\alpha_{r,j}[t(\delta,\tau) - t_j(\tau)]$$

其中 $\alpha_{r,j}$ 为被考察的围护结构内表面与第 j 个围护结构内表面的当量辐射换热系数(W/m²℃)。此时，通过非透光围护结构导热而实际传入室内的热量 $Q_{\text{wall, cond}}$ 可表为

$$Q_{\text{wall,cond}} = -\lambda(x)\frac{\partial t}{\partial x}\Big|_{x=\delta} = \alpha_{\text{in}}[t(\delta,\tau) - t_{a,\text{in}}(\tau)] + \sum_{j=1}^{m}\alpha_{r,j}[t(\delta,\tau) - t_j(\tau)] - Q_{\text{shw}}$$

在一定的温度范围内，线性化所求得的当量辐射换热系数 $\alpha_{r,j}$ 接近常数，它综合了两个表面的面积比、角系数以及表面温度等因素。因此上式可看作是常系数的线性方程。

由上式可见，如果各时刻各围护结构内表面和室内空气温度已知，就可以求出通过围护结构的传热量。但各围护结构内表面温度和室内空气温度之间存在着显著的耦合关系，因此需要联立求解方程组和房间的空气热平衡方程才能获得其解，求解过程相当复杂。

2. 通过非透光外围护结构的得热

1) 通过非透光外围护结构的得热定义与表述

不论是围护结构内的温度分布，还是通过围护结构导热实际传到室内的热量，这些都是由室外条件与室内扰动共同作用造成的。如果增加室内辐射热源落在该围护结构内表面的辐射强度，尽管室外条件和室内空气温度并没有改变，但实际上通过围护结构导热传入室内的热量 Q_{wall} 会随着围护结构内部温度的升高而减少，而壁面通过对流换热与空气的换热量增加。这个增加的部分是由于围护结构内表面获得的内部辐射热量造成的，如图 4-12 所示。

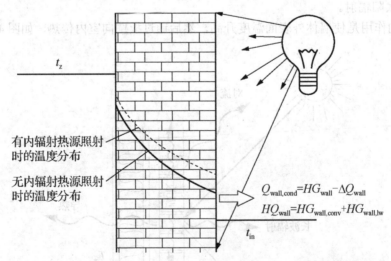

图4-12 外围护结构受到内辐射源的照射后，通过围护结构导热量的变化

(墙体内的实线是无内辐射源照射时的温度分布，虚线是有内辐射源照射时的温度分布)

室外气象和室内空气温度对围护结构的影响比较清楚而且有一定的确定性，而室内其他内表面长波辐射以及辐射热源的作用求解比较复杂，需要了解各内表面间的角系数和实际表面温度，

而且还应该考虑邻室的影响才能求得。在考虑通过非透光围护结构的得热的时候,我们希望的是能够突出反映在一定的室内空气温度条件下,所考察的外围护结构在室外气象参数作用下的表现,因此需要剔除其他室内因素的影响,把室外扰动和室内扰动的作用分开来进行分析。

因此,在这里给通过非透光围护结构的得热 HG_{wall} 下一个定义:假定除了所考察的围护结构内表面以外,其他各室内表面的温度均与室内空气温度一致,室内没有任何其他短波辐射热源发射的热量落在所考察的围护结构内表面上,即 $Q_{shw}=0$。此时,通过该围护结构传入室内的热量就被定义为通过非透光围护结构的得热 HG_{wall},其数值就等于该围护结构内表面与空气的对流换热热量与该围护结构内表面对其他内表面的长波辐射换热量之和。

在这种定义条件下,由于各室内表面的温度均与室内空气温度一致,即由 $T_j(\tau) = T_{a, in}(\tau)$ 或者 $t_j(\tau) = t_{a, in}(\tau)$,则可以得到通过非透光围护结构的得热的表达式:

$$HG_{wall} = HG_{wall,conv} + HG_{wall,lw} = \alpha_{in}[t(\delta,\tau) - t_{a,in}(\tau)] + \sum_{j=1}^{m} \alpha_{r,j}[t(\delta,\tau) - t_{a,in}(\tau)]$$

其中:HG——得热,W/m^2。

下标:

wall —— 墙体、非透光围护结构;

conv —— 对流换热部分。

2) 通过非透光外围护结构的得热与实际上通过该围护结构导热传入室内热量的差别

实际上,室内其他各表面的温度常常与室内空气温度不一致,也就是与前面所说的通过围护结构得热的定义条件不符。为了定量地求出实际上通过围护结构传到室内的热量 $Q_{wall, cond}$ 与通过围护结构的得热量 HG_{wall} 的差别,可以利用线性方程的叠加原理,将已经线性化了的式子分为两部分,即一部分为由于室外气象条件和室内空气温度决定的围护结构的温度分布和通过围护结构的得热 HG_{wall},另一部分为室内其他表面温度 $t_j(\tau)$ 与空气温度不同以及室内辐射源存在造成的围护结构温升、蓄热和传热量。

用 $t_1(x, \tau)$ 表示由于室外气象条件和室内空气温度决定的围护结构的内部温度,或者说是满足得热定义条件下形成的围护结构内部温度,相当于上图中的墙体温度分布曲线实线部分,$\Delta t_2(x, \tau)$ 表示由于室内其他表面温度与空气温度不同以及室内辐射源存在,即与得热定义条件存在差别的部分造成的围护结构内部温度分布的差值,相当于上图中实线与虚线之间的差别部分,即由:

$$t(x,\tau) = t_1(x,\tau) + \Delta t_2(x,\tau)$$

则可得出

$$\frac{\partial t_1}{\partial \tau} + \frac{\partial \Delta t_2}{\partial \tau} = a(x)\frac{\partial^2 t_1}{\partial x^2} + a(x)\frac{\partial^2 \Delta t_2}{\partial x^2} + \frac{\partial a(x)}{\partial x}\frac{\partial t_1}{\partial x} + \frac{\partial a(x)}{\partial x}\frac{\partial \Delta t_2}{\partial x}$$

$$\alpha_{out}[t_{a,out}(\tau) - t_1(0,\tau) - \Delta t_2(0,\tau)] + Q_{sol} + Q_{lw,out}$$

$$= -\lambda(x)\frac{\partial t_1}{\partial x}\Big|_{x=0} - \lambda(x)\frac{\partial \Delta t_2}{\partial x}\Big|_{x=0}$$

$$\alpha_{in}[t_1(\delta,\tau) + \Delta t_2(\delta,\tau) - t_{a,in}(\tau)] + \sum_{j=1}^{m} \alpha_{r,j}[t_1(\delta,\tau) + \Delta t_2(\delta,\tau) - t_j(\tau)] - Q_{shw}$$

$$= -\lambda(x)\frac{\partial t_1}{\partial x}\Big|_{x=\delta} - \lambda(x)\frac{\partial \Delta t_2}{\partial x}\Big|_{x=\delta}$$

当室内侧没有任何短波辐射影响且室内各表面温度 $t_j(\tau)$ 等于空气温度 $t_{a, in}(\tau)$ 时,可得出

$$\frac{\partial t_1}{\partial \tau} = a(x)\frac{\partial^2 t_1}{\partial x^2} + \frac{\partial a(x)}{\partial x}\frac{\partial t_1}{\partial x}$$

$$\alpha_{out}[t_{a,out}(\tau) - t_1(0,\tau)] + Q_{sol} + Q_{lw,out} = -\lambda(x)\frac{\partial t_1}{\partial x}\Big|_{x=0}$$

$$\alpha_{in}[t_1(\delta,\tau) - t_{a,in}(\tau)] + \sum_{j=1}^{m}\alpha_{r,j}[t_1(\delta,\tau) - t_{a,in}(\tau)] = -\lambda(x)\frac{\partial t_1}{\partial x}\Big|_{x=\delta}$$

通过以上三式可求得由于围护结构在室外气象条件和室内空气温度作用下传热过程决定的围护结构的温度分布 t_1。而此时通过围护结构内表面传入室内的热量，就相当于通过围护结构的得热 HG_{wall}：

$$HG_{wall} = -\lambda(x)\frac{\partial t_1}{\partial x}\Big|_{x=\delta}$$

而且，我们可求出与得热定义条件存在差别的部分造成的围护结构内部温度与热传导量的差值 Δt_2：

$$\frac{\partial \Delta t_2}{\partial \tau} = a(x)\frac{\partial^2 \Delta t_2}{\partial x^2} + \frac{\partial a(x)}{\partial x}\frac{\partial \Delta t_2}{\partial x}$$

$$\alpha_{out}\Delta t_2(0,\tau) = \lambda(x)\frac{\partial \Delta t_2}{\partial x}\Big|_{x=0}$$

$$\alpha_{in}\Delta t_2(\delta,\tau) + \sum_{j=1}^{m}\alpha_{r,j}[\Delta t_2(\delta,\tau) - t_j(\tau) + t_{a,in}(\tau)] - Q_{shw} = -\lambda(x)\frac{\partial \Delta t_2}{\partial x}\Big|_{x=\delta}$$

以上三式给出的是围护结构实际内部温度分布与得热定义条件下围护结构温度分布的差值，以及实际通过围护结构传入室内的热量与通过围护结构得热的差值。第三式所示的是实际通过围护结构传入室内的热量与通过围护结构得热的差值，而这个热量的差值就相当于前两式的差值，即：

$$\Delta Q_{wall} = HG_{wall}(\tau) - Q_{wall,cond} = \lambda(x)\frac{\partial \Delta t_2}{\partial x}\Big|_{x=\delta}$$

$$= Q_{shw} - \alpha_{in}\Delta t_2(\delta,\tau) - \sum_{j=1}^{m}\alpha_{r,j}[\Delta t_2(\delta,\tau) - t_j(\tau) + t_{a,in}(\tau)]$$

为了表述方便，在这里把 ΔQ_{wall} 称作围护结构实际传热量与得热的差值。如果室内各表面温度高于空气温度，且有短波辐射，则 ΔQ_{wall} 是正值，即实际条件下通过围护结构导热传到室内的热量小于上述定义的通过围护结构的得热量。反之则 ΔQ_{wall} 为负值，实际条件下通过围护结构导热传到室内的热量大于上述定义的得热量。

4.2.2 通过透光外围护结构的热湿传递

透光外围护结构主要包括玻璃门窗和玻璃幕墙等，是由玻璃与其他透光材料如热镜膜、遮光膜以及框架等组成的。通过透光外围护结构的热传递过程与非透光外围护结构有很大的不同。由于透光外围护结构可以透过太阳辐射，而且这部分热量在建筑物热环境的形成过程中发挥了重要的作用，因此通过透光外围护结构形成的显热得热包括两部分：通过玻璃板壁的传热量和透过玻璃的日射辐射得热量。这两部分传热量与透光外围护结构的种类及其热工性能有重要的关系。

玻璃窗由窗框和玻璃组成如图 4-13 所示。

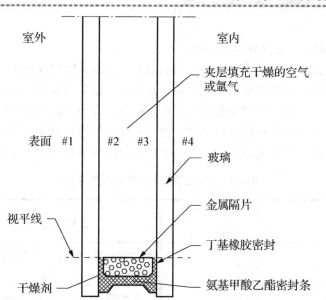

图 4-13　双层中空窗的构造

窗框型材有木框、铝合金框、铝合金断热框、塑钢框、断热塑钢框等；窗框数目可分为单框(单层窗)、多层框(多层窗)；单框上镶嵌的玻璃层数有单层、双层、三层，称作单玻、双玻或三玻窗；玻璃层之间可充气体如空气(称作中空玻璃)、氮、氩、氪等，或有真空夹层，密封的夹层内往往放置了干燥剂以保持气体干燥；玻璃类别有普通透明玻璃、有色玻璃、吸热玻璃、反射玻璃、低辐射(low-e)玻璃、可由电信号控制透射率的电致变色玻璃等；玻璃表面可以有各种辐射阻隔性能的镀膜或贴膜，如反射膜、low-e 膜、有色遮光膜等，有的在两层玻璃之间的中空夹层中架 1～2 层 low-e 热镜膜。有的透光外围护结构中还含有如磨砂玻璃、乳白玻璃等半透明材料或者太阳能电池板。玻璃幕墙除了面积比玻璃窗大，没有窗框而有隐式的或明式的框架支撑以外，其热物性特点和玻璃窗基本一样。

由于透光外围护结构的热阻往往低于实体墙，例如实体墙传热系数很容易达到 0.8 W/m²℃以下，但普通单层玻璃窗的传热系数高于 5 W/m²℃，双层中空玻璃窗也只能达到 3 W/m²℃左右。所以透光外围护结构往往是建筑保温中最薄弱的一环。玻璃窗或玻璃幕墙之所以采用不同种类的玻璃层数和特殊的夹层气体，目的主要是尽量增加玻璃的传热热阻，避免冷桥。例如如果单框窗的热阻仍然达不到要求，可以安装双层窗；采用不同类型的玻璃和镀膜，则可以解决采光与遮阳隔热的矛盾。

1. 通过透光外围护结构的传热量

由于有室内外温差存在，必然会通过透光外围护结构以导热方式与室内空气进行热交换。玻璃和玻璃间的气体夹层本身有热容，因此与墙体一样有衰减延迟作用。但由于玻璃和气体夹层的热惰性很小，所以这部分热惯性往往被忽略，因此应将透光外围护结构的传热按稳态传热考虑。由此可得出通过透光外围护结构的传热得热量为

$$HG_{\text{wind,cond}} = K_{\text{wind}} F_{\text{wind}} (t_{\text{a,out}} - t_{\text{a,in}})$$

其中：$HG_{\text{wind, cond}}$ —— 通过透光外围护结构的传热得热量，W；

$\quad\quad K_{\text{wind}}$ —— 透光外围护结构的总传热系数，包括了框架的影响，W/m²·℃；

$\quad\quad F_{\text{wind}}$ —— 透光外围护结构的总传热面积，m²。

下标：

wind——玻璃窗或透光外围护结构。

尽管上式右侧的温差给出的是室内外空气的温差，但室外空气通过玻璃板导热进入室内的热量并不全以对流换热的形式传给室内空气，而是其中有一部分以长波辐射的形式传给了室内其他表面。因此传热系数 K_{wind} 的室内侧换热系数除对流换热部分外，还应该包含长波辐射的折算部分。

不同类型的透光外围护结构的传热系数有很大差别。即便是类型相同的透光外围护结构，工艺水平不同对传热系数也有很大影响。部分类型玻璃窗的传热系数如表 4-2 所示。

表 4-2　几种主要类型玻璃窗的传热系数

窗户构造	传热系数 (W/m²·℃)	窗户构造	传热系数 (W/m²·℃)
3 mm 单玻窗(中国数据)[注]	5.8	双玻铝塑窗，氩气层 12.7 mm，一层镀 low-e 膜，e=0.1	2.22
3.2 mm 单玻窗，塑钢窗	5.14	三玻铝塑窗，空气层 12.7 mm	2.25
3.2 mm 单玻窗，带保温的铝合金框	6.12	三玻塑钢窗，空气层 12.7 mm，两层镀 low-e 膜，e=0.1	1.76
双玻铝塑窗，空气层 12.7 mm	3.0	三玻铝塑窗，氩气层 12.7 mm，两层镀 low-e 膜，e=0.1	1.61
双玻铝塑窗，空气层 12.7 mm，一层镀 low-e 膜，e=0.4	2.7	四玻铝塑窗，氩气层 12.7 mm 或氪气层 6.4mm，两层镀膜，e=0.1	1.54
双玻铝塑窗，氩气层 12.7 mm，一层镀 low-e 膜，e=0.4	2.55	四玻窗，保温玻璃纤维塑框，氩气层 12.7 mm 或氪气层 6.4 mm，两层镀膜，e=0.1	1.23
双玻铝塑窗，空气层 12.7 mm，一层镀 low-e 膜，e=0.1	2.41	四玻不可开启窗，保温玻璃纤维塑框，氩气层 12.7mm 或氪气层 6.4mm，两层镀膜，e=0.1	1.05

不同玻璃层数、不同填充气体、不同气体层厚度和不同发射率的透光外围护结构的传热系数如图 4-14 所示。

从图 4-14 可以看到，由于自然对流的出现对增加的导热热阻的抵消作用，玻璃间层的厚度在大于 13 mm 后对传热系数几乎没有什么影响，因此不应企图单纯依靠增加玻璃间层的厚度来增加热阻。窗框对整个玻璃窗的传热系数有着显著的影响，例如双玻塑钢窗，氩气层 12.7 mm，一层镀膜 e=0.1，玻璃中央部位的传热系数只有 1.53 W/m²·℃，但整窗的传热系数却达到 2.22W/m²·℃。如果采用没有保温的铝合金窗框，则整窗传热系数上升到 3.7W/m²·℃，因为玻璃的边缘部分和窗框的传热系数比较大。

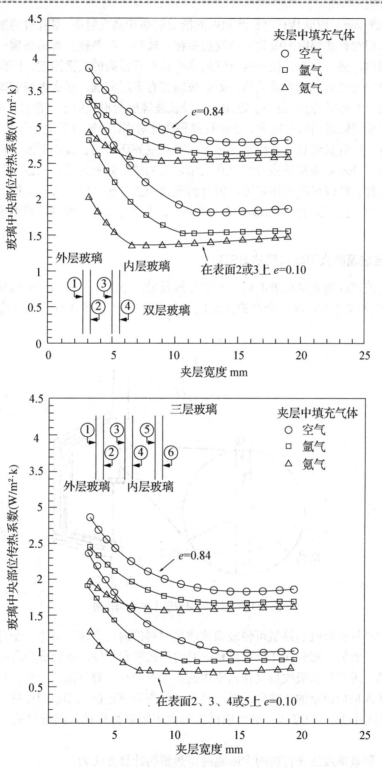

图 4-14　垂直双层和三层透光围护结构中央部位的传热系数

注：普通玻璃发射率 e=0.84，low-e 膜发射率 e=0.1

还可以看到，low-e 膜或者 low-e 玻璃可以明显有效地降低透光外围护结构的传热系数，其原理在于 low-e 膜或 low-e 玻璃具有对长波辐射的低发射率和高反射率。尽管普通玻璃对长波辐射的透射率也很低，但对长波辐射的吸收率和发射率都比较高。在冬夜，普通玻璃一方面吸收了室内表面的长波辐射热，另一方面又被室内空气加热使其具有较高的表面温度，因此会向室外低温环境以及低温天空以长波辐射的方式散热。如果玻璃窗有多层玻璃，那么内层玻璃被加热后会向外层玻璃以长波辐射的形式传热，而外层玻璃又会以长波辐射的形式向室外散热。而 low-e 膜或 low-e 玻璃由于具有对长波辐射的低发射率、低吸收率和高反射率，能够有效地把长波辐射反射回室内，降低玻璃的温升，同时其低长波发射率能够保证其对室外环境的长波辐射散热量也大大减小。即便是在炎热的夏季，low-e 玻璃被室外空气和太阳辐射加热后向室内进行长波辐射的散热量也会显著减少。由于这种长波辐射的传热量可以折合到玻璃的总传热量中，长波辐射换热系数也可以折合在总传热系数中，这就是为什么 low-e 膜或者 low-e 玻璃可以有效地降低玻璃窗的总传热系数的原因。

2. 透过标准玻璃的太阳辐射得热 SSG

阳光照射到玻璃或透光材料表面后，一部分被反射，不会全部成为房间的得热；一部分直接透过透光外围护结构进入室内，全部成为房间得热量；还有一部分被玻璃或透光材料吸收，如图 4-15 所示。

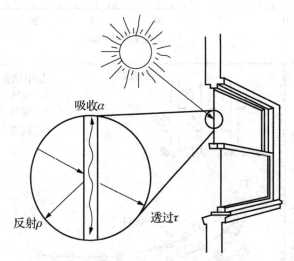

图 4-15　照射到窗玻璃上的太阳辐射

被玻璃或透光材料吸收的热量可使玻璃或透光材料的温度升高，其中一部分将以对流和辐射的形式传入室内，而另一部分同样以对流和辐射的形式散到室外，不会成为房间的得热。

关于被玻璃或透光材料吸收后又传入室内的热量有两种计算方法。一种方法是以室外空气综合温度的形式计入玻璃板壁的传热中，另一种办法是作为透过的太阳辐射中的一部分，计入太阳透射得热中。如果按后一种算法，透过玻璃窗的太阳辐射得热应包括透过的全部和吸收中的一部分。

透过单位面积玻璃或透光材料的太阳辐射得热量的计算方法为

$$HG_{\text{glass},\tau} = I_{Di}\tau_{\text{glass},Di} + I_{\text{dif}}\tau_{\text{glass,dif}} \; (\text{W/m}^2)$$

假定玻璃或透光材料吸热后同时向两侧空气散热，且两侧玻璃表面与空气的温差相等，则由于玻璃吸收太阳辐射所造成的房间得热为

$$HG_{\text{glass},a} = \frac{R_{\text{out}}}{R_{\text{out}} + R_{\text{in}}} (I_{\text{D}i}a_{\text{D}i} + I_{\text{dif}}a_{\text{dif}}) \ (\text{W/m}^2)$$

其中：I—— 太阳辐射照度，W/m^2；

　　　τ_{glass}—— 玻璃或透光材料的透射率；

　　　a—— 玻璃或透光材料的吸收率；

　　　R—— 玻璃或透光材料的表面换热热阻，$\text{m}^2\text{℃/W}$。

下标：

　　　$\text{D}i$—— 入射角为 i 的直射辐射；

　　　dif—— 散射辐射；

　　　glass—— 玻璃或透光材料。

　　由于玻璃或透光材料的本身种类繁多，而且厚度不同，颜色也不同，所以通过同样大小玻璃或透光材料的太阳得热量也不同。因此为了简化计算，常以某种类型和厚度的玻璃作为标准透光材料，取其在无遮挡条件下的太阳得热量作为标准太阳得热量，用符号 SSG (Standard Solar heat Gain)来表示，单位为 W/m^2。当采用其他类型和厚度的玻璃或透光材料，或透光材料内外有某种遮阳设施时，只对标准玻璃的太阳得热量进行不同修正即可。

　　目前我国、美国和日本均采用 3 mm 厚普通玻璃作为标准透光材料，英国以 5 mm 厚普通玻璃作为标准透光材料。虽然各国都采用的是普通玻璃，但由于玻璃材质成分有所不同，故性能上有一定的出入。我国目前生产的普通玻璃含铁较多，断面呈墨绿色。法向入射时透射率为 0.8，反射率为 0.074，吸收率为 0.126。而美国的普通玻璃法向入射时透射率为 0.86，反射率为 0.08，吸收率为 0.06。

　　那么，入射角为 i 时标准玻璃的太阳得热量 SSG(W/m^2)则为

$$\begin{aligned}
\text{SSG} &= (I_{\text{D}i}\tau_{\text{glass},\text{D}i} + I_{\text{dif}}\tau_{\text{glass},\text{dif}}) + \frac{R_{\text{out}}}{R_{\text{out}} + R_{\text{in}}} (I_{\text{D}i}a_{\text{D}i} + I_{\text{dif}}a_{\text{dif}}) \\
&= I_{\text{D}i}\left(\tau_{\text{D}i} + \frac{R_{\text{out}}}{R_{\text{out}} + R_{\text{in}}}a_{\text{D}i}\right) + I_{\text{dif}}\left(\tau_{\text{dif}} + \frac{R_{\text{out}}}{R_{\text{out}} + R_{\text{in}}}a_{\text{dif}}\right) \\
&= I_{\text{D}i}g_{\text{D}i} + I_{\text{dif}}g_{\text{dif}} = \text{SSG}_{\text{D}i} + \text{SSG}_{\text{dif}}
\end{aligned}$$

式中 g 为标准太阳得热率。

3. 遮阳设施对透过透光外围护结构太阳辐射得热的影响

　　为了有效遮挡太阳辐射，减少夏季空调负荷，采用遮阳设施是常用的手段。遮阳设施可安置在透光围护结构的外侧、内侧，也有安置在两层玻璃中间的。常见的外遮阳设施包括作为固定建筑构件的挑檐、遮阳板或其他形式的有遮阳作用的建筑构件，也有可调节的遮阳篷、活动百叶挑檐、外百叶帘、外卷帘等。内遮阳设施一般采用窗帘和百页。两层玻璃中间的遮阳设施一般包括固定的和可调节的百页。

　　遮阳设施设置在透光外围护结构的内侧和外侧，对透光外围护结构的遮阳作用是不同的。尽管无论外遮阳还是内遮阳设施，都可以反射部分阳光，吸收部分阳光，透过部分阳光。但对于外遮阳设施来说，只有透过的部分阳光才会到达玻璃外表面，其中有部分透过玻璃进入室内形成冷负荷。被外遮阳设施所吸收的太阳辐射热，一般都会通过对流换热和长波辐射散到室外环境中而不会对室内造成任何影响。除非外卷帘全关闭，其所吸收太阳辐射热量会有一部分通过卷帘内表面的对流换热再通过玻璃窗传到室内。但这部分热量所占比例也是很小的。

尽管内遮阳设施同样可以反射部分太阳辐射，但向外反射的一部分又会被玻璃反射回来，使反射作用减弱。更重要的是内遮阳设施吸收的辐射热会慢慢在室内释放全部成为得热，只是对得热的峰值有所延迟和衰减而已，因此对太阳辐射得热的削减效果比外遮阳设施要差得多。

但外遮阳设施的缺点是比较容易损坏，容易污染而降低其反射能力，特别是可调百叶更是不易清洗和维护。因此，把百叶安置在两层玻璃之间是一种折中的办法，例如双层皮幕墙(Double-skin facade，Double-skin curtain wall)中间常常安装有百页。两层玻璃中间安装的遮阳设施尽管消除了外遮阳设施的缺点，但由于遮阳设施吸热后升温会加热玻璃间层的空气，其中部分热量会向室内传导而降低其隔热能力。目前解决此问题的方法之一是在玻璃间层采取通风措施，通过自然通风或者机械通风把玻璃间层里的热量排到室外，这样就可以保证两层玻璃中间安装的遮阳设施的遮阳隔热作用更接近于外遮阳设施。

遮阳设施的遮阳作用用遮阳系数 C_n 来描述。其物理意义是设置了遮阳设施后的透光外围护结构太阳辐射得热量与未设置遮阳设施时的太阳辐射得热量之比，包含了通过包括遮阳设施在内的整个外围护结构的透射部分和通过吸收散热进入室内的两部分热量之和。

玻璃或透光材料本身对太阳辐射也具有一定的遮挡作用，用遮挡系数 C_s 来表示。其定义是太阳辐射通过某种玻璃或透光材料的实际太阳得热量与通过厚度为 3 mm 厚标准玻璃的太阳得热量 SSG 的比值，同样包含了通过玻璃或透光材料直接透射进入室内和被玻璃或透光材料吸收后又散到室内的两部分热量总和。不同种类的玻璃或透光材料具有不同的遮挡系数。

不同种类玻璃和透光材料本身的遮挡系数 C_s 和一些常见内遮阳设施的遮阳系数 C_n 如表 4-3、表 4-4 所示。

表 4-3　窗玻璃的遮挡系数 C_s

玻璃类型	C_s	玻璃类型	C_s
标准玻璃	1.00	双层 5 mm 厚普通玻璃	0.78
5 mm 厚普通玻璃	0.93	双层 6 mm 厚普通玻璃	0.74
6 mm 厚普通玻璃	0.89	双层 3 mm 玻璃，一层贴 low-e 膜	0.66~0.76
3 mm 厚吸热玻璃	0.96	银色镀膜热反射玻璃	0.26~0.37
5 mm 厚吸热玻璃	0.88	茶(棕)色镀膜热反射玻璃	0.26~0.58
6 mm 厚吸热玻璃	0.83	蓝色镀膜热反射玻璃	0.38~0.56
双层 3 mm 厚普通玻璃	0.86	单层 low-e 玻璃	0.46~0.77

表 4-4　内遮阳设施的遮阳系数 C_n(Shading Coefficient)

内遮阳类型	颜　色	C_n
白布帘	浅色	0.5
浅蓝布帘	中间色	0.6
深黄、紫红、深绿布帘	深色	0.65
活动百叶	中间色	0.6

4. 通过透光外围护结构的太阳辐射得热量

为求解通过透光外围护结构的实际太阳得热量，对标准玻璃的太阳得热量进行修正的方法包括玻璃或透光材料本身的遮挡系数 C_s 和遮阳设施的遮阳系数 C_n。因此通过透光外围护结构的太阳

辐射得热量 $HG_{\text{wind, solar}}$ 可表示为：

$$HG_{\text{wind,sol}} = (\text{SSG}_{\text{D}i}X_s + \text{SSG}_{\text{dif}})C_sC_nX_{\text{wind}}F_{\text{wind}}$$

其中：$HG_{\text{wind, sol}}$ —— 通过透光外围护结构的太阳辐射得热量，W；

　　　X_{wind} —— 透光外围护结构有效面积系数(一般取单层木窗 0.7，双层木窗 0.6，单层钢窗 0.85，双层钢窗 0.75)；

　　　F_{wind} —— 透光外围护结构面积，m^2；

　　　C_n —— 遮阳设施的遮阳系数；

　　　C_s —— 玻璃或其他透光外围护结构材料对太阳辐射的遮挡系数；

　　　X_s —— 阳光实际照射面积比，即透明外围护结构上的光斑面积与透光外围护结构面积之比，可以通过几何方法计算求得。

外遮阳的作用往往可以反映在阳光实际照射面积比 X_s 上。由于挑檐、遮阳篷或者部分打开的外百页、外卷帘等外遮阳设施并不会把吸收的辐射热又导入室内，所以它的作用本质上是减小透光外围护结构上的光斑面积，因此往往不用遮阳系数来表示，而用阳光实际照射面积比 X_s 来表示。

5. 通过透光外围护结构的得热量 HG_{wind}

综上所述，通过透光外围护结构的瞬态总得热量等于通过透光外围护结构的传热得热量与通过透光外围护结构的太阳辐射得热量之和，即可通过以下公式来求得：

$$HG_{\text{wind}}(\tau) = HG_{\text{wind,cond}}(\tau) + HG_{\text{wind,sol}}(\tau)$$
$$= \{K_{\text{wind}}[t_{\text{a,out}}(\tau) - t_{\text{in}}(\tau)] + [\text{SSG}_{\text{D}i}(\tau)X_s + \text{SSG}_{\text{dif}}(\tau)]C_sC_nX_{\text{glass}}\}F_{\text{wind}}$$

其中：HG_{wind} —— 通过透光外围护结构的得热量，W/m^2；

　　　$HG_{\text{wind, cond}}$ —— 通过透光外围护结构的传热得热量，W/m^2；

　　　$HG_{\text{wind, sol}}$ —— 通过透光外围护结构的太阳辐射得热量，W/m^2。

通过透光外围护结构传热进入室内的部分热量有一部分是以玻璃表面的对流换热形式进入室内的，另一部分是以长波辐射的形式进入室内的。或者说，K_{wind} 的室内侧换热系数只包含对流换热部分是不够的，还应该包含长波辐射部分，尽管这部分与其他室内表面状态有关，比较难以确定。

通过透光外围护结构的太阳辐射得热量也可分为两部分，一部分是直接透射进入室内，另一部分则被玻璃吸收，然后再通过长波辐射和对流换热进入室内。

上式给出的得热也是一种在一定假定条件下通过透光围护结构进入到室内的显热量。实际上，与前面所述的通过非透光围护结构传热实际进入室内的得热量与得热之间存在着差别相类似，上述方法求得的得热量与通过透光围护结构实际进入室内的热量之间是有差别的。

采用标准玻璃的太阳得热量 SSG 求得的 $HG_{\text{wind, sol}}$ 部分与实际情况存在偏差，偏差的原因有二。其一，因为实际上室内外温度不同的情况居多，与前述的 SSG 定义中两侧玻璃表面与空气之间的温差相等的假定不一致。比如，当玻璃温度处于室内外空气温度之间时，即比一侧高，又比另一侧低，则玻璃只会向单侧对流散热，而不会向两侧对流散热。其二，玻璃吸收太阳辐射后，并不仅是通过对流换热散热，而且还会通过长波辐射来散热。

玻璃和透光材料吸收部分太阳辐射热后，其内部温度分布与内表面温度会有显著的改变，如图 4-16 所示。

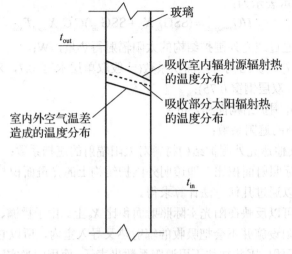

图 4-16 窗玻璃的温度分布

在这种情况下，即便室内外空气温度一定，通过玻璃的总传热量也会产生变化，因为玻璃内表面与室内表面之间的辐射换热量有所不同，玻璃内表面与空气之间的对流换热量也有所不同。

当室内存在对玻璃内表面的辐射热源时，同样也会导致通过玻璃的总传热量的改变。

6. 通过透光外围护结构得热量的其他计算方法

欧美国家多用太阳得热系数 SHGC(Solar Heat Gain Coefficient)来描述玻璃窗或玻璃幕墙的热工性能。太阳得热系数 SHGC 涉及直接透射进入室内的太阳辐射得热和被玻璃吸收后又传入室内的两部分得热，其定义为：

$$SHGC = \tau + \sum_{k=1}^{n} N_k a_k$$

其中：τ —— 玻璃窗的太阳辐射总透射率；

a_k —— 第 k 层玻璃的吸收率；

n —— 玻璃的层数；

N_k —— 第 k 层玻璃吸收的辐射热向内传导的比率。

SHGC 是一个无量纲的量。实际上 SHGC 数值的大小与太阳辐射的入射角有关，包括直射辐射和散射辐射的影响。最复杂的是其中的 N_k 与室内的状况有关，即与内、外表面对流换热系数、玻璃窗总传热系数、室内空间形状和室内表面的长波辐射特性有关。只有将玻璃窗的传热模型与室内空间的热平衡模型联立求解才可能准确地求出 N_k。目前只有在 EnergyPlus 等建筑热模拟软件包中采用这种详细求解的方法，而在一般工程应用中，采用的是特定参数条件下的 SHGC 值来作为玻璃窗的评价指标，即指定对流换热系数和传热系数，不包含长波辐射的影响。这样就可以利用玻璃的透射率与入射角的关系给出玻璃窗在不同入射角下的 SHGC 值。

这样，通过透光外围护结构的瞬态得热量为

$$Q = K_{wind} F_{wind} [t_{a,out}(\tau) - t_{a,in}(\tau)] + (SHGC) F_{wind} I \text{ (W)}$$

其中：K_{wind} —— 透光外围护结构的总传热系数，W/m² · ℃；

F_{wind} —— 透光外围护结构的传热面积，m²；

I —— 太阳辐射照度，W/m²。

为了方便求得透过各种不同类型透光外围护结构的太阳辐射得热量，采用遮阳系数 SC(Shading Coefficient)来描述不同类型透光外围护结构的热工特性。其定义为实际透光外围护结构的 SHGC 值与标准玻璃的 SHGC 值的比，即：

$$SC = \frac{SHGC(\theta)}{SHGC(\theta)_{ref}}$$

　　上式中的标准玻璃是美国的 3 mm 厚普通玻璃，法向入射时透射率为 0.86，反射率为 0.08，吸收率为 0.06。标准玻璃的 SC 值是 1。在法向入射条件下，$SHGC(\theta)_{ref}$ 是 0.87。

　　从物理意义上说，SC 值就相当于前面介绍的我国采用的玻璃的遮挡系数 C_s。采用 SC 参数的好处是 SC 不随太阳辐射光谱的变化而变化，也不随入射角的变化而变化，而且对直射辐射和散射辐射均适用。因此只要获得各种透光围护结构的 SC 值，就可以根据标准玻璃不同入射角的 $SHGC(\theta)_{ref}$ 求出其太阳得热系数，从而求出其得热量。

4.2.3　通过围护结构的湿传递

　　一般情况下，透过围护结构的水蒸气可以忽略不计。但对于需要控制湿度的恒温恒湿室或低温环境室等，当室内空气温度相当低时，需要考虑通过围护结构渗透的水蒸气。

　　当围护结构两侧空气的水蒸气分压力不相等时，水蒸气将从分压力高的一侧向分压力低的一侧转移。在稳定条件下，单位时间内通过单位面积围护结构传入室内的水蒸气量与两侧水蒸气分压力差呈正比，即通过围护结构的湿量为：

$$w = K_v(P_{out} - P_{in})(kg/s \cdot m^2)$$

　　其中 $P_{out} - P_{in}$ 是围护结构两侧水蒸气分压力差，单位为 Pa；K_v 是水蒸气渗透系数，单位是 kg/(N·s) 或 s/m，可按下式计算：

$$K_v = \frac{1}{\dfrac{1}{\beta_{in}} + \sum \dfrac{\delta_i}{\lambda_{vi}} + \dfrac{1}{\beta_a} + \dfrac{1}{\beta_{out}}}$$

　　式中：β_{in}、β_{out}、β_a 分别是围护结构内表面、外表面和墙体中封闭空气间层的散湿系数，单位为 kg/(N·s) 或 s/m，，如表 4-5 所示；

　　λ_{vi} —— 第 i 层材料的蒸汽渗透系数，kg·m/(N·s) 或 s，如表 4-6 所示；

　　δ_i —— 第 i 层材料的厚度，m。

表 4-5　围护结构表面和空气层的散湿系数

条　件	散湿系数×10^8 (s/m)	条　件	散湿系数×10^8 (s/m)
室外垂直表面	10.42	空气层厚度 10mm	1.88
室内垂直表面	3.48	空气层厚度 20mm	0.94
水平面湿流向上	4.17	空气层厚度 30mm	0.21
水平面湿流向下	2.92	水平空气层湿流向上	0.13
		水平空气层湿流向下	0.73

表4-6 材料的蒸汽渗透系数λ_v，单位为 kg·m/(N·s)或 s

材 料	容重(kg/m³)	$\lambda_v \times 10^{12}$	材 料	容重(kg/m³)	$\lambda_v \times 10^{12}$
钢筋混凝土		0.83	花岗岩或大理石		0.21
陶粒混凝土	1800	2.50	胶合板		0.63
陶粒混凝土	600	7.29	木纤维板与刨花板	≥800	3.33
珍珠岩混凝土	1200	4.17	泡沫聚苯乙烯		1.25
珍珠岩混凝土	600	8.33	泡沫塑料		6.25
加气混凝土与泡沫混凝土	1000	3.13	用水泥砂浆的硅酸盐砖或普通黏土砖砌块		2.92
加气混凝土与泡沫混凝土	400	6.25	珍珠岩水泥板		0.21
水泥砂浆		2.50	石棉水泥板		0.83
石灰砂浆		3.33	石油沥青		0.21
石膏板		2.71	多层聚氯乙烯布		0.04

由于围护结构两侧空气温度不同，围护结构内部形成一定的温度分布。在稳定状态下，第 n 层材料层外表面的温度 t_n 为

$$t_n = t_{a,in} - K(t_{a,in} - t_{a,out})\left(\frac{1}{\alpha_{in}} + \sum_{i=1}^{n}\frac{\delta_i}{\lambda_i}\right)$$

同样，由于围护结构两侧空气的水蒸气分压力不同，在围护结构内部也会形成一定水蒸气分压力分布。在稳定状态下，第 n 层材料层外表面的水蒸气分压力 P_n 为：

$$P_n = P_{in} - K_v(P_{in} - P_{out})\left(\frac{1}{\beta_{in}} + \sum_{i=1}^{n}\frac{\delta_i}{\lambda_{vi}}\right)$$

如果围护结构内任一断面上的水蒸气分压力大于该断面温度所对应的饱和水蒸气分压力，在此断面就会有水蒸气凝结，如图 4-17 所示。

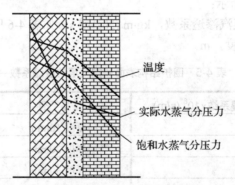

图 4-17 围护结构内水蒸气分压力大于饱和水蒸气分压力，就会出现凝结

如果该断面温度低于零度，还将出现冻结现象。所有这些现象将导致围护结构的传热系数增大，加大围护结构的传热量，并加速围护结构的损坏。为此，对于围护结构的湿状态也应有所要求。必要时，在围护结构内应设置蒸汽隔层或其他结构措施，以避免围护结构内部出现水蒸气凝结或冻结现象。

4.3　以其他形式进入室内的热量和湿量

其他形式进入室内的热量和湿量包括室内的产热产湿(即内扰)和因空气渗透带来的热量湿量两部分。

4.3.1　室内产热产湿量

室内的热湿源一般包括人体、设备和照明设施。人体一方面会通过皮肤和服装向环境散发显热量，另一方面通过呼吸、出汗向环境散发湿量。照明设施向环境散发的是显热；工业建筑设备(例如电动机、加热水槽等)的散热和散湿取决于工艺过程的需要；一般民用建筑的散热散湿设备包括家用电器、厨房设施、食品、游泳池、体育和娱乐设施等。

1. 设备与照明的散热

室内设备可分为电动设备和加热设备。加热设备只要把热量散入室内，就会全部成为室内得热。而电动设备所消耗的能量中有部分转化为热能散入室内成为得热，还有部分成为机械能。这部分机械能可能在该室内被消耗掉，最终都会转化为该空间的得热。但如果这部分机械能没有消耗在该室内，而是输送到室外或者其他空间，就不会成为该室内的得热。

另外工艺设备的额定功率只反映装机容量，实际的最大运行功率往往小于装机容量，而且实际上也往往不是在最大功率下运行。在考虑工艺设备发热量时一定要考虑到这些因素的影响。工艺设备和照明设施有可能不同时使用，因此在考虑总得热量时，需要考虑不同时使用的影响。因此，无论是在考虑设备还是考虑照明散热的时候，都要根据实际情况考虑实际进入所研究空间中的能量，而不是铭牌上所标注的功率。

2. 人体的散热和散湿

人体的散热和散湿量与人体的代谢率有关，在第四章中有详细的介绍，在此不再赘述。

3. 室内湿源

(1) 如果室内有一个热的湿表面，水分被热源加热而蒸发，则该设施与室内空气既有显热交换又有潜热交换。显热交换量取决于水表面与室内空气的传热温差和传热面积，散湿量则可用下式求得

$$W = 1000\beta(P_b - P_a)F\frac{B_0}{B} \quad (\text{g/s})$$

其中：P_b —— 水表面温度下的饱和空气的水蒸气分压力，Pa；

　　　P_a —— 空气中的水蒸气分压力，Pa；

　　　F —— 水表面蒸发面积，m^2；

　　　B_0 —— 标准大气压力，101325 Pa；

　　　B —— 当地实际大气压力，Pa；

　　　β —— 蒸发系数，kg/(N·s)，$\beta = \beta_0 + 3.63 \times 10^{-8}v$。$\beta_0$ 是不同水温下的扩散系数，kg/(N·s)；

　　　v —— 水面上的空气流速，m/s。

(2) 如果室内的湿表面水分是通过吸收空气中的显热量蒸发的，而没有其他加热热源，也就是说蒸发过程是一个绝热过程，则室内的总得热量并没有增加，只是部分显热负荷转化为潜热负荷而已。

(3) 如果室内有一个蒸汽散发源，则加入蒸汽所含的热量就是其潜热散热量。

4. 室内散热显热得热 HG_H 和总散湿量 W_{total}

综上所述，室内散热得热 HG_H 是室内设备的显热散热、照明设备的显热散热和人体显热散热之和。但是，室内热源散发的显热应该包括对流和辐射两种形式。其中辐射散热量也应该包括两部分：一是以可见光与近红外线为主的短波辐射，散发量与接收辐射的表面温度无关，只与热源的发射能力有关，如照明设备发的光；二是热源表面散发的长波辐射，如一般热表面散发的远红外辐射，散发量与接受辐射的表面温度有关。

所以，如果室内有 N 个热源，又有 m 个能够接受到热源辐射的室内表面，则这些热源的总显热得热 $HG_{H,S}$ 可用下式表示：

$$HG_{H,S} = \sum_{i}^{N} HG_{H,S,i} = \sum HG_{H,conv,i} + \sum HG_{H,rad,i}$$
$$= \sum HG_{H,conv,i} + \sum HG_{H,sh,i} + \sum HG_{H,lw,i}$$
$$= \sum \alpha_i (t_{H,i} - t_{a,in}) + \sum HG_{H,sh,i} + \sum_{j}^{m} \sigma x_{H,j} \varepsilon_{H,i} (t_H^4 - t_{sf,j}^4)$$

对长波辐射项进行线性化，则有：

$$HG_{H,S} = \sum \alpha_i (t_{H,i} - t_{a,in}) + \sum HG_{H,sh,i} + \sum_{i}^{N} \sum_{j}^{m} \alpha_{r,H,ij} (t_{H,i} - t_{sf,j})$$

实际上，按照通过非透光围护结构得热的定义，热源 $HG_{H,lw}$ 针对的内表面温度应该是未受室内辐射影响的内表面温度 t_1，而不是实际表面温度 t_{sf}。但在这里为简单起见，采用了实际表面温度来确定长波辐射得热。

室内产湿量 W_H 除围护结构传入室内的水蒸气量以外，还应包括人体散湿量、室内设备散湿量和各种湿表面的散湿量，W_H 是所有这些散湿量之和。

$$W_H = \sum W_{H,i}$$

在室内总冷负荷计算时往往需要知道室内散湿源以热单位 W 来度量的总得热量，因此需要把室内散湿源的散湿量 W_H 折算为室内热湿源的潜热得热。0℃水蒸气的汽化潜热是 2500 kJ/kg，水蒸气的定压比热是 1.84 kJ/(kg·℃)，即质量为 1g 的温度等于室温的水蒸气带入到室内空气中的潜热量为：

$$HG_{H,L} = (2500 + 1.84 t_{a,in}) W_H$$

其中：$HG_{H,S}$——室内热源的显热得热，W；

$HG_{H,L}$——室内热源的潜热得热，W；

$HG_{H,conv,i}$——室内热源 i 的对流得热，W；

$HG_{H,rad,i}$——室内热源 i 的辐射得热，W；

$HG_{H,shw,i}$——室内热源 i 的短波辐射得热，W；

$HG_{H,lw,i}$——室内热源 i 的长波辐射得热，W；

$HG_{H,rad,i}$——室内热源 i 的辐射得热，W；

$t_{H,i}$——室内热源 i 的表面温度，℃；

04

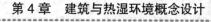

$t_{\mathrm{sf},\,j}$——室内表面 j 的温度，℃；

$t_{\mathrm{a,\,in}}$——室内空气温度，℃；

W_{H}—— 室内产湿量，g/s。

4.3.2　空气渗透带来的得热 HG$_{\mathrm{infil}}$

由于建筑存在各种门、窗和其他类型的开口，室外空气有可能进入房间，从而给房间空气直接带入热量和湿量，并即刻影响到室内空气的温湿度。因此需要考虑空气渗透给室内带来的得热量。

空气渗透是指由于室内外存在压力差，从而导致室外空气通过门窗缝隙和外围护结构上的其他小孔或洞口进入室内的现象，也就是所谓的非人为组织(无组织)的通风。在一般情况下，空气的渗入和空气的渗出总是同时出现的。由于渗出的是室内状态的空气，渗入的是外界的空气，所以渗入的空气量和空气状态决定了室内的得热量，因此在冷热负荷计算中只考虑空气的渗入。

对于形状比较简单的孔口出流，流速较高，流动多处于阻力平方区，流速与内外压力差存在如下关系：

$$v \propto \Delta P^{1/2}$$

对于渗流来说，流速缓慢，流道断面细小而复杂。此时可认为流动处于层流区，流速与内外压力差的关系为

$$v \propto \Delta P$$

而对于门窗缝隙的空气渗透来说，多介于孔口出流和渗流之间。但门窗种类繁多，一般取：

$$v \propto \Delta P^{1/1.5}$$

所以通过门窗缝隙的空气渗透量其计算式可写为

$$L_a = vF_{\mathrm{crack}} = al\Delta P^{1/1.5} = F_d\Delta P^{1/1.5}$$

其中：L_a——通过门窗缝隙的空气渗透量，m³/h；

　　　F_{crack}—— 门窗缝隙面积，m²；

　　　F_d—— 当量孔口面积，m³/(h·Pa$^{1/1.5}$)，$F_d = al$；

　　　l—— 门窗缝隙长度，m；

　　　a—— 实验系数，取决于门窗的气密性。

室内外压力差ΔP是决定空气渗透量的因素，一般为风压和热压所致。夏季时由于室内外温差比较小，风压是造成空气渗透的主要动力。如果空调系统送风造成了足够的室内正压，就只有室内向室外渗出的空气，基本没有影响室内热湿状况的从室外向室内渗入的空气，因此可以不考虑空气渗透的作用。如果室内没有正压送风，就需要考虑风压对空气渗透的作用。如果冬季室内有采暖，则室内外存在比较大的温差，热压形成的烟囱效应会强化空气渗透，即由于空气密度差存在，室外冷空气会从建筑下部的开口进入，室内空气从建筑上部的开口流出。因此在冬季采暖期，热压可能会比风压对空气渗透起更大的作用。在高层建筑中这种热压作用会更加明显，底层房间的热负荷明显要高于上部房间的热负荷，因此要同时考虑风压和热压的作用。

由于准确求解建筑的空气渗透量是一项非常复杂和困难的工作。因此，为了满足实际工作需要，目前在计算风压作用造成的空气渗透时，常用的方法是基于实验和经验基础上的估算方法，即缝隙法和换气次数法。

1. 缝隙法

缝隙法是根据不同种类窗缝隙的特点，给出其在不同室外平均风速条件下单位窗缝隙长度的空气渗透量。这是考虑了不同朝向门窗的平均值。因此在不同地区的不同主导风向的情况下，给不同朝向的门窗以不同的修正值。通过下式可以求得房间的空气渗透量 L_a (m^3/h)：

$$L_a = k\, l_a\, l$$

其中：l_a——单位长度门窗缝隙的渗透量，$m^3/h \cdot m$，如表 4-7 所示。

l—— 门窗缝隙总长度，m；

k—— 主导风向不同情况下的修正系数，考虑到风向、风速和频率等因素对空气渗透量的影响，如表 4-8 所示。

表 4-7　单位长度门窗缝隙的渗透量

门窗种类	室外平均风速(m/s)					
	1	2	3	4	5	6
单层木窗	1.0	2.5	3.5	5.0	6.5	8.0
单层钢窗	0.8	1.8	2.8	4.0	5.0	6.0
双层木窗	0.6	1.3	2.0	2.8	3.5	4.2
双层钢窗	0.6	1.3	2.0	2.8	3.5	4.2
门	2.0	5.0	7.0	10.0	13.0	16.0

表 4-8　部分城市冬季主导风向不同情况下的修正系数

城　市	朝　向							
	北	东北	东	东南	南	西南	西	西北
齐齐哈尔	0.9	0.4	0.1	0.15	0.35	0.4	0.7	1.0
哈尔滨	0.25	0.15	0.15	0.45	0.6	1.0	0.8	0.55
沈阳	1.0	0.9	0.45	0.6	0.75	0.65	0.5	0.8
呼和浩特	0.9	0.45	0.35	0.1	0.2	0.3	0.7	1.0
兰州	0.75	1.0	0.95	0.5	0.25	0.25	0.35	0.45
银川	1.0	0.8	0.45	0.35	0.3	0.25	0.3	0.65
西安	0.85	1.0	0.7	0.35	0.65	0.75	0.5	0.3
北京	1.0	0.45	0.2	0.1	0.2	0.15	0.25	0.85

2. 换气次数法

当缺少足够的门窗缝隙数据时，对于有门窗的围护结构数目不同的房间给出一定室外平均风速范围内的平均换气次数。通过换气次数，即可求得空气渗透量：

$$L_a = nV$$

其中：n——换气次数，次/h，

V—— 房间容积，m^3。

我国目前采用的不同类型房间的换气次数如表 4-9 所示，其适用条件是冬季室外平均风速小于或等于 3 m/s。

表 4-9　换气次数

房间具有门窗的外围护结构的面数	一面	二面	三面
换气次数 n	0.25~0.5	0.5~1	1~1.5

美国采用的换气次数估算方法综合考虑了室外风速和室内外温差的影响，即：

$$n = a + bv + c(t_{out} - t_{in})$$

其中：v——室外平均风速，m/s；

a、b、c—— 系数，如表 4-10 所示。

表 4-10　求解换气次数的系数

建筑气密性	a	b	C
气密性好	0.15	0.01	0.007
一般	0.2	0.015	0.014
气密性差	0.25	0.02	0.022

对于多层和高层建筑，在热压作用下室外冷空气从下部门窗进入，被室内热源加热后由内门窗缝隙渗入走廊或楼梯间，在走廊和楼梯间形成了上升气流，最后从上部房间的门窗渗出室外。这种情况下的冷风渗透量可参照第六章介绍的热压造成的自然通风换气量求解方法来确定。

因此，当根据上述方法求得渗入室内的空气量 L_a 以后，可按下式计算由于空气渗透带来的总得热 HG_{infil}：

$$HG_{infil} = \rho_a L_a (h_{out} - h_{in})$$

式中：h_{out} 和 h_{in} 分别为室外和室内的空气比焓，ρ_a 是空气的密度。由室内渗透空气带入的显热得热和湿量分别可以通过室内外的空气温差和含湿量差求得。

4.4　冷负荷与热负荷

在考虑控制室内热环境时，需要涉及冷负荷和热负荷的概念。

4.4.1　负荷的定义

冷负荷的定义是维持室内空气热湿参数为某恒定值时，在单位时间内需要从室内除去的热量，包括显热量和潜热量两部分。如果把潜热量表示为单位时间内排除的水分，则可称作湿负荷。因此，冷负荷包括显热负荷和潜热负荷两部分，或者称作显热负荷与湿负荷两部分。

热负荷的定义是维持室内空气热湿参数为某恒定值时，在单位时间内需要向室内加入的热量，同样包括显热负荷和潜热负荷两部分。如果只考虑控制室内温度，则热负荷就只包括显热负荷。

根据冷、热负荷是需要去除或补充的热量这个定义，冷负荷量的大小与去除热量的方式有关，同样热负荷量的大小也与补充热量的方式有关。例如，常规的空调是采用送风方式来去除空气中的热量并维持一定的室内空气温、湿度，因此需要去除的是进入空气中的得热量。至于贮存在墙内表面或家具中的热量只要不进入空气中，就不必考虑。但是，如果采用辐射板空调，由于去除热量的方式包括辐射和对流两部分，所维持的不仅是空气的参数，还要影响到墙内表面和家具中蓄存的热量，因此，辐射板空调供给的冷量，除了去除进入空气中的热量外，还要包括以冷辐射的形式去除的各热表面的热量。同时冷辐射板会使室内表面温度降低，因此传入空气中的显热量会减少，导致辐射板空调需要从空气中排除的热量也会有一定量的减少。也就是说，辐射板空调的冷负荷包括需要去除的进入空气中的热量和一定量的进入热表面上的热量。因此，在维持相同的室内空气参数的条件下，辐射板空调方式的冷/热负荷与常规的送风空调方式是不同的。

4.4.2　负荷与得热的关系

前面已经介绍了通过各种途径进入室内的热量，即得热。而得热热量又可分为显热得热和潜热得热。潜热得热一般会直接进入室内空气中，形成瞬时冷负荷，即为了维持一定的室内热湿环境而需要瞬时去除的热量。当然，如果考虑到围护结构内装修和家具的吸湿和蓄湿作用，潜热得热也会存在延迟现象。渗透空气的得热中也包括显热得热和潜热得热两部分，它们也都会直接进入室内空气中，成为瞬时冷负荷。至于其他形式的显热得热的情况更为复杂，其中对流部分会直接传给室内空气，成为瞬时冷负荷；而辐射部分进入室内后并不直接进入空气中，而会通过长波辐射的方式传递到各围护结构内表面和家具的表面，提高这些表面的温度后，再通过对流换热方式逐步释放到空气中，形成冷负荷。

因此在大多数情况下，冷负荷与得热量有关，但并不等于得热。如果采用送风空调，则负荷就是得热中的纯对流部分。如果热源只有对流散热，各围护结构内表面和各室内设施表面的温差很小，则冷负荷基本就等于得热量，否则冷负荷与得热是不同的。如果有显著的辐射得热存在，由于各围护结构内表面和家具的蓄热作用，冷负荷与得热量之间就存在着相位差和幅度差，即时间上有延迟，幅度也有衰减。因此，冷负荷与得热量之间的关系取决于房间的构造、围护结构的热工特性和热源的特性。当然，热负荷同样也存在这种特性。得热量与冷负荷之间的关系示意图，如图 4-18 所示。

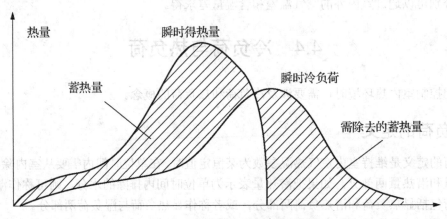

图 4-18　得热量与冷负荷之间的关系

对于空调设计来说，首先需要确定室内冷、热负荷的大小，因此需要掌握各种得热的对流和辐射的比例。但是对流散热量与辐射散热量的比例又与热源的温度和室内空气温度有关，各表面之间的长波辐射量与各内表面的角系数有关，因此准确计算其分配比例是非常复杂的工作。一般情况下各种瞬时得热中的不同成分如表 4-11 所示。

表 4-11　各种瞬时得热中的不同成分

得热类型	辐射热(%)	对流热(%)	潜热(%)
太阳辐射(无内遮阳)	100	0	0
太阳辐射(有内遮阳)	58	42	0
传导热	60	40	0
荧光灯	50	50	0
白炽灯	80	20	0
传导热	60	40	0
人体	40	20	40
机械或设备	20~80	80~20	0

　　照明和机械设备的对流和辐射的比例分配与其表面温度有关，人体的显热和潜热比例分配也与人体所处的状况有关。照明得热和实际冷负荷之间的关系如图 4-19 所示。

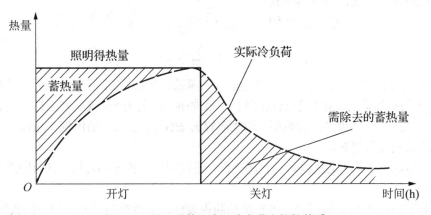

图 4-19　照明得热和实际冷负荷之间的关系

4.4.3　负荷的数学表达

　　这里仅举室内冷负荷为例来说明房间空气的热平衡。如果室内负荷为热负荷，则热流的方向相反，但原理都是一样的。房间空气从各室内表面、热源和渗透空气获得对流热，室内各表面间、内表面和热源之间存在着长波辐射和短波辐射换热。空调设备可以采用送风方式也可以采用辐射方式去除室内的热量，也可以二者兼而有之。空调辐射设备可以是冷辐射板、热辐射地板或者是辐射加热器。辐射加热器的辐射能量可能含有短波辐射(可见光与近红外线)。

　　假定室内各表面温度一致，又没有任何辐射热量落在围护结构内表面上并被围护结构内表面蓄存，则传入室内的热量就等于内表面对流换热的热量，内表面温度完全由第三类边界条件决定。但在实际应用中，绝大多数条件下，内表面之间均存在辐射热交换，因此内表面温度受其他各辐射表面的条件和辐射源的影响，所以，室内的热过程是导热、对流、辐射和蓄热综合作用的结果。综上所述，如果各时刻各围护结构内表面和室内空气温度已知，就可以求出通过围护结构的传热量，得出房间冷负荷。但是，各围护结构内表面温度和室内空气温度之间存在着显著的耦合关系，因此，求解房间冷负荷，需要联立求解围护结构内表面热平衡方程和房间的空气热平衡方程所组成的方程组。

1. 常规送风空调系统的负荷

非透光围护结构内表面的热平衡关系式可表述为:

$$-\lambda(x)\frac{\partial t}{\partial x}\Big|_{x=\delta} + Q_{shw} = \alpha_{in}[t(\delta,\tau) - t_{a,in}(\tau)] + \sum_{j=1}^{m}\alpha_{r,j}[t(\delta,\tau) - t_j(\tau)]$$

如果被考察的围护结构内表面的序号是 i,上式用文字来表述就是:

传到 i 表面的通过围护结构的导热量+(i 表面获得的太阳辐射得热+i 表面获得的热源短波辐射得热)=i 表面的对流换热+(i 表面向其他表面的长波辐射-i 表面获得的热源的长波辐射得热)。

其中 i 表面获得的短波辐射得热包括各室内热源辐射得热落在 i 表面上的分量之和,以及通过透光围护结构的透过太阳辐射落到 i 表面的部分;i 表面向其他室内表面的长波辐射包括向室内其他围护结构内表面、家具表面和低温热源表面的长波辐射。假定室内有 N 个内表面(包括围护结构内表面和家具、器具表面等),其中 n 个非透光围护结构内表面,m 个透光围护结构内表面,所有表面温度均用 $t_{sf,i}$ 表示;用 $Q_{wall,cond}$ 代替 $-\lambda(x)\frac{\partial t_i}{\partial x}\Big|_{x=\delta}$;

把长波辐射项线性化,则可得下式:

$$Q_{wall,cond,i} + HG^*_{wind,sol,trn,i} + HG_{H,shw,i}$$
$$= \alpha_{in}(t_{sf,i} - t_{a,in}) + \sum_{j=1}^{n}\alpha_{r,sf,ij}(t_{sf,i} - t_{sf,j}) - HG_{H,lw,i}$$

其中 $HG_{H,sh,i}$ 和 $HG^*_{wind,sol,trn,i}$ 分别是室内热源散热辐射得热(可见光与近红外线,即短波部分)和透过透光围护结构的太阳辐射直接落到 i 表面的部分。符号*在这里表示是落到 i 表面上的太阳辐射,以示与透过透光围护结构表面 i 的太阳辐射 $HG_{wind,sol,trn,i}$ 的区别。$HG_{H,lw,i}$ 是落到 i 表面上的热源的长波辐射得热。

如果所考察的内表面 i 是室内家具设施表面,通过围护结构导热传到 i 表面的热量 $Q_{wall,cond,i}$ 这一项就为 0。

如果所考察的内表面 i 是透光外围护结构的内表面,并忽略透过其他窗户的太阳辐射和热源短波辐射落到该表面的份额(这部分既有透过也有吸收,情况太复杂,暂不考虑),则表面热平衡为:

通过玻璃热传导传到 i 表面的得热量+i 表面吸收的通过玻璃本身的太阳辐射=i 表面的对流换热+i 表面向其他表面的长波辐射-i 表面获得的热源的长波辐射得热

这样,上式就变为:

$$HG_{wind,cond,i} + HG_{wind,sol,abs,i} = \alpha_{in}(t_{sf,i} - t_{a,in}) + \sum_{j=1}^{n}\alpha_{r,sf,ij}(t_{sf,i} - t_{sf,j}) - HG_{H,lw,i}$$

另外考虑透过玻璃进入到室内的太阳辐射有部分被玻璃吸收,另有部分直接透射进入室内,有

$$HG_{wind,i} = HG_{wind,cond,i} + HG_{wind,sol,i} = HG_{wind,cond,i} + HG_{wind,sol,abs,i} + HG_{wind,sol,trn,i}$$

故又可表为

$$HG_{wind,i} - HG_{wind,sol,trn,i} = \alpha_{in}(t_{sf,i} - t_{a,in}) + \sum_{j=1}^{n}\alpha_{r,sf,ij}(t_{sf,i} - t_{sf,j}) - HG_{H,lw,i}$$

然后,让我们分析房间空气的热平衡。假定室内空气温度维持恒定,其热平衡关系可表述为:
空调系统的对流除热量=室内热源对流得热+∑内表面 i 的对流换热+渗透显热得热=(室内热

源总得热−热源向室内表面的长波辐射−热源向室内表面的短波辐射)+∑内表面 I 的对流换热+渗透显热得热

　　而热源向室内表面的长波与短波辐射，均包括分别向围护结构内表面、家具设施等表面的长波和短波辐射。如果将上面的文字公式采用数学表达式来表述，并对长波辐射项进行线性化，则得到空调系统的对流除热量即显热冷负荷的表达式为

$$HE_{conv} = HG_{H,conv} + \sum_{i=1}^{n} \alpha_{in}(t_{sf,i} - t_{a,in}) + HG_{inf\,il}$$

$$= (HG_H - HG_{H,lw} - HG_{H,shw}) + \sum_{i=1}^{n} \alpha_{in}(t_{sf,i} - t_{a,in}) + HG_{inf\,il}$$

$$\sum_{i}^{n} Q_{wall,cond,i} = \sum_{i}^{n} (HG_{wall,i} - \Delta Q_{wall,i}) = HG_{wall}^{t} - \Delta Q_{wall}^{t}$$

　　上式中的上标 t 代表总和。同样，通过各透光围护结构的得热减去透过的太阳辐射部分可表为

$$\sum_{i}^{m} (HG_{wind,i} - HG_{wind,sol,trn,i}) = HG_{wind}^{t} - HG_{wind,sol,trn}^{t}$$

　　各内壁面间的相互长波辐射之总和为零，亦即：

$$\sum_{i=1}^{N} \sum_{j=1}^{N} \alpha_{r,sf,ij}(t_{sf,i} - t_{sf,j}) = 0$$

　　落到各室内表面上的太阳辐射热的总和就等于透过各透光围护结构进入室内的太阳辐射热量总和，即：

$$\sum_{i=1}^{N-m} HG_{wind,sol,trn,i}^{*} = HG_{wind,sol,trn}^{*t} = HG_{wind,sol,trn}^{t}$$

　　就 n 个非透光围护结构内表面和 m 个透光围护结构内表面求和，然后将以上二式合并，用 $HG_{H,shw}$ 代表 $\sum_{i=1}^{N} HG_{H,shw,i}$，用 $HG_{H,lw}$ 代表 $\sum_{i=1}^{N} HG_{H,lw,i}$，即：

$$HG_{wall}^{t} - \Delta Q_{wall}^{t} + HG_{wind}^{t} + HG_{H,shw} = \sum_{i}^{N} \alpha_{in}(t_{sf,i} - t_{a,in}) - HG_{H,lw}$$

　　合并并进行整理，可得出常规送风空调系统的显热冷负荷表达式：

$$Q_{cl,s} = HE_{conv} = HG_H + HG_{wall}^{t} + HG_{wind}^{t} + HG_{inf\,il} - \Delta Q_{wall}^{t}$$

　　这样，空调系统的总冷负荷就可表为

$$Q_{cl} = Q_{cl,s} + Q_{cl,L}$$

$$= HG_H + HG_{wall}^{t} + HG_{wind}^{t} + HG_{inf\,il} - \Delta Q_{wall}^{t} + HG_{H,L} + HG_{inf\,il,L}$$

$$= \sum HG_S + \sum HG_L$$

　　以上各式中：

Q_{cl}——空调系统的冷负荷，W；

$Q_{cl,S}$——空调系统的显热冷负荷，W；

$Q_{cl,L}$——空调系统的潜热冷负荷，W；

$HG_{wind,sor,shw,i}$——落在内表面 i 上的通过玻璃窗的日射，W；

$HG_{wind,sol,abs}$——通过透光外围护结构的太阳辐射被吸收成为对流得热部分，W/m²；

$HG_{wind,sol,trn,i}$——透过第 i 个透光外围护结构的太阳辐射得热，短波辐射部分，W/m²；

$HG*_{\text{wind, sol, trn,}\,i}$——透过透光围护结构的太阳辐射得热落到第 i 个室内表面的部分，W/m^2；

HE——除热量，W；

HE_{conv}——对流除热量，W；

HE_{rad}——辐射除热量，W；

HG_{S}——显热得热，W；

HG_{L}——潜热得热，W。

上标：

t—— 总和。

2. 有冷辐射板的空调系统的负荷

考虑有冷辐射板存在，假定室内有 N 个内表面(包括围护结构内表面和家具、器具表面等)，其中 n 个非透光围护结构内表面，m 个透光围护结构内表面，被考察的围护结构内表面的序号是 i，那么 i 表面的长波辐射项含有对空调辐射板的长波辐射，则可得到以下文字表述。

传到 i 表面的通过围护结构的导热量+(i 表面获得的太阳辐射得热+i 表面获得的热源短波辐射得热)=i 表面的对流换热+(i 表面向其他表面的长波辐射+i 表面向空调辐射板的长波辐射-i 表面获得的热源的长波辐射得热)

其数学表述式为

$$Q_{\text{wall,cond,}i} + HG^{*}_{\text{wind,sol,trn,}i} + HG_{\text{H,shw,}i}$$

$$= \alpha_{\text{in}}(t_{\text{sf,}i} - t_{\text{a,in}}) + \sum_{j=1}^{n} \alpha_{\text{r,sf,}ij}(t_{\text{sf,}i} - t_{\text{sf,}j}) + \alpha_{\text{r,Psf,}i}(t_{\text{sf,}i} - t_{\text{p}}) - HG_{\text{H,lw,}i}$$

对于透光外围护结构的内表面，表面热平衡的文字表述为：

通过玻璃热传导传到 i 表面的得热量+i 表面吸收的通过玻璃本身的太阳辐射=i 表面的对流换热+i 表面向其他表面的长波辐射+i 表面向空调辐射板的长波辐射-i 表面获得的热源的长波辐射得热

考虑了 i 表面向空调辐射板的长波辐射后，前面的式子可变为

$$HG_{\text{wind,}i} - HG_{\text{wind,sol,trn,}i}$$

$$= \alpha_{\text{in}}(t_{\text{sf,}i} - t_{\text{a,in}}) + \sum_{j=1}^{n} \alpha_{\text{r,sf,}ij}(t_{\text{sf,}i} - t_{\text{sf,}j}) + \alpha_{\text{r,Psf,}i}(t_{\text{sf,}i} - t_{\text{P}}) - HG_{\text{H,lw,}i}$$

透过玻璃窗的太阳辐射得热不仅有部分落在室内表面上，而且有部分落在辐射板上，因此，透过各透光围护结构进入房间的总太阳辐射得热等于落到各室内表面上的太阳辐射热与落在辐射板上的太阳辐射热的总和：

$$HG^{t}_{\text{wind,sol,trn}} = \sum_{i=1}^{N-m} HG^{*}_{\text{wind,sol,trn,}i} + HG_{\text{wind,sol,trn,P}} = HG^{*t}_{\text{wind,sol,trn}} + HG_{\text{wind,sol,trn,P}}$$

热源向室内表面的长波与短波辐射，除向围护结构内表面、家具设施等表面的长波辐射外，还包括对空调辐射板的长波和短波辐射。所以，对于室内热源的辐射得热有

$$\sum_{i=1}^{N} HG_{\text{H,shw,}i} = HG_{\text{H,shw}} - HG_{\text{H,shw,P}}$$

以及

$$\sum_{i=1}^{N} HG_{\text{H,lw,}i} = HG_{\text{H,lw}} - \alpha_{\text{r,HP}}(t_{\text{H}} - t_{\text{P}})$$

对以上两式的两侧就 n 个非透光围护结构内表面和 m 个透光围护结构内表面求和，然后将二式合并，即：

$$HG'_{\text{wall}} - \Delta Q'_{\text{wall}} + HG'_{\text{wind}} - HG_{\text{wind,sol,trn,P}} + HG_{\text{H,shw}} - HG_{\text{H,shw,P}}$$

$$= \sum_{i}^{N} \alpha_{\text{in}}(t_{\text{sf},i} - t_{\text{a,in}}) + \sum_{i}^{N} \alpha_{\text{r,Psf},i}(t_{\text{sf},i} - t_{\text{P}}) - HG_{\text{H,lw}} + \alpha_{\text{r,HP}}(t_{\text{H}} - t_{\text{P}})$$

可得出空调系统的对流除热量：

$$HE_{\text{conv}} = HG_{\text{H}} - \alpha_{\text{r,HP}}(t_{\text{H}} - t_{\text{P}}) - HG_{\text{H,shw,P}} + HG'_{\text{wall}} - \Delta Q'_{\text{wall}} + HG'_{\text{wind}}$$

$$- HG_{\text{wind,sol,trn,P}} - \sum_{i}^{n} \alpha_{\text{r,Psf},i}(t_{\text{sf},i} - t_{\text{P}}) + HG_{\text{inf } il}$$

空调辐射板排除的辐射热或称辐射除热量相当于各表面向空调辐射板的辐射热，包括室内表面和热源表面对辐射板的长波辐射、热源对辐射板的短波辐射，以及透过玻璃窗的太阳辐射热落在辐射板上的部分，即：

$$HE_{\text{rad}} = HG_{\text{H,shw,P}} + HG'_{\text{wind,sol,trn,P}} + \alpha_{\text{r,HP}}(t_{\text{H}} - t_{\text{P}}) + \sum_{i=1}^{n} \alpha_{\text{r,Psf},i}(t_{\text{sf},i} - t_{\text{P}})$$

有辐射板的空调系统冷负荷应该包括对流除热量和辐射除热量两部分，因此，把以上二式合并并进行整理，可得出适用于各种形式空调系统的通用显热冷负荷表达式：

$$Q_{\text{cl,s}} = HE_{\text{conv}} + HE_{\text{rad}} = HG_{\text{H}} + HG'_{\text{wall}} + HG'_{\text{wind}} + HG_{\text{inf } il} - \Delta Q'_{\text{wall}}$$

对于常规送风空调系统，上式的辐射除热量项为 0 外，后面各项并没有什么变化。无论是常规送风空调系统的显热冷负荷表达式，还是适用于辐射板空调系统的显热冷负荷表达式，其右侧均为四项房间得热之和加上内表面辐射导致的传热量差值 $\Delta Q'_{\text{wall}}$。可以说，$\Delta Q'_{\text{wall}}$ 也是空调系显热冷负荷与房间得热量之间的差值，即由于实际情况与得热定义中的"室内表面温度与空气温度相同"的假定不一致，从而导致额外的辐射换热存在而造成的偏差。

显热冷负荷与房间得热量之间的差别 $\Delta Q'_{\text{wall}}$ 的定量求解方法如下所示：

$$\Delta Q'_{\text{wall}} = \sum_{i}^{n+m} \lambda(x) \frac{\partial \Delta t_{2,i}}{\partial x}\Big|_{x=\delta}$$

$$= HG_{\text{H,shw}} - HG_{\text{H,shw,P}} + HG'_{\text{wind,sol,trn}} - HG'_{\text{wind,sol,trn,P}}$$

$$- \sum_{i}^{n} \{\alpha_{\text{in}} \Delta t_{\text{sf}2,i} + \sum_{j=1}^{N} \alpha_{\text{r},j}[\Delta t_{2,i}|_{x=\delta} - (t_{\text{sf},j} - t_{\text{a,in}})]\}$$

$$= HG'_{\text{H,shw}} + HG^{*t}_{\text{wind,sol,trn}} - \sum_{i}^{n} \{\alpha_{\text{in}} \Delta t_{2,i} + \sum_{j=1}^{N} \alpha_{\text{r},j}[\Delta t_{2,i}|_{x=\delta} - (t_{\text{sf},j} - t_{\text{a,in}})]\}$$

对于常规的送风空调系统，没有辐射板的影响，因此落到各室内表面上的太阳辐射热的总和就等于透过各透光围护结构进入室内的太阳辐射热量总和，即有：$HG^{*t}_{\text{wind,sol,trn}} = HG'_{\text{wind,sol,trn}}$。

由上式可知，偏差 $\Delta Q'_{\text{wall}}$ 与室内存在的短波辐射、室内表面温度高于空气温度导致的长波辐射差值，以及室内辐射的存在导致壁面温度变化而改变的对流换热量有关。辐射板空调系统导致的室内表面温度与常规送风空调系统不同，其长波辐射项的数值也不同。也就是说，在与常规送风空调系统维持相同的室内空气温度的情况下，冷辐射板系统的冷负荷可能要高于常规送风空调系统的冷负荷，因为外围护结构表面温度会因此而降低，导致通过围护结构传入室内的热量增加。反之，热辐射板空调系统的热负荷也可能要高于维持相同室内空气温度的常规送风空调系统的热负荷。

3. 室内空气参数变化时空调系统的除热量

对于室内空气参数变化的空调系统来说,房间空气的热平衡关系可表述为:

空调系统对流除热量+空气的显热增值=室内热源对流得热+$\sum$内表面i的对流换热+渗透显热得热

室内参数变化的空调系统,其实际显热除热量等于显热冷负荷减去空气增温所需要消耗的热量,如下式所示:

$$HE = HG_{\mathrm{H}} + HG_{\mathrm{wall}}^{t} + HG_{\mathrm{window}}^{t} + HG_{\mathrm{inf}\,il} - \Delta Q_{\mathrm{wall}}^{t} - \Delta Q_{\mathrm{a}}$$
$$= Q_{\mathrm{cl,s}} - \Delta Q_{\mathrm{a}}$$

其中:ΔQ_{a}——空气的显热增值,W。

4.5 典型负荷计算方法原理介绍

前面几节介绍了负荷形成的原理和数学描述。由于建筑热湿环境分析是建筑环境与设备系统工程的重要工作基础,除涉及与供冷供热设备配置有关的冷热负荷计算以外,更重要的是关系到建筑热湿过程的分析、建筑能耗评价以及建筑系统能耗分析等,因此备受关注。从为了解决供暖系统设计所需的简单的热负荷计算,到适应空气调节工程所需的冷负荷计算;从只是为了满足工程设计需要的冷热负荷计算,到为了满足节能和可持续发展需要的建筑热湿过程模拟分析;可以说建筑热湿负荷问题的研究,是暖通空调技术发展的重要组成部分。

随着计算机应用的普及,计算速度的大幅度提高,使用计算机模拟软件进行辅助设计或对整个建筑物的全年能耗和负荷状况进行分析,已经成为暖通空调领域的研究与应用热点。目前,国内外常用的负荷求解方法,主要包括三类:稳态计算;动态计算;利用各种专用软件,采用计算机进行数值求解计算。

本节就这几类负荷计算方法作简要介绍。

4.5.1 稳态计算法

稳态计算法即不考虑建筑物以前时刻传热过程的影响,只采用室内外瞬时或平均温差与围护结构的传热系数、传热面积的积来求取负荷值,即 $Q = KF\Delta T$。室外温度根据需要可能参考空气温度,也可能参考室外空气综合温度。如果参考瞬时室外空气温度,由于不考虑建筑的蓄热性能,所求得的冷、热负荷往往偏大,而且围护结构的蓄热性能愈好误差就愈大,因而造成设备投资的浪费。

但稳态计算法方法非常简单直观,甚至可以直接手工计算或估算。因此,在计算蓄热性能小的轻型、简易围护结构的传热过程时,可以用逐时室内外温差乘以传热系数和传热面积进行近似计算。此外,如果室内外温差的平均值远远大于室内外温差的波动值时,采用平均温差的稳态计算法带来的误差也比较小,在工程设计中是可以接受的。例如在我国北方的冬季,室外温度的波动幅度远小于室内外的温差,如图 4-20 所示。

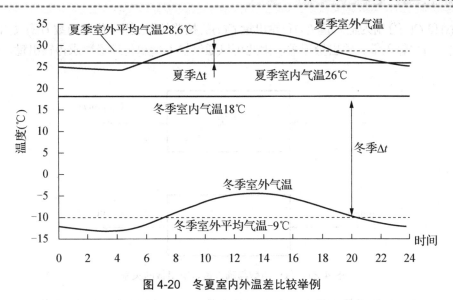

图 4-20　冬夏室内外温差比较举例

因此，目前在进行采暖负荷计算时，多采用稳态计算法，即：

$$Q_{hl} = K_w F_w (t_o - t_{in})$$

其中 t_o 参考冬季室外设计温度，对于空调系统为每年不保证 1 天、对于采暖系统为每年不保证 5 天的最低日平均温度；t_{in} 是冬季室内设计温度。

但计算夏季冷负荷是不能采用日平均温差的稳态算法，否则有可能导致完全错误的结果。这是因为尽管夏季日间瞬时室外温度可能要比室内温度高很多，但夜间却有可能低于室内温度，因此与冬季相比，室内外平均温差并不大，但波动的幅度却相对比较大。如果采用日平均温差的稳态算法，很可能导致冷负荷计算结果偏小。另一方面，如果采用逐时室内外温差，忽略围护结构的衰减延迟作用，则会导致冷负荷计算结果偏大。

4.5.2　动态计算法

动态负荷计算需要解决两个主要问题，其一是求解围护结构的不稳定传热，其二是求解得热与负荷的转换关系。而积分变换法就是解决这两个问题的数学手段。

积分变换的概念是把函数从一个域中移到另一个域中，在这个新的域中，原来较复杂的函数就会呈现出较简单的形式，因此可以求出解析解。其原理就是对常系数的线性偏微分方程进行积分变换，如傅立叶变换或拉普拉斯变换，使函数呈现较简单的形式，以求出解析解；然后，再对变换后的方程解进行逆变换，以获得最终解。

采用何种积分变换取决于方程与定解条件的特点。对于板壁围护结构不稳定传热问题的求解，可采用拉普拉斯变换。通过拉普拉斯变换，可以把偏微分方程变换为常微分方程，把常微分方程变换为代数方程，使求取解析解成为可能。

拉普拉斯变换求解获得的是一种传递矩阵或 s-传递函数的解的形式，即以外扰(如室外温度变化或围护结构外表面热流)或内扰(如室内热源散热量)作为输入 $I(\tau)$，输出量 $O(\tau)$ 为板壁表面热流量或室内温度的变化，因此，传递函数 $G(s)$ 为：

$$G(s) = \frac{\int_0^\infty O(\tau) e^{-s\tau} d\tau}{\int_0^\infty I(\tau) e^{-s\tau} d\tau} = \frac{O(s)}{I(s)}$$

其中 $I(s)$ 和 $O(s)$ 分别为输入量 $I(\tau)$ 和输出量 $O(\tau)$ 的拉普拉斯变换。传递函数 $G(s)$ 仅由系统本身的特性决定，而与输入量、输出量无关，因此可以通过输入量和传递函数求得输出量，如图 4-21 所示。

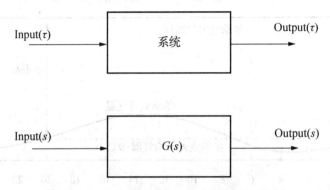

图 4-21　传递函数与输入量、输出量的关系

采用拉普拉斯变换法求解建筑负荷的前提条件是，其热传递过程应可以采用线性常系数微分方程描述，也就是说，系统必须为线性定常系统。而对于普通材料的围护结构的传热过程，在一般温度变化的范围内，材料的物性参数变化不大，可近似看作是常数。因此，采用传递函数求解是可行的。但对于采用材料的物性参数随温度或时间有显著变化的围护结构的传热过程，就不能采用拉普拉斯变换法求解。

由于系统的传递函数只取决于系统本身的特性，因此建筑的材料和形式一旦确定，就可求得其围护结构的传递函数。就其作为输入的边界条件来说，不论是室外气温变化还是壁面热流变化均难以用简单的函数来描述，所以难以直接用传递函数求得输出函数。但由于线性定常系统具有如下特性：可应用叠加原理对输入的扰量和输出的响应进行分解和叠加；当输入扰量作用的时间改变时，输出响应产生时间变化，所以输出响应的函数不会改变。

基于上述特征，可把输入量分解或离散为简单函数，再利用变换法求解。这样求出的单元输入响应必定呈简单函数形式。然后再把这些单元输入的响应进行叠加，得出实际输入量连续作用下的系统输出量，这样就可以采用手工计算求得建筑物的冷热负荷。因此，变换法求解围护结构的不稳定传热过程，需要经历三个步骤，即：边界条件的离散或分解；求解单元扰量的响应；单元扰量的响应进行叠加和叠加积分求和。

根据对输入边界条件的处理不同，变换法求解的方法也不同。目前对边界条件处理的主要方法有下述几种。

把边界条件进行傅立叶级数展开。例如把室外空气综合温度看成是在一段时期内以 T 为周期的不规则周期函数，利用傅立叶级数展开，将其分解为一组以 $\dfrac{2\pi}{T}$ 为基频的简谐波函数，例如：

$$t_z(\tau) = A_0 + \sum_{n=1}^{\infty} A_n \sin\left(\frac{2\pi n}{T}\tau + \varphi_n\right)$$

一般来说，截取级数的前几阶就能很好地逼近原曲线，其结果足以满足工程设计的精度要求，如图 4-22 所示。

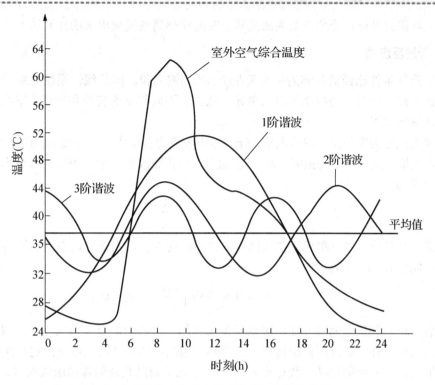

图 4-22　24 小时室外空气综合温度的傅立叶级数分解

对于一年的室外空气温度的变化，也可展开为傅立叶级数之和，但需要截取比较高的阶数才能较好地逼近原曲线。

把边界条件离散为等时间间隔的、按时间序列分布的单元扰量。对于一条给定的扰量曲线，可以用多种方法离散，例如离散为等腰三角波或矩形波，如图 4-23 所示。

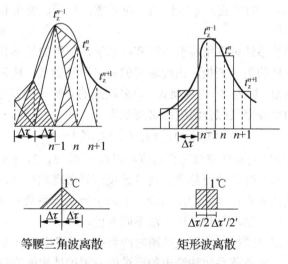

等腰三角波离散　　　矩形波离散

图 4-23　对边界条件的离散

由于这种离散方式不需要考虑扰量是否呈周期变化，因此适用于各种非规则的内外扰量。

对输入边界条件进行分解或离散后，就可以求解系统对单位单元扰量的响应。谐波反应法是基于傅立叶级数分解；冷负荷系数法是基于时间序列离散发展出来的计算法。

1. 谐波反应法

由于边界条件已经被分解为单元正弦(或余弦)波之和，因此线性系统对单元正弦波的频率响应也是正弦波，但对不同频率的输入单元正弦波有不同程度的衰减和延迟。下面以求解板壁围护结构得热进行说明。

当输入扰量为室外空气综合温度 $t_z(\tau)$，输出响应为板壁内表面温度 $t_{in}(\tau)$ 时，如果用 A_n 表示第 n 阶输入扰量单元正弦波的振幅，B_n 表示响应单元正弦波的振幅，板壁对该频率下扰量的衰减倍数 ν_n 可定义为：

$$\nu_n = \frac{A_n}{B_n}$$

如果板壁对该频率下单元正弦波扰量的延迟时间为 ψ_n，则板壁内表面温度对第 n 阶单元正弦波扰量的响应 $t_{in,\,n}(\tau)$ 可表示为

$$t_{in,n}(\tau) = \frac{A_n}{\nu_n} \sin\left(\frac{2\pi n}{T}\tau + \varphi_n - \psi_n\right)$$

把各阶单元外扰的响应叠加就可以求得围护结构内表面的温度响应。通过围护结构内表面的温度就可以算出外扰通过围护结构形成的得热。因此，该方法的关键是确定系统的衰减倍数 ν_n 和延迟时间 ψ_n，而系统的衰减倍数 ν_n 和延迟时间 ψ_n 均可通过系统的传递函数求得。

2. 冷负荷系数法

冷负荷系数法是房间反应系数法的一种形式。房间反应系数是一个百分数，它代表某时刻房间的某种得热量，在其作用后诸时刻逐渐变成房间负荷的百分率。因此房间反应系数也被称为冷负荷权系数。

反应系数法是将随时间连续变化的扰量曲线离散为按时间序列分布的单元扰量；再求解系统(板壁或房间)对单位单元扰量的响应，即所谓的反应系数；然后，就可利用求得的反应系数通过叠加积分计算出最终的结果。

如前文所述，对于连续系统可采用拉普拉斯变换求解，获得的是 s-传递函数。而对于离散系统来说，对应拉普拉斯变换的是 Z 变换，由此求得的是 Z 传递函数。所谓 Z 变换，就是将一个连续函数变换为脉冲序列函数，即为 Z^1 的多项式。该多项式的系数等于该连续函数在相应次幂的采样时刻上的函数值。例如室外空气综合温度的 Z 变换为：

$$t_z(Z) = t_{z,0} + t_{z,1}Z^{-1} + t_{z,2}Z^{-2} + \cdots$$

其中 $t_{z,\,0}$、$t_{z,\,1}$、$t_{z,\,2}$ 分别为室外空气综合温度在时间 τ=0，1，2，…时的采样值。

反应系数法先求得房间各时刻的得热量，再通过反应系数算出房间冷负荷。而冷负荷系数法把两个步骤合一，直接从扰量求出房间的冷负荷。实际上冷负荷系数只是房间反应系数的一种整理形式，二者没有实质上的区别，只是处理手法不同而已。

冷负荷系数法把外扰通过围护结构形成的瞬时冷负荷，表述成瞬时冷负荷温差(CLTD)或瞬时冷负荷温度的函数，因此，冷负荷系数法给出的通过板壁围护结构的冷负荷的计算公式为

$$Q_{cl,wall}(\tau) = KF \times [t_{cl,wall}(\tau) - t_{a,in}]$$

其中 $t_{cl,\,wall}(\tau)$ 就是板壁围护结构的冷负荷计算温度，其数值与所在地区、围护结构的构造类型以及朝向有关。

通过玻璃窗的日射冷负荷的计算公式为

$$Q_{cl,wind,sol}(\tau) = FC_nC_sD_{jmax}C_{cl,wind}(\tau)$$

其中 D_{jmax} 是当地板壁在朝向上的日射得热因素最大值，单位为 W/m^2；而 $C_{cl,wind}(\tau)$ 是窗玻璃冷负荷系数，其数值与有无遮阳、朝向以及地处纬度有关。

室内热源散热形成的冷负荷为

$$Q_{cl,H}(\tau) = HG_H(\tau_0)C_{cl,H}(\tau - \tau_0)$$

式中 $C_{cl,H}$ 是室内热源显热散热冷负荷系数，其数值与热源类型、连续使用时间以及距开始使用后的时间$(\tau - \tau_0)$有关。

最后必须指出，为了简化工程设计计算，手册中给出的各种冷负荷系数是在归纳了常用的围护结构构造类型、规定了房间的体型条件下得出的数据。因此，对于某种特定构造房间均有一定误差。

4.5.3　模拟分析软件

自 20 世纪 60 年代末，美国的电力和燃气公司开发了一些以小时为步长的模拟建筑负荷的计算机模拟程序，如 GATE。尽管还是基于稳态计算，但毕竟使人们看到大型建筑全年能耗模拟分析的重要性。此后逐渐出现了美国的 DOE-2、BLAST、EnergyPlus、英国的 ESP、日本的 HASP 和中国的 DeST 等可用于全年建筑冷热负荷计算的计算机建筑能耗模拟软件。这些软件已经被应用于建筑热过程分析、建筑能耗评价、建筑设备系统能耗分析和辅助设计。

1. DOE-2

DOE-2 是由美国能源部主持，由美国劳伦斯伯克利国家实验室(Lawrence Berkeley National Laboratory，LBNL)开发，于 1979 年首次发布的建筑全年逐时能耗模拟软件，是目前国际上应用最普遍的建筑热模拟商用软件，其踪迹遍及 40 多个国家。其中冷热负荷模拟部分采用了反应系数法，假定室内温度恒定，不考虑不同房间之间的相互影响。

2. ESP

ESP(ESP-r)是由英国 Strathclyde 大学能量系统研究组(University of Strathclyde，Energy System Research Unit)于 1977－1984 年开发，用于进行建筑与设备系统能耗动态模拟的软件。负荷算法采用有限差分法，求解一维传热过程，而不需要对基本传热方程进行线性化，因此可模拟具有非线性部件的建筑热过程，如有特隆布墙(Trombe wall) 或相变材料等变物性材料的建筑。采用的时间步长通常以分钟为单位。该软件对计算机的速度和内存有较高要求。

3. EnergyPlus

EnergyPlus 是美国劳伦斯伯克利国家实验室(Lawrence Berkeley National Laboratory)于 20 世纪 90 年代开发的商用、教学研究用建筑热模拟软件。负荷计算采用的是传递函数法(反应系数法)。

4. DeST

DeST 是 20 世纪 90 年代由清华大学开发的建筑与暖通空调系统分析和辅助设计软件,其中负荷模拟部分采用的是状态空间法。状态空间法是采用现代控制论中的"状态空间"的概念，将建筑物热过程的模型表示成如下形式：

$$C\dot{T} = AT + Bu$$

其中输入项 T 是空气、围护结构表面及内部温度构成的向量，输出项 $\dot{T}$ 是 T 对时间的导数，扰动项 u 是由各项包括外温变化、太阳辐射、室内长波辐射等各项内外扰组成的向量，而矩阵 A、B、C 均是由建筑结构及其热物性决定的。

与在时间和空间上均进行离散的有限差分法不同的是，状态空间法的求解方法是在空间上进行离散，但时间上保持连续。对于多个房间的建筑，可对各围护结构和空间列出方程联立求解，因此可处理多房间问题。由于其解的稳定性及误差与时间步长无关，因此求解过程所取时间步长可大至 1 小时，小至数秒钟，而有限差分法只能取较小的时间步长以保证其解的精度和稳定性。但状态空间法与反应系数法和谐波反应法相同之处是均要求系统线性化，不能处理相变墙体材料、变表面换热系数、变物性等非线性问题。

4.6　室内热湿环境设计

室内热湿环境是建筑环境中的一个主要内容，主要反映在空气环境的热湿特性中。建筑室内热湿环境形成的最主要原因是各种外扰和内扰的影响。外绕主要包括室外气候参数如室外空气温湿度、太阳辐射、风速、风向变化，以及邻室的空气温湿度，均可通过维护结构的传热、空气渗透使热量进入室内，对室内热环境产生影响。内扰主要包括室内设备、照明、人员等室内热源。

4.6.1　房屋制冷与供暖分析

1. 一般房屋制冷及原理

"制冷"就是使自然界中的某物质或某空间的温度低于周围环境，并使之维持这个温度。随着工业、农业、国防和科学技术现代化的发展，制冷技术在各个领域中都得到了广泛运用，特别是空气调节。

通过上文"冷负荷与热负荷"分析可知：现在一般的房屋采用空调制冷。常规的空调有送风方式空调和冷辐射板空调。送风方式空调需要去除的是进入空气中的得热量。而冷辐射板空调需要去除的热量除了进入空气中的热量外，还包括贮存在热表面上的热量。

普通民宅多采用个体空调，包括单体式即窗机，这种空调送风量小，适用于小房间，价格便宜，噪音较大；挂壁式即采用斜片不等距贯流风扇，这种空调噪音小一般在 39～41 分贝以内；立柜式即采用筒式斜片不等距贯流风扇，这种空调优化风道，噪音一般在 45～49 分贝以内；嵌入式(天井式)即吸顶机，室内机主体藏于天花板里面。而大型商场，办公楼等大型建筑大多采用中央空调制冷。

1) 个体空调制冷原理

压缩机将气态的氟利昂(也可以是其他制冷剂)压缩为高温高压的液态氟利昂，然后送到冷凝器(室外机)散热后成为常温高压的液态氟利昂，所以室外机吹出来的是热风。 液态的氟利昂经毛细管，进入蒸发器(室内机)，空间突然增大，压力减小，液态的氟利昂就会汽化，变成气态低温的氟利昂，从而吸收大量的热量，蒸发器就会变冷，室内机的风扇将室内的空气从蒸发器中吹过，所以室内机吹出来的就是冷风；空气中的水蒸气遇到冷的蒸发器后就会凝结成水滴，顺着水管流出去，这就是空调会出水的原因。 然后气态的氟利昂回到压缩机继续压缩，继续循环。制热的时候有一个叫四通阀的部件，使氟利昂在冷凝器与蒸发器的流动方向与制冷时相反，所以制热的时候室外吹的是冷风，室内机吹的是热风。　其实就是用的初中物理里学到的液化(由气体变为液态)时要排出热量和汽化(由液体变为气体)时要吸收热量的原理。制冷循环原理如图 4-24 所示。

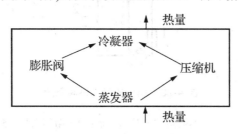

图 4-24　制冷循环原理

2)　中央空调制冷原理

液体汽化制冷是利用液体汽化时的吸热、冷凝时的放热效应来实现制冷的。液体汽化形成蒸汽。当液体(制冷工质)处在密闭的容器中时，此容器中除了液体及液体本身所产生的蒸汽外，不存在其他任何气体，液体和蒸汽将在某一压力下达到平衡，此时的气体称为饱和蒸汽，压力称为饱和压力，温度称为饱和温度。平衡时液体不再汽化，这时如果将一部分蒸汽从容器中抽走，液体必然要继续汽化产生一部分蒸汽来维持这一平衡。液体汽化时要吸收热量，此热量被称为汽化潜热。汽化潜热来自被冷却对象，使被冷却对象变冷。为了使这一过程连续进行，就必须从容器中不断地抽走蒸汽，并使其凝结成液体后再回到容器中去。从容器中抽出的蒸汽如直接冷凝成蒸汽，则所需冷却介质的温度比液体的蒸发温度还要低，我们希望蒸汽的冷凝是在常温下进行，因此需要将蒸汽的压力提高为常温下的饱和压力。制冷工质将在低温、低压下蒸发，产生冷效应；并在常温、高压下冷凝，向周围环境或冷却介质放出热量。蒸汽在常温、高压下冷凝后变为高压液体，还需要将其压力降低到蒸发压力后才能进入容器。液体汽化制冷循环是由工质汽化、蒸汽升压、高压蒸汽冷凝、高压液体降压四个过程组成。

2. 一般房屋供暖及原理

供暖(也称采暖)就是为了创造适宜的生活或工作环境，用人工的方法保持一定室内温度的技术。供暖系统主要由热源、热媒输配和散热设备三部分组成。根据这三个主要组成部分的相互位置关系，供暖系统可分为局部供暖系统和集中供暖系统。主要组成部分在构造上都在一起的供暖系统，称为局部供暖系统，如烟气供暖(火炉、火墙、火坑等)、电热供暖等。集中供暖系统是指热源和散热设备分别设置，用热媒管道连接，由热源向整个建筑物的各个房间或区域内各个建筑物供给热量的供暖系统。在冬季，为了维持室内空气一定的温度，需要由供暖设备向供暖房间供出一定的热量，称该供热为供暖系统的热负荷。一般房屋的供暖由水暖暖气片供暖，也有用空调、地暖采暖的。集中供暖系统，热水锅炉 1 与散热器 2 分别设置，通过供水管和回水管 3 相连接。循环水泵 4 驱使热水在和管道及锅炉内循环，膨胀水箱 5 用于容纳供暖系统温度变化时的膨胀水量，并使系统保持一定的压力具有排除系统中空气的能力。可以向单栋建筑物供暖，也可以向多栋建筑物集中供暖，向多栋建筑物集中供暖在国内也称为区域供热(暖)。根据供暖系统散热方式不同，供暖可分为对流供暖和辐射供暖。

集中式热水供暖系统如图 4-25 所示。

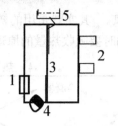

图 4-25　集中式热水供暖系统

1—热水锅炉；2—散热器；3—热水管道；4—循环水泵；5—膨胀水箱

膨胀水箱的作用：储存热水供暖系统加热膨胀的水量、水系统的排气、稳定供暖系统的压力等。

空调供暖过程是制冷过程的逆循环，原理相似。

地暖是地板辐射采暖的简称，是以整个地面为散热器，通过地板辐射层中的热媒，均匀加热整个地面，利用地面自身的蓄热和热量向上辐射的原理由下至上进行传导，来达到取暖的目的。水地暖是指把水加热到一定温度，输送到地板下的水管散热网络，通过地板发热而实现采暖目的的一种取暖方式。地板采暖是借助隐蔽于地板下面的塑料管道或发热电缆来实现供暖，因此隐蔽于地板下的管道等热媒传输材料及保温材料的质量是影响地板使用寿命的主要原因。地暖系统设计是否合理，地暖管材、发热电缆铺装位置、环路间隔是否合理、施工质量是影响地暖使用功效的主要原因，两者均不能忽视，才能高枕无忧。

3. 现代房屋的制冷与供暖

现代的房子一般都是采用空调制冷，制冷方式有蒸气压缩式制冷、吸收式制冷、蒸汽喷射式制冷。常见的为前两种。

而在供暖方面，常见方法有如下几种。

1) 集中供暖

集中供暖是以城市热网、区域热网或较大规模的集中供暖为热源的方式，是城市供暖的主力军，在目前以至今后一段时期内可能仍是城市住宅供暖的主要方式。集中供暖的技术比较成熟，安全、可靠、使用方便、价格便宜，可以每天 24 小时供暖。但是供暖的时间和温度不能自己控制，供暖期前后无热源。

2) 地板辐射式采暖

低温辐射地板采暖是通过埋设于地板下的加热管——铝塑复合管或导电管，把地板加热到表面温度 18～32℃，均匀地向室内辐射热量而达到采暖目的。由于这种取暖方式地面温度均匀，室温自下而上逐渐递减，所以舒适度较高，而且有较好的空气洁净度，与其他采暖方式相比，也较为节能。但是，这种方式对层高有 8cm 左右的占用，地面二次装修时，易损坏地下管线。

3) 电热膜采暖

电热膜采暖是以电力为能源，将特制的导电油墨印刷在两层聚酯薄膜之间制成的纯电阻式发热体，配以独立的温控装置，以低温辐射电热膜为发热体，大多数为天花板式，也有少部分铺设在墙壁中甚至地板下。这样可以让户内无暖气片，可增加房间使用面积，便于装修和摆放家具，也可用温控器调节室温，没有传统采暖的燥热感，温度均匀。但是电热膜升温较慢，一般需要 1 个小时以上才能达到 18℃左右。而且硬件条件要求较高，电能供应不畅、不稳或电费标准太高的小区不宜采用。

4)　家用中央空调系统

家用中央空调采暖是采用市政电或天然气，通过出风口提供热源供暖。这种带新风系统的"风冷式"更为舒适，档次高、外形好，而且温度与时间可预调。但是前期投入较大，运行费用较高，也无法享受国家低谷用电优惠政策。

5)　家用电锅炉采暖

家用电锅炉采暖是采用电能供暖。它占地面积小，安装简单，操作便利，而且采暖的同时也能提供生活热水。但是这种取暖方式前期投入较大，运行费用较高。

6)　分户壁挂式燃气采暖

这种方式通常是在厨房或阳台上安装壁挂炉，由壁挂炉燃烧天然气达到供暖目的，与壁挂炉相连的是室内管线和散热片，一般可同时实现暖气及热水双路供应。这种方式采暖时间自由设定，可随时开启，每个房间温度能在一定范围内随意调节。但是由于采暖炉使用寿命为 15 年左右，更新费用要由业主承担。而且热泵经常启动及火焰燃烧，噪音较大，存在一定空气污染问题。

4.6.2　节能建筑

能源是人类赖以生存和推动社会进步的重要物质基础。人类在认识和利用能源方面经历了四次重大突破，即火的发现、蒸汽机的发明、电能的利用、原子能的开发和利用。每次重大突破都推动了经济和科学技术的发展。而科学技术的发展和经济发展对能源需要也相应增加，如 20 世纪50 年代世界总能耗以标准煤计算相当于 26 亿吨，70 年代增加到 72 亿吨，80 年代增加到 80 亿吨。70 年代世界总能耗的构成中石油及天然气占 2/3，按这样的消耗速度世界石油和天然气总储量只能维持几十年。我国是一个能源生产大国。1996 年生产的一次性能源已达 12.6 亿吨标准煤，但人均资源占有率不足世界平均水平的 50%。我国经济已经进入高速发展阶段，有关专家预测 2020年能源需求量约为 27.94 亿吨标准煤。目前采用先进技术，加速新能源与可再生资源的开发利用，预计到那时能源的供应量为 20 亿吨标准煤，这之间的差异就需要靠节能来完成。

建筑存在的最根本原因是为人类提供一种掩蔽以抵御恶劣的天气，如过冷或者过热以及风、雨等自然现象。气候对于建筑来说，就是围绕在建筑周围的环境条件，它可以通过热交换等形式与建筑内部发生关系。

现行建筑节能设计标准对建筑外围护结构热工性能的规定性指标，水平较低，仅仅是满足现阶段节能 50% 目标的需要，距离舒适性建筑的要求甚远，与发达国家的差距很大。随着我国经济的发展，建筑节能设计标准将分阶段予以修改，建筑外围护结构的热工性能会逐步提高。由于建筑的使用年限较长，到时按新标准再对既有建筑实施节能改造是很困难的，因此应遵循超前性原则，特别是夏季酷热地区，建筑外围护结构(屋顶、外墙、外门外窗)的热工性能指标应突破节能设计标准规定的最低要求，予以适当加强，应控制屋顶和外墙的夏季内表面计算温度。

市场上已经形成了多种保温面层贴面砖的做法，其中胶粉聚苯颗粒外墙外保温粘贴面砖技术建设部曾经组织过专家评议会，并在 2004 年建设部发布的行业标准《胶粉聚苯颗粒外墙外保温系统》(JG158—2004)中作出了明确的规定：胶粉聚苯颗粒外墙外保温粘贴面砖技术的基本构造，即以胶粉聚苯颗粒保温浆料为保温层、抗裂砂浆复合热镀锌钢丝网塑料锚栓锚固为抗裂防护层、面砖专用黏结砂浆黏贴面砖、面砖专用勾缝胶粉勾缝为饰面层。

4.6.3 外墙外保温技术

建筑围护结构设计重点是解决夏季建筑的隔热，兼顾冬季保温。围护结构设计除了满足夏季白天具有良好的隔热性(衰减值较大，延迟时间较长)、夜间散热快之外，还要求冬季具有良好的保温功能，同时还应了解建筑物所在地空调运行方式以及自然通风与室外热作用之间的相互联系，这就使夏季需要供冷、冬季需要采暖地区的建筑围护结构的热工设计和节能技术较之北方和南方仅在冬季采暖或夏季供冷的地区更为复杂和困难。总体来说，围护结构热工设计的主要内容，就是改善建筑热环境，减少室外热作用对围护结构的影响。夏季使室外热量尽量少传入室内，而且希望室内热量在夜间室外温度下降后能很快地散发出去，以免室内过热。冬季要求围护结构有良好的保温性能。

1. 隔热保温的原则

由于受保温材料和施工技术、造价等因素的制约，过去绿色建筑保温隔热一般采用内保温隔热或中间保温隔热技术。保温隔热理论技术是建立在房间采暖、空调以及自然通风条件基础上的建筑热过程。围护结构构造形式所遵循的基本原则是一定的热阻、较大的衰减值和延迟时间、外墙围护结构外表面浅色处理、蓄热量大的结构层置于外层。

从隔热原理看，外围护结构夏季隔热基本理论是利用围护结构在太阳辐射条件下升温隔热和反射隔热两种基本方式。采用内保温隔热措施夏季在太阳辐射情况下，围护结构主体部分普遍加热，使建筑蓄存不需要的大量热量。因此应强化外围护结构的隔热性能，尤其是外墙外表面层的隔热、保温性能，提倡采用外隔热保温技术，将室外热作用尽可能地在围护结构外表面与建筑外部环境之间转化。目前正在大力开发外隔热保温新型复合材料和外隔热保温材料技术，以减少建筑室内受室外温度的波动影响，且有利于保护主体结构、避免热(冷)桥的产生。该技术在节能改造上有许多优点，具有很好的应用前景。

2. 隔热保温的措施

在建筑物中，外墙围护结构的热损耗较大，墙体又是外围护结构的主要组成部分，按价值工程原理，发展外墙保温技术成了实现建筑节能的重要环节，不仅能节约大量能源，还能给住户提供一个舒适的环境。外墙外保温技术的应用外墙外保温体系是将憎水性、低收缩率的保温材料通过粘结或锚固牢固地置于建筑物墙体外侧，并在其外侧施工装饰层的方法。在住宅工程中，目前主要流行有聚苯颗粒浆料外墙外保温、聚苯板薄抹灰外墙外保温、现场模浇硬泡聚氨酯外墙外保温等几种外保温技术。

1) 施工条件

基层墙体经过结构验收合格，如是旧墙面必须经过必要处理后方可施工。墙面有水时不能直接施工，环境温度不低于 5℃，五级以上大风或雨天不能施工，门窗或辅框已安装完毕。各种与外墙有关的管线、预埋件、支架等已安装到位，并预留出外保温的余地，外脚手架的拉结已移到门窗洞口处。

2) 聚苯颗粒浆料外墙保温施工程序及方法

(1) 基层墙体处理：去除附着物，清除墙面的浮灰、油污等影响黏结强度的材料。

(2) 涂界面砂浆：按 TS201：32.5 水泥：中砂=1：1.1～1.2：1～1.2 比例拌和均匀后涂抹，禁止额外加水，勿漏涂。

(3) 冲筋，打灰饼：筋宽 50～70 mm，间距 1000 mm，厚度同保温层等厚。

(4) 涂后 2 h 抹保温层聚苯颗粒外墙保温材料。先抹第一遍保温层，厚度在 30 mm 左右，不宜来回拉抹，对于阴角部位，从外向内抹，打鱼鳞状底糙。当表面用手按不动时施工第二遍，表面用铝合金的刮尺初步刮平，再用木抹子搓平。平整度用 2 m 长靠尺检查，厚度控制在 4 mm 以内。聚苯颗粒保温料的搅拌时间不少于 3 min～5min，已拌完的保温材料要在 3 h 内用完，3～7 d 后施工保护层。

(5) 抹保护层：按 TS20R：32.5 水泥：中砂=0.6～0.8：1：3 拌匀，禁止额外加水。两遍抹灰，总厚度控制在 3～5 mm 左右，要求玻璃纤维网格布应埋在抹面层之中，按设计设外墙分隔条。

(6) 涂柔性腻子：采用刮涂或辊涂 1～2 遍，待腻子干后涂弹性防水涂料。

(7) 验收：表面应无空鼓、裂纹，不起皮，平整无接茬，分隔缝、窗口等处密封良好。

3) 聚苯板薄抹灰外墙保温施工程序及方法

(1) 基层墙体处理：同聚苯颗粒浆料外保温施工。

(2) 放线排版：按建筑物的阳角挂垂线或用经纬仪放出垂直线，作为基准线，控制阳角上下竖直的依据，同时每层弹出水平线，以控制保温板铺贴的水平度，整块墙面的边角处应用最小尺寸≥300mm 的聚苯板。

(3) 配制专用黏结剂：浆料用手持式电动搅拌器搅拌约 5 分钟，直到拌匀稠度适中为止。保证聚合物砂浆有一定黏度。

(4) 涂界面剂：为增加聚苯板与基层及保护层的结合力，应在聚苯板表面涂刷界面剂，然后再用聚合物砂浆作黏结剂或保护层。

(5) 粘贴翻包网格布：在伸缩缝、沉降缝、门窗洞口聚苯板侧边外露处，都应做网格布翻包处理。

(6) 采用条点法黏贴聚苯板：用铁抹子在每块聚苯板已涂刷过界面剂的一面周边涂抹宽50mm，从边缘向中间逐渐加厚专用聚合物砂浆，最厚处达10mm，然后再在聚苯板上抹 9 个点梅花布置，确保聚苯板黏结面积在 30%～50%。

(7) 涂好灰后立即将聚苯板贴到墙上，并用 2 m 靠尺将其挤压找平，保证其垂直、平整度和黏结面积符合要求。碰头处不得抹黏结砂浆，每贴完一块，应及时清除挤出的砂浆。板与板之间要挤紧，不得有缝，板缝超出 1.5 mm 时用聚苯板片填塞。拼缝高差不大于 1.5 mm，否则应用打磨器打磨平整。

(8) 施工聚苯板应水平粘贴，上下两排聚苯板应竖向错缝 1/2 板长，保证最小错缝尺寸不小于 200 mm。在墙拐角处，应先排好尺寸，裁切聚苯板，使其粘贴时垂直交错连接，保证拐角处顺直且垂直。

(9) 安装固定件：待聚苯板粘贴牢固，一般在 24 小时后安装固定件，按设计要求的位置用冲击钻钻孔，锚固深度为 50 mm，钻孔深度 60 mm。锚固件间距应均匀，一般 7 层以下每平方米约5 个；8 至 18 层(含 18 层)每平方米约 6 个；19 至 28(含 28 层)层每平方米约 9 个；29 层以上每平方米约 11 个。当墙面上饰面层为面砖时，固定件需提高一个等级。任何面积大于 0.1 平方米的单块板必须加固定件，数量视形状及现场情况而定。固定件加密：阳角、檐口下、门窗洞口四周应加密，距基层边缘不小于 60 mm，间距不大于 300 mm。

(10) 划分格凹线条：根据已弹好的水平线、竖直线和分格尺寸用墨斗弹出分格线的位置。按照已弹好的线，使用专用开槽机将聚苯板切成凹口，凹口处聚苯板的厚度不能少于 15 mm。

(11) 打磨找平：在固定件施工完毕后，对聚苯板接缝不平处应用打磨机打磨平整，打磨后应用刷子将打磨操作产生的碎屑、其他浮灰清理干净。

(12) 抹聚合物砂浆底层：在聚苯板表面薄薄地涂刷一道界面剂，待晾干后，将聚合物砂浆均匀地抹在聚苯板上，厚度约 2 mm。

(13) 压入网格布：抹聚合物砂浆后立即压入网格布。将大面网格布沿水平方向绷直绷平，并将弯曲的一面朝里，用抹子由中间向上、下两边将网格布抹平，使其紧贴底层聚合物砂浆。网格布搭接宽度不小于 100 mm，不得使网格布皱褶、空鼓、翘边。在阴阳角处还需从每边双向绕角且相互搭接宽度不小于 200 mm。对于窗口、门口及其他洞口四周的聚苯板端头应用网格布和黏结砂浆将其包住封边。

(14) 抹面层聚合物砂浆：待底层聚合物砂浆干至不粘手时，抹面层聚合物砂浆，抹灰厚度以盖住网格布为准，约 1 mm 左右。

(15) 表干后施工装饰面层。

4) 现场模浇硬泡聚氨酯

(1) 基层处理：去除墙面附着物及浮灰，墙面涂界面剂一道。

(2) 测量放线：根据每层放的水平线及墙大角阳角处的竖直线，确定模板位置，控制保温层的厚度，考虑了外墙的垂直度误差值后的保温层厚度最小处仍然不能小于设计厚度。

(3) 利用自胀锚栓 TOX 钉将模板固定牢靠，模板垂直度及平整度不大于 3 mm，调整好保温层的厚度。

(4) 现场浇注 EPU-h，根据施工时的气温条件，检查发泡的速度，控制浇注量及速度，一次浇注高度宜为 300～500 mm，连续浇筑，不得出现断层现象。浇注时的环境温度宜在 15～30℃，高湿度或曝晒情况下严禁施工。

(5) 外旋螺栓，使模板与 EPU-h 脱开，拆除模板，退出 TOX 钉，周转再支上层模板。

(6) 在硬泡体上辊涂 EPU-h 界面剂，要涂刷均匀一致。

(7) 抹保护层：浇注完的 EPU-h 陈化时间为 2d，之后方可施工保护层，按 TS20R：水泥：中砂=1：1：3 的比例拌匀，禁止额外加水，压入网格布，搭接不少于 100 mm。

(8) 表面干后涂 TS203 柔性腻子 1～2 遍，干后涂弹性防水涂料。

现场模浇硬泡聚氨酯外墙外保温，能实现零损耗、零污染，集防水保温于一体，100% 无空腔，与基层的黏结力强，不空鼓、不脱落、不开裂，能根据设计厚度自由调整模板位置，施工方便，对操作工人的要求低，质量容易控制。解决了直接喷涂发泡厚度难以控制，平整度差，喷后又要用电刨刨平，损耗大的难题。对于要求面砖饰面的工程，应在抹找平层之前，用 TOX 钉固定一层镀锌焊接钢板网，网孔尺寸≤40×40 mm，钢丝直径≥1.5 mm，焊点抗拉力≥70N，以满足承载要求。粘贴面砖时采用 TS212 专用黏结剂，用 TS213 嵌缝剂勾缝。

本章小结

本章主要介绍了热辐射与建筑物的作用、建筑围护结构的热湿传递；详细介绍了以其他形式进入室内的热量和湿量、冷负荷与热负荷；同时讲解了典型负荷计算方法原理，介绍了室内热湿环境设计。

思考与习题

(1) 室外空气综合温度是单独由气象参数决定的吗?

(2) 什么情况下建筑物与环境之间的长波辐射可以忽略?

(3) 透过玻璃窗的太阳辐射是否只有可见光, 没有红外线和紫外线?

(4) 透过玻璃窗的太阳辐射是否等于建筑物的瞬时冷负荷?

04

第5章

建筑与光环境概念设计

05

【本章要点】

- 了解光的性质与度量。
- 熟悉天然采光与人工照明。
- 熟悉天然采光的数学模型。
- 了解光环境控制技术的应用。

【学习目标】

建筑光环境是建筑环境中的一个非常重要的组成部分。人们对光环境的需求与所从事的活动有密切关系。在进行生产、工作和学习的场所，适宜的照明可以振奋人的精神、提高工作效率、保证产品质量、保障人身安全与视力健康。因此，充分发挥人的视觉效能是营建这类光环境的主要目标。而在居住、休息、娱乐和公共活动的场合，光环境的首要作用则在于创造舒适优雅、活泼生动或庄重严肃的特定环境气氛，使光环境对人的精神状态和心理感受产生积极的影响。本章主要介绍光的性质与度量、视觉与光环境，详细介绍天然采光、人工照明，同时讲解天然采光的数学模型，介绍光环境控制技术的应用。

5.1　光的性质与度量

光是以电磁波形式传播的辐射能。电磁辐射的波长范围很广，只有波长在 380 nm～760 nm 的这部分辐射才能引起光视觉，被称为可见光(简称光)。波长短于 380 nm 的是紫外线、X 射线、γ射线、宇宙线；长于 760 nm 的有红外线、无线电波等。它们与光的性质不同，人眼是看不见的。

不同波长的光在视觉上可形成不同的颜色，例如 700 nm 的光呈红色，580 nm 呈黄色，470 nm 呈蓝色。单一波长的光呈现一种颜色，称为单色光。日光和灯光都是由不同波长的光混合而成的复合光，它们呈白色或其他颜色。将复合光中各种波长辐射的相对功率量值按对应波长排列联结起来，就形成该复合光的光谱功率分布曲线，它是光源的一个重要物理参数。光源的光谱组成不但可影响光源的表观颜色，而且决定着被照物体的显色效果。

5.1.1　基本光度单位及相关关系

光环境的设计和评价离不开定量的分析和说明，这就需要借助于一系列的物理光度量来描述光源与光环境的特征。常用的光度量有光通量、照度、发光强度和(光)亮度。

1. 光通量

辐射体单位时间内以电磁辐射的形式向外辐射的能量称辐射功率或辐射通量(W)。光源的辐射通量中可被人眼感觉可见光的能量(波长 380mm～780 nm)按照国际约定的人眼视觉特性评价换算为光通量，其单位为流明(lumen，lm)。

人眼对不同波长单色光的视亮度感受性也不一样，这是光在视觉上反映的一个特征。在光亮的环境中(适应亮度>3 cd/m^2，亮度单位见后文)，辐射功率相等的单色光人眼看起来感觉波长

555nm 的黄绿光最明亮，并且明亮程度向波长短的紫光和长波的红光方向递减。国际照明委员会 (CIE)根据大量的实验结果，把 555 nm 定义为同等辐通量条件下视亮度最高的单色波长，用 λ_m 表示。将波长为 λ_m 的辐射通量与视亮度感觉相等的波长为 λ 的辐射通量的比值，定义为波长 λ 的单色光的光谱光视效率(也称视见函数)，以 $V(\lambda)$ 表示。也就是说，波长 555 nm 的黄绿光 $V(\lambda)=1$，其他波长的单色光 $V(\lambda)$ 均小于 1，这就是明视觉光谱光视效率。在较暗的环境中(适应亮度 <0.03cd/m^2 时)，人的视亮度感受性发生变化，以 $\lambda = 510$ nm 的蓝绿光最为敏感。按照这种特定光环境条件确定的 $V(\lambda)$ 函数称为暗视觉光谱光视效率，如图 5-1 所示。

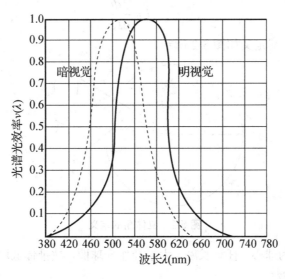

图 5-1　光谱光视效率

光视效能 $K(\lambda)$ 是描述光能和辐射能之间关系的量，它是与单位辐通量相当的光通量，最大值 K_m 在 $\lambda = 555$ nm 处。根据一些国家权威实验室的测量结果，1977 年国际计量委员会决定采用 $K_m = 683$ lm/W，也就是波长 555 nm 的光源，其发射出的 1 W 辐射能折合成光通量为 683 lm。

根据这一定义，如果有一光源，其各波长的单色辐射通量为 $\Phi_{e,\lambda}$，则该光源的光通量为

$$\Phi = K_m \int \Phi_{e,\lambda} V(\lambda) \mathrm{d}\lambda$$

式中：Φ——光通量，lm；

$\quad\Phi_{e,\lambda}$ ——波长为 λ 的单色辐射能通量，W；

$\quad V(\lambda)$ ——CIE 标准光度观测者明视觉光谱光视效率；

$\quad K_m$——最大光谱光视效能=683lm / W。

在照明工程中，光通量是说明光源发光能力的基本量。例如，一只耗电 40 W 的白炽灯发射的光通量为 370 lm，而一只耗电 40 W 的荧光灯发射的光通量为 2800 lm，比白炽灯多 7 倍多，这是由它们的光谱分布特性决定的。

2. 照度

照度是受照平面上接受的光通量的面密度，符号为 E。若照射到表面一点面元上的光通量为 $\mathrm{d}\Phi$(lm)，该面元的面积为 $\mathrm{d}A$ (m^2)，则有

$$E = \frac{\mathrm{d}\Phi}{\mathrm{d}A}$$

照度的单位是勒克斯(lux，lx)。1 lx 等于 1 lm 的光通量均匀分布在 1 平方米表面上所产生的照度，即 1 lx = 1 lm/m²。lx 是一个较小的单位，例如：夏季中午日光下，地平面上照度可达 10^5 lx；在装有 40 瓦白炽灯的书写台灯下看书，桌面照度平均为 200~300 lx；月光下的照度只有几个 lx。

3. 发光强度

点光源在给定方向的发光强度，是光源在这一方向上单位立体角元内发射的光通量，符号为 I，单位为坎德拉(Candela，cd)，其表达式为

$$I = \frac{\mathrm{d}\Phi}{\mathrm{d}\Omega}$$

式中的 Ω 为立体角，其定义如图 5-2 所示。

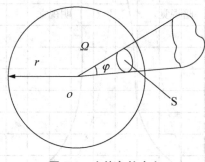

图 5-2　立体角的定义

以任一锥体顶点 O 为球心，任意长度 r 为半径作一球面，被锥体截取的一部分球面面积为 S，则此锥体限定的立体角 Ω 为

$$\Omega = \frac{S}{r^2}$$

立体角的单位是球面度(sr)。当 $S = r^2$ 时，$\Omega = 1$ 球面度。因为球的表面积为 $4\pi r^2$，所以立体角的最大数值为 4π 球面度。

坎德拉是我国法定单位制与国际 SI 制的基本单位之一，其他光度量单位都是由坎德拉导出的。1979 年 10 月第 10 届国际计量大会通过的**坎德拉**定义如下："一个光源发出频率为 $540×10^{12}$ Hz(相当于空气中传播的波长为 555 nm)的单色辐射，若在一定方向上的辐射强度为 $\frac{1}{683}$ W/sr，则光源在该方向上的发光强度为 1 cd。"

发光强度常用于说明光源和照明灯具发出的光通量在空间各方向或在选定方向上的分布密度。如一只 40 瓦白炽灯泡发出 370 lm 的光通量，它的平均发光强度为 370/4π = 31 cd。如果在裸灯泡上面装一个白色搪瓷平盘灯罩，灯的正下方发光强度能提高到 80~100cd，如果配上一个合适的镜面反射罩，则灯下方的发光强度可以高达数百 cd。在这两种情况下，灯泡发出的光通量并没有变化，只是光通量在空间的分布更为集中了。

4. 光亮度(亮度)

光源或受照物体反射的光线进入眼睛，在视网膜上成像，使我们能够识别它的形状和明暗。视觉上的明暗知觉取决于进入眼睛的光通量在视网膜物象上的密度——物象的照度。这说明，确定物体的明暗要考虑两个因素：①物体(光源或受照体)在指定方向上的投影面积——这决定着物象的大小；②物体在该方向上的发光强度——这决定着物象上的光通量密度。根据这两个条件，我

们可以建立一个新的光度量——光亮度。

光亮度简称亮度，单位是尼特(nit，nt)，1 nt＝1 cd/m²。其定义是发光体在某一方向上单位面积内的发光强度，以符号 L_θ 表示，其定义式为

$$L_\theta = \frac{\mathrm{d}I_\theta}{\mathrm{d}A\cos\theta}$$

这里的亮度是一个物理亮度，它与视觉上对明暗的直观感受还有一定的区别。例如同一盏交通信号灯，夜晚看的时候感觉要比白天看的时候亮得多。实际上，信号灯的亮度并没有变化，只是眼睛适应了晚间相当低的环境亮度的缘故。由于眼睛适应环境亮度，物体明暗在视觉上的直观感受就可能会比它的物理亮度高一些或低一些。我们把直观看去一个物体表面发光的属性称为"视亮度"(Brightness 或 Luminosity)，这是一个心理量，没有量纲。它与"光亮度"这一物理量有一定的相关关系。

亮度还有一个较大的单位为熙提(stilb，sb)，1 sb＝10⁴ nt，相当于 1 cm² 面积上发光强度为 1 cd。太阳的亮度高达 2×10⁵ sb，白炽灯丝的亮度约为 300～500 sb，而普通荧光灯表面的亮度只有 0.6～0.8 sb，无云蓝天的亮度范围在 0.2～2.0 sb。

5. 基本光度单位之间的关系

1) 发光强度与照度的关系

如果点光源发光强度为 I，光源与被照面的距离为 r，被照面的法线与光线的夹角为 α，如图 5-3 所示，则被照面的照度 E 为

$$E = \frac{I}{r^2}\cos\alpha$$

线光源是点光源的积分叠加，面光源是线光源的积分叠加。求解线光源与面光源在被照面上照度的方法的计算原理是相同的。

2) 亮度与照度的关系

如果面光源的亮度为 L，面积为 A，与被照面形成的立体角为 ϖ，光源与被照面的距离为 r，被照面的法线与光线的夹角为 α，光源的法线与光线的夹角为 θ，如图 5-4 所示。

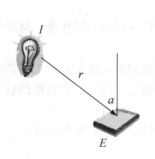

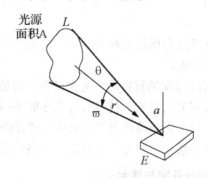

图 5-3　光源发光强度与被照面照度之间的关系　　图 5-4　光源亮度与被照面照度之间的关系

则被照面的照度 E 为

$$E = L\varpi\cos\alpha = L\frac{A\cos\theta\cos\alpha}{r^2}$$

5.1.2　光的反射与透射

室内空气品质对人的影响主要有两方面，危害人体健康与影响工作效率。

借助于材料表面反射的光或材料本身透过的光．人眼才能看见周围环境中的人和物。也可以说，光环境就是由各种反射与透射光的材料构成的。

辐射由一个表面返回，组成辐射的单色分量的频率没有变化，这种现象叫作反射。

光线通过介质，组成光线的单色分量频率不变，这种现象称为透射。

光在传播过程中遇到新的介质时，会发生反射、透射与吸收现象：一部分光通量被介质表面反射(Φ_ρ)，一部分透过介质(Φ_τ)，余下的一部分则被介质吸收(Φ_a)，如图 5-5 所示。

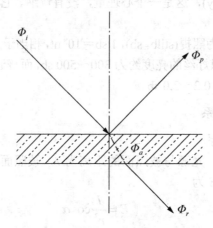

图 5-5　光通量的反射、透射与吸收

根据能量守恒定律，入射光通量(Φ_i)应等于上述三部分光通量之和：

$$\Phi_i = \Phi_\rho + \Phi_\tau + \Phi_a$$

将反射、吸收与透射光通量与入射光通量之比，分别定义为光反射比 ρ，光吸收比 a 和光透射比 τ，则有：

$$\rho + \tau + \alpha = 1$$

光线经过介质反射和透射后，它的分布变化取决于材料表面的光滑程度、材料内部的分子结构以及其厚度。

透射比为 0 的材料是非透光材料，而玻璃、晶体、某些塑料、纺织品、水等都是透光材料，能透过大部分入射光。材料的透光性能还同它的厚度密切相关，比如，非常厚的玻璃或水将是不透明的，而一张极薄的金属膜或许是透光的，至少可以是半透光的。

反射与透光材料可分为两类，一类是定向反射或透射材料，另一类为扩散反射或透射材料。

1. 定向反射与透射

光线经过反射或透射后，光分布的立体角不变。定向反射的规律为：入射光线与反射光线以及反射表面的法线同处于一个平面内；入射光与反射光分居法线两侧，入射角等于反射角。如镜子和抛光的金属表面等都属于定向反射材料。定向反射如图 5-6 所示。

若透光材料的两个表面彼此平行，则透过的光线方向和入射光方向将保持一致。在入射光的背侧，光源与物象清晰可见，只是位置有所平移，如图 5-7 所示。

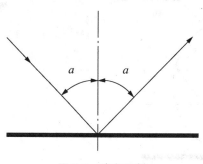

图 5-6　定向反射

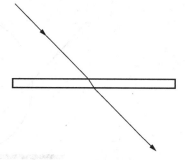

图 5-7　定向透射

这种材料称为定向透射材料。平板玻璃等就属于定向透射材料。

2. 扩散反射与透射

1)　均匀扩散

均匀扩散材料的特点是反射光或透射光的分布与入射光方向无关，反射光或透射光均匀地分布在所有方向上。从各个角度看，被照表面或透射表面亮度完全相同，看不见光源影像，如图 5-8 与图 5-9 所示。

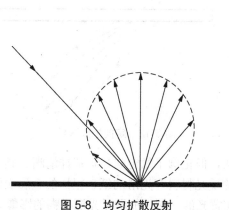

图 5-8　均匀扩散反射

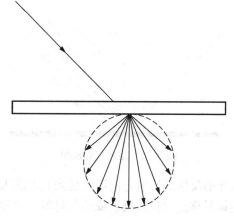

图 5-9　均匀扩散透射

反射光或者透射光的最大发光强度在垂直于表面的法线方向，其余方向的光强同最大光强之间有以下称作"朗伯余弦定律"的关系：

$$I_\theta = I_0 \cos\theta$$

式中：I_θ——反射光或透射光与表面法线夹角为 θ 方向的光强，cd；

I_0——反射光或透射光在表面法线方向的最大光强，cd；

θ——反射光线或透射光与表面法线方向的夹角。

均匀扩散反射材料的光强分布与亮度分布如图 5-10 所示。

氧化镁、硫酸钡和石膏等均为理想的均匀扩散反射材料，大部分无光泽的建筑饰面材料，如粉刷涂料、乳胶漆、无光塑料墙纸、陶板面砖等也可近似地看作均匀扩散反射材料；乳白玻璃的整个透光面亮度均匀，完全看不见背侧的光源和物象，也是均匀扩散透射材料。

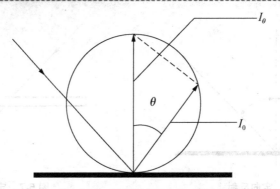

图 5-10　均匀扩散反射材料的光强分布与亮度分布

2)　定向扩散

某些材料同时具有定向和扩散的性质，它在定向反射或透射方向上具有最大的亮度，在其他方向上也有一定的亮度，如图 5-11 与图 5-12 所示。

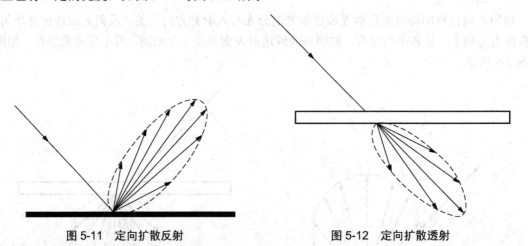

图 5-11　定向扩散反射　　　　　　　　　图 5-12　定向扩散透射

在光的反射或透射方向可以看到光源的大致形状，但轮廓不像定向材料那样清晰。具有这种性质的材料称定向扩散反射或透射材料。这种性质的反光材料有光滑的纸、粗糙的金属表面、油漆表面等。磨砂玻璃为典型的定向扩散透射材料，在背光的一侧仅能看见光源模糊的影像。

5.2　视觉与光环境

一个优良的光环境，应能充分发挥人的视觉功效，使人轻松、安全、有效地完成视觉作业，同时又在视觉和心理上感到舒适满意。

为了设计这样的环境，首先需要了解人的视觉机能，研究有哪些因素影响人的视觉功效和视觉舒适？如何发生影响？据此建立评价光环境质量的客观(物理)标准，并作为设计的依据和目标。

5.2.1　眼睛与视觉特征

1. 视觉

视觉形成的过程可分解为四个阶段：光源(太阳或灯)发出光辐射；外界景物在光照射下产生

颜色、明暗和形体的差异，相当于形成二次光源；二次光源发出不同强度、颜色的光信号进入人眼瞳孔。借助眼球调视，在视网膜上成像；视网膜上接受的光刺激(即物象)变为脉冲信号，经视神经传给大脑，通过大脑的解释、分析、判断而产生视觉。

上述过程表明，视觉的形成既依赖于眼睛的生理机能和大脑积累的视觉经验，又和照明状况密切相关. 人的眼睛和视觉，就是长期在自然光照射下演变进化的。

2. 眼睛的构造与亮度阈限

眼睛大体是一个直径 25 mm 的球状体。它有一个外保护层，位于眼球前方的部分是透明的，叫作角膜。角膜的背后是虹膜。虹膜是一个不透明的"光圈"，中央有一个大小可变的洞叫瞳孔，光线经过瞳孔进入眼睛。瞳孔直径的变化范围为 2～8 mm，视野的亮度增高，瞳孔变小；亮度减小，瞳孔放大。虹膜后面的水晶体起着自动调焦成像作用，保证在远眺或近视时都能在视网膜上形成清晰的影像。

眼球内壁约 2/3 的面积为视网膜，是眼睛的感光部分。视网膜上有两种感光细胞：锥体细胞和杆体细胞。

杆体细胞对于光非常敏感，但是不能分辨颜色。在眼睛能够感光的亮度阈限(约为 10^{-6} cd/m²)至 0.03cd/m² 左右的亮度范围内，主要是杆体细胞起作用，称为暗视觉。在暗视觉条件下，景物看起来总是模糊不清、灰茫茫一片。

锥体细胞对于光不甚敏感，在亮度高于 3 cd/m² 的水平时，锥体细胞才能充分发挥作用，这时称为明视觉。锥体细胞有辨认细节和分辨颜色的能力，这种能力随亮度增高而达到最大。所有的室内照明，都是按照明视觉条件设计的。

当适应亮度处在 0.03～3 cd/m² 之间时，眼睛处于明视觉和暗视觉的中间状态，称为中间视觉。一般道路照明的亮度水平，相当于中间视觉的条件。

对于在眼中长时间出现的大目标，视觉阈限亮度约为 10^{-6}cd/m²。目标越小，或呈现时间越短，越需要更高的亮度才能引起视知觉。

视觉上可以忍受的亮度上限为 16 sb，超过这个值，视网膜会因辐射过强而受到损伤。

3. 视野与视场

当头和眼睛不动时，人眼能察觉到的空间范围叫视野，如图 5-13 所示。

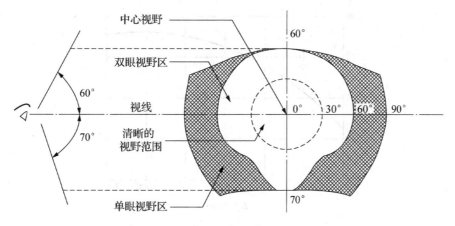

图 5-13　视野范围

视野可分为单眼视野和双眼视野。单眼视野即单眼的综合视野在垂直方向约有 130°，向上 60°，向下 70°，水平方向约 180°。两眼同时能看到的视野即双眼视野较小一些，垂直方向与单眼相同，水平方向约有 120°。在视轴 1～1.5°范围内具有最高的视觉敏锐度，能分辨最细小的细部，称作中心视野；从视野中心往外 30°范围，视觉清晰度较好，称作近背景视野，这是观看物件总体时最有利的位置。人们通常习惯于站在离展品高度的 2.0～1.5 倍距离处观赏展品，就是为了使展品处于视觉清晰区域内。

人眼进行观察时，总要使观察对象的精细部分处于中心视野，以便获得较高的清晰度。但是眼睛不能有选择地取景，摒弃他不想看的东西。中心视野与周围视野的景物同时都会在视网膜上反映出来，所以周围环境的照明对视觉功效也会产生重要影响.

观察者头部不动但眼睛可以转动时，观察者所能看到的空间范围称视场。视场也有单眼视场和双眼视场之分。

4. 对比感受性(对比敏感度)

任何视觉目标都有它的背景，例如，看书时白纸是黑字的背景，而桌子又是书本的背景。目标和背景之间在亮度或颜色上的差异，是人类在视觉上能认知世界万物的基本条件。

亮度对比，是视野中目标和背景的亮度差与背景(或目标)亮度之比，符号为 C，即

$$C = \frac{|L_0 - L_b|}{L_b} = \frac{\Delta L}{L_b}$$

式中：L_0——目标亮度，一般面积较小的为目标，cd/m^2；

L_b——背景亮度，面积较大的部位做背景，cd/m^2。

人眼刚刚能够知觉的最小亮度对比，称为阈限对比，记作 $\overline{C}$。阈限对比的倒数，表示人眼的对比感受性，也叫对比敏感度，符号为 S_c。

$$S_c = \frac{1}{\overline{C}} = \frac{L_b}{\Delta L}$$

S_c 不是一个固定不变的常数，它随照明条件的不同而变化，同观察目标的大小和呈现时间也有关系。在理想条件下，视力好的人能够分辨 0.01 的亮度对比，也就是对比感受性最大可达到 100。

对比感受性随背景亮度变化的相关关系如图 5-14 所示。

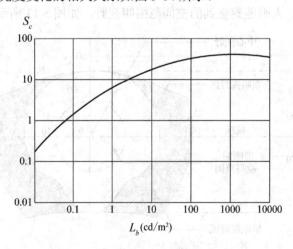

图 5-14 对比感受性与背景亮度的关系

它是 Blacwell 对一组 20～30 岁的青年做实验获得的平均结果。由曲线可以看到，S_c 随 L_b 而上升，到 350cd/m² 左右接近最大值。此后 S_c 上升比较缓慢，当背景亮度超过 5000cd/m² 时，由于形成眩光而使 S_c 下降。

5. 视觉敏锐度

需要分辨的细节尺寸对眼睛形成的张角称作视角。d 表示需要分辨的物体的尺寸，l 为眼睛角膜到视看物件的距离，如图 5-15 所示。

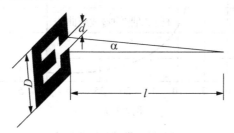

图 5-15　视角的定义

视角 α 可用下式计算：

$$\alpha = \text{tg}^{-1}\frac{d}{l} \cong \frac{d}{l}\text{弧度} = 3440\frac{d}{l}\text{分}$$

人凭借视觉器官感知物体的细节和形状的敏锐程度，称视觉敏锐度，在医学上也称为视力。视觉敏锐度等于刚刚能分辨的视角 $\alpha_{\min}$ 的倒数，它表示了视觉系统分辨细小物体的能力：

$$V = \frac{1}{\alpha_{\min}}$$

视觉敏锐度随背景亮度、对比、细节呈现时间、眼睛的适应状况等因素而变化。在呈现时间不变的条件下，提高背景亮度或加强亮度对比，都能改善视觉敏锐度，看清视角更小的物体或细节。

6. 视觉速度

从发现物体到形成视知觉需要一定的时间。因为光线进入眼睛，要经过瞳孔收缩、调视、适应、视神经传递光刺激、大脑中枢进行分析判断等复杂的过程，才能形成视觉印象。良好的照明可以缩短完成这一过程所需的时间，从而提高工作效率。

我们把物体出现到形成视知觉所需时间的倒数，称为视觉速度(1/t)。实验表明，在照度很低的情况下，视觉速度很慢；随着照度的增加(100～1000 lx)视觉速度提高很快；但照度水平达到 1000lx 以上，视觉速度的变化就不明显了。

7. 视觉适应

视觉适应是指眼睛由一种光刺激到另一种光刺激的适应过程，是眼睛为适应新环境连续变化的过程。在这种过程中包含着锥状细胞和杆状细胞之间的转换，所以需要一定的时间，这个时间称为适应时间，适应时间与视场变化前后的状况，特别是现场亮度有关。视觉适应可分为暗适应、明适应和色适应。暗适应是眼睛从明到暗的适应过程。当人们从亮环境走到黑暗处时，就会产生一个原来看得清楚，突然变得看不清楚，经过一段时间才由看不清楚东西到逐渐看得清楚的变化过程。这个过程经历的时间称为暗适应时间，暗适应最初 15 分钟内视觉灵敏度变化很快，以后就较为缓慢，半小时后灵敏度可提高到 10 万倍，但要达到完全适应需要 35 分钟至 1 小时。明适应是从暗到明的适应过程，明适应时间较短，约有 2～3 分钟，如图 5-16 所示。

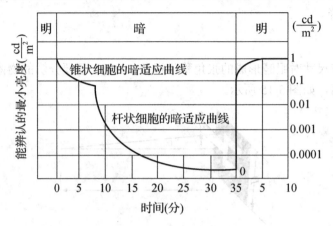

图 5-16　眼睛的适应过程

5.2.2　颜色对视觉的影响

颜色问题是较为复杂的问题，因为颜色不是一个单纯的物理量，还包括心理量。颜色问题涉及物理光学、生理学、心理学以及心理物理学等学科的理论。

1. 颜色的形成

颜色来源于光。可见光包含的不同波长单色辐射在视觉上反映出不同的颜色。直接看到的光源的颜色称表观色。光投射到物体上，物体对光源的光谱辐射有选择地反射或透射对人眼所产生的颜色感觉称物体色，物体色由物体表面的光谱反射比或透射比和光源的光谱组成共同决定。各种颜色的波长和光谱的范围如表 5-1 所示。

表 5-1　光谱颜色波长及范围

颜　色	波长(nm)	范围(nm)
红	700	640～750
橙	620	600～640
黄	580	550～600
绿	510	480～550
蓝	470	450～480
紫	420	400～450

2. 颜色的度量

颜色包含有彩色和无彩色两大类。任何一种有彩色的表观颜色，都可以按照三个独立的主观属性分类描述，这就是色调(也称色相)、明度和彩度(也叫饱和度)。

色调是各种颜色彼此区分的特性。各种单色光在白色背景上呈现的颜色，就是光谱色的色调。

明度是指颜色相对明暗的特性，彩色光的亮度越高，人眼越感觉明亮，它的明度就越高。物体色的明度则反映为光反射比的变化，反射比大的颜色明度高，反之之明度低。

彩度指的是彩色的纯洁性，可见光谱的各种单色光彩度最高。光谱色掺入白光成分越多，彩度越低。

无彩色包括白色、黑色和中间深浅不同的灰色。它们只有明度的变化，没有色调和彩度的区别。

定量的表色系统是用于精确地定量描述颜色的。目前国际上使用较普遍的表色系统有孟塞尔表色系统及 CIE1931 标准色度系统。它们不但用符号和数字规定了千万个颜色品种，而且在不同程度上揭示了颜色形成和组合的科学规律。

孟塞尔(A. H. Munsell)创立的表色系统按颜色的三个基本属性：色调(H)，明度(V)和彩度(C)对颜色进行分类与标定。它是目前国际通用的物体色表色系统。

色调不同的颜色其最大彩度是不一样的，个别最饱和的颜色彩度可达 20。颜色立体水平剖面各个方向表示 10 种孟塞尔色调，包括红(R)、黄(Y)、绿(G)、蓝(B)、紫(P)五种主色调和黄红(YR)、绿黄(GY)、蓝绿(BG)、紫蓝(PB)和红紫(RP)五种中间色调。为了对色调的差异划分更详细，每种色调又可分为 10 个等级，主色调与中间色调的等级都定为 5。

孟塞尔表色系统对一种颜色的表示方法是先写出色调 H，然后写出明度值 V，再在斜线后面写出彩度 C，即 HV/C。例如，标号为 10Y8/12 的颜色，其色调是黄与绿黄的中间色，明度值为 8，彩度 12。无彩色用 N 表示，只写明度值，斜线后不写彩度，即 NV/。例如 N7/就表示明度值为 7 的中性色(无彩色)。

国际照明委员会(CIE)1931 年推荐的"CIE 标准色度系统"是比孟塞尔表色系统的用途要广泛得多的另一种表色方法。它不但能标定光源色，还能标定物体色，而且通过色度计算能预测两种颜色混合或光源改变后物体呈现的颜色，这一系统为颜色的物理测量奠定了基础。"CIE 标准色度系统"的特点是用严格的数学方法来计算和规定颜色。使用这一系统，虽然任何一种颜色都能用两个色坐标在色度图上表示出来，但在计算上比较复杂。

3. 颜色产生的心理效果

颜色是正常人一生中一种重要的感受，在工作和学习环境中，需要颜色不仅是因为它的魅力和美感，还能为个人提供正常的情绪上的排遣。一个灰色或浅黄色的环境几乎没有外观感染力，它趋向于导致人们主观上的不安，内在的紧张和乏味。另一方面，颜色也可使人放松、激动和愉快。而且人的大部分心理上的烦恼都可以归因于内心的精神活动，好的颜色刺激可给人的感官以一种振奋的作用，从而从恐怖和忧虑中解脱出来。良好的光环境离不开颜色的合理设计，颜色对人体产生的心理效果直接影响到光环境的质量。

色性相近的颜色对个体视觉的影响及产生的心理效应的相互联系、密切相通的性质称色感的共通性，它是颜色对人体产生的心理感受的一般特性，如表 5-2 所示。

表 5-2　色感的共通性

心理感受	左趋势	积极色				中性色		消极色			右趋势
明暗感	明亮	白	黄	橙	绿、红	灰	灰	青	紫	黑	黑暗
冷热感	温暖		橙	红	黄	灰	绿	青	紫	白	凉爽
胀缩感	膨胀		红	橙	黄	灰	绿	青	紫		收缩
距离感	近		黄	橙	红		绿	青	紫		远
重量感	轻盈	白	黄	橙	红	灰	绿	青	紫	黑	沉重
兴奋感	兴奋	白	红	橙红	黄绿红紫	灰	绿	青绿	紫青	黑	沉静

有实验表明，手伸到同样温度的热水中，多数受试者会说，染成红色的热水要比染成蓝色的热水温度高。在车间操作的工人，在青蓝色的场所工作15℃时就感到冷，在橙红色的场所中，11℃时还不感觉到冷，主观温差效果最多可达3～4℃。在黑色基底上贴上大小相同的6个实心圆，分别是红、橙、黄、绿、青、紫六色，实际看起来，前三色的圆有跳出之感，后三色有缩进之感。比如，法国的白、红、蓝三色国旗做成30∶33∶37时，才会产生三色等宽的感觉。

明度对轻重感的影响比色相大，明度高于7的颜色感觉轻，低于4的颜色感觉重。其原因一是波长对眼睛的影响，二是颜色联想，三是颜色爱好引起的情绪反映。有很多与下面的例子类似的情形：同样重量的包装袋，若采用黑色，搬运工人说又重又累，但采用淡绿色，工作一天后，搬运工感到不十分累。又如吊车和吊灯表面，常采用轻盈色，以有利于使人感到心理上的平衡和稳定。

歌德把颜色分为积极色(或主动色)与消极色(或被动色)。主动色能够产生积极的、有生命力的和努力进取的态度，而被动色表现不安的、温柔的和向往的情绪。如黄、红等暖色、明快的色调加上高亮度的照明，对人有一种离心作用，即把人的组织器官引向环境，将人的注意力吸引到外部，增加人的激活作用、敏捷性和外向性。这种环境有助于肌肉的运动和机能，适合于从事手工操作工作和进行娱乐活动的场所。灰、蓝、绿等冷色调加上低亮度的照明对人有一种向心的作用，即把热闹从环境引向本人的内心世界，使人精神不易涣散，能更好地把注意力集中到难度大的视觉作业和脑力劳动上，增进人的内向性，这种环境适合需要久坐的、对眼睛和脑力工作要求较高的场所，如办公室、研究室和精细的装配车间等。

5.2.3 视觉功效

人借助视觉器官完成视觉作业的效能，叫作视觉功效(Visual Performance)。一般可用完成作业的速度和精度来定量评价视觉功效，它既取决于作业固有的特性(大小、形状、位置、细节与背景的颜色和反射比)，也取决于照明。

关于视觉功效的研究，通常在控制识别时间的条件下，对视角、亮度(或照度)和亮度对比同视觉功效之间的关系进行实验研究，为制定合理的光环境设计标准寻求科学依据。

识别概率是一种视觉生理阈限的量度，定义为正确识别的次数与识别总次数的比率。识别概率在95%时，照度、视角、亮度对比三者之间的关系如图5-17所示。

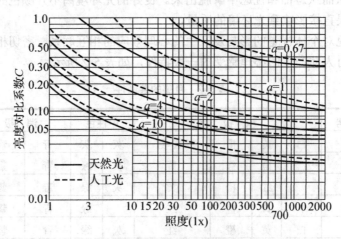

图5-17 视觉功效曲线

从图中曲线可以看出，视看对象在眼睛处形成的视角 α 不变时，如亮度对比 C 下降，则需要增加照度才能保持相同的识别概率；也就是说，亮度对比不足时，可用增加照度来弥补。反之，也可提高亮度对比来弥补照度的不足。

亮度对比不变时，视角越小，需要的照度越高。同样，照度一定时，视角越小，需要的亮度对比越大。

在相同的亮度对比条件下，识别相同视角作业所需要的天然光照度要明显低于人工光的照度。或者说在相同照度条件下，在天然光环境中可识别的亮度对比要比人工光环境中的低。但在观看大的目标的时候，这种差别不明显。

5.2.4　舒适光环境的要素与评价标准

舒适的光环境应当具有以下四个要素。

1. 适当的照度水平

人眼对外界环境明亮差异的知觉，取决于外界景物的亮度。但是，规定适当的亮度水平相当复杂，因为它涉及各种物体不同的反射特性。所以，实践中还是以照度水平作为照明的数量指标。

1) 照度标准

不同工作性质的场所对照度值的要求不同，适宜的照度应当是在某具体工作条件下，大多数人都感觉比较满意而且保证工作效率和精度均较高的照度值。研究人员对办公室和车间等工作场所在各种照度条件下感到满意的人数百分比做过大量调查。发现随着照度的增加，感到满意的人数百分比也在增加，最大值约处在 1500～3000 lx 之间，如图 5-18 所示。

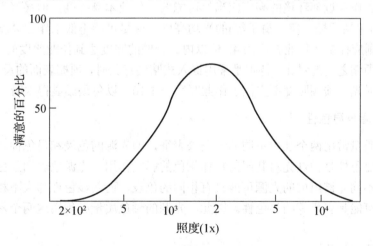

图 5-18　人们感到满意的照度值

照度超过此数值，对照度满意的人反而越少，这说明照度或亮度要适宜。物体亮度取决于照度，照度过大，会使物体过亮，容易引起视觉疲劳和眼睛灵敏度的下降。如夏日在室外看书时，若物体亮度超过 16 sb，就会感到刺眼，不能长久坚持工作。

因此，提高照度水平对视觉功效只能改善到一定程度，并非照度越高越好。所以，确定照度水平要综合考虑视觉功效、舒适感与经济、能耗等因素。实际应用的照度标准大都是折中的标准。

任何照明装置获得的照度，在使用过程中都会逐渐降低。这是由于灯的光通量衰减，灯、灯具和室内表面污染造成的。这时，只有换用新灯，清洗灯具，甚至重新粉刷室内表面，才能恢复原来的照度水平。所以，一般不以初始照度作为设计标准，而采取维持照度，即在照明系统维护周期末所能达到的最低照度来制定标准。

根据韦勃定律，主观感觉的等量变化大体是由光量的等比变化引起的。所以，在照度标准中以 1.5 左右的等比级数划分照度等级，而不采取等差级数。CIE 建议的照度等级为 20－30－50－75－100－150－200－300－500－750－1000－1500－2000－3000－5000 等。

2) 照度分布

照度分布应该满足一定的均匀性。视场中各点照度相差悬殊时，瞳孔就会经常改变大小以适应环境，容易引起视觉疲劳。

评价工作面上的光环境水平，照度均匀度和照度一样都是非常重要的因素。照度均匀度是指工作面上的最低照度与平均照度之比，也可认为是室内照度最低值与平均值之比。我国建筑照明设计标准规定办公室、阅览室等工作房间的照度均匀度不应低于 0.7，作业面邻近周围的照度均匀度不应小于 0.5，房间内交通区域和非作业区域的平均照度一般不应小于工作区平均照度的 1/3。

2. 舒适的亮度比

人的视野很广，在工作房间里，除工作对象外，作业面、顶棚、墙、窗和灯具等都会进入视野，它们的亮度水平构成了周围视野的适应亮度。如果它们与中心视野亮度相差过大，就会加重眼睛瞬时适应的负担，或产生眩光，降低视觉功效。此外，房间主要表面的平均亮度，形成房间明亮程度的总印象；亮度分布使人产生对室内空间的形象感受。所以，室内主要表面还必须有合理的亮度分布。

在工作房间，作业近邻环境的亮度应当尽可能低于作业本身亮度，但最好不低于作业亮度的 1/3。而周围视野(包括顶棚、墙、窗子等)的平均亮度，应尽可能不低于作业亮度的 1/10。灯和白天的窗户亮度，则应控制在作业亮度的 40 倍以内。墙壁的照度达到作业照度的 1/2 为宜。为了减弱灯具同其周围顶棚之间的对比，特别是采用嵌入式暗装灯具时，顶棚表面的反射率至少应在 0.6 以上，以增加反射光。顶棚照度不宜低于作业照度的 1/10，以免顶棚显得太暗。

3. 适宜的色温与显色性

光源的颜色质量常用两个性质不同的术语来表征，即光源的色表和显色性。色表是灯光本身的表观颜色，而显色性是指灯光对其照射物体颜色的影响作用。光源色表和显色性都取决于光源的光谱组成，但不同光谱组成的光源可能具有相同的色表，而其显色性却大不相同。同样，色表完全不同的光源可能具有相等的显色性。因此，光源的颜色质量必须用这两个术语同时表示，缺一不可。

1) 光源的色表与色温

人对光色的爱好同照度水平有相应的关系，1941 年 Kruithoff 根据他的实验，首先定量地提出了光色舒适区的范围，后人的研究进一步证实了他的结论。

光源的色表常用色温定量表示。当一个光源的光谱与黑体在某一温度时发出的光谱相同或相近时，黑体的热力学温度就被称作该光源的色温。黑体辐射的光谱功率分布完全取决于它的温度。在 800～900K 温度下，黑体辐射呈红色；3000K 为黄白色；5000K 左右呈白色，接近日光的色温；在 8000～10000K 之间为淡蓝色。随着色温的提高，人所要求的舒适照度也会相应提高，如图 5-19 所示。

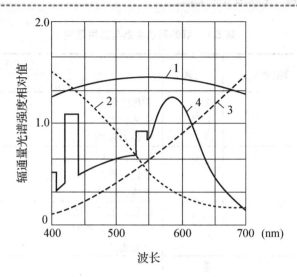

图 5-19　不同的光源的光谱功率分布

1—日光；2—晴天空；3—白炽灯；4—日光色荧光灯

对于色温为 2000 K 的蜡烛，照度为 10～20 lx 就可以了；而对于色温为 5000 K 以上的荧光灯，照度在 300 lx 以上才感到舒适。部分天然和人工光源的色温如表 5-3 所示。

表 5-3　光源的色表类别与用途

色表类别	色 表	相关色温(K)	用 途
1	暖	<3300	客房、卧室、病房、酒吧
2	中间	3300～5300	办公室、教室、商场、诊室、车间
3	冷	>5300	高照度空间、热加工车间

2)　显色性

物体色随照明条件的不同而变化。物体在待测光源下的颜色同它在参照光源下的颜色相比的符合程度，被定义为待测光源的显色性。

由于人眼一般适应日光光源，因此，以日光作为评定人工照明光源显色性的参照光源。CIE 及我国制定的光源显色性评价方法，都规定相关色温低于 5000 K 的待测光源以相当于早晨或傍晚时日光的完全辐射体作为参照光源；色温高于 5000 K 的待测光源以相当于中午日光的组合昼光作为参照光源。

从室内环境的功能角度出发，光源的显色性具有重要作用。印染车间、彩色制版印刷、美术品陈列等要求精确辨色的场所要求具有良好的显色性；顾客在商店选择商品、医生察看病人的气色，也都需要真实地显色。此外，有研究表明，在办公室内用显色性好的灯，获得与显色性差的灯同样满意的照明效果，照度可以减低 25%，节能效果显著。

CIE 取一般显色指数 R_a 作指标来评价灯的显色性。显色指数的最大值定为 100。一般认为在 100～80 范围内，显色性优良；R_a=79～50 显色性一般；R_a<50 显色性较差。并据此将灯的显色性能分为五类，并提出了每一类显色性能适用的范围，供设计时参考，如表 5-4 所示。

表 5-4　灯的显色类别与适用范围

显色类别	显色指数范围	色表	应用示例	
			优先采用	允许采用
I_A	$R_a \geqslant 90$	暖 中间 冷	颜色匹配 临床检验 绘画美术馆	
I_B	$80 \leqslant R_a < 90$	暖 中间	家庭、旅馆 餐馆、商店、办公室 学校、医院	
		中间 冷	印刷、油漆和纺 织工业、需要的 工业操作	
II	$60 \leqslant R_a < 80$	暖 中间 冷	工业建筑	办公室 学校
III	$40 \leqslant R_a < 60$		显色要求低的工业	工业建筑
IV	$20 \leqslant R_a < 40$			显色要求低的工业

4. 避免眩光干扰

当直接或通过反射看到灯具、窗户等亮度极高的光源，或者在视野中出现强烈的亮度对比时(先后对比或同时对比)，我们就会感受到眩光。眩光可以损害视觉(失能眩光)，也能造成视觉上的不舒适感(不舒适眩光)，这两种眩光效应有时分别出现，但往往同时存在。对室内光环境来说，控制不舒适眩光更为重要。只要将不舒适眩光控制在允许限度以内，失能眩光也就自然消除了。

眩光效应同光源的亮度与面积成正比，同周围环境亮度成反比，随光源对视线的偏角而变化。光源位置对眩光的影响，如图 5-20 所示。

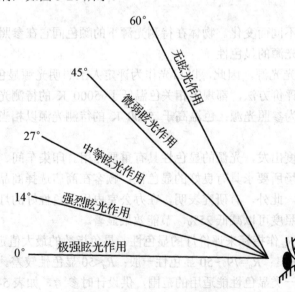

图 5-20　光源位置对眩光的影响

0°视线方向为水平线。多个光源产生的总眩光效应为单个光源的眩光效应之和。

5.3　天　然　采　光

天然采光的意思是利用天然光源来保证建筑室内光环境。在良好的光照条件下，人眼才能进行有效的视觉工作。尽管利用天然光和人工光都可以创造良好的光环境，但单纯依靠人工光源(即电光源)需要耗费大量常规能源，间接造成环境污染，不利于生态环境的可持续发展。而天然采光则是对太阳能的直接利用，将适当的昼光引进室内照明，可有效降低建筑照明能耗。

近年来的许多研究表明，太阳的全光谱辐射，是人在生理上和心理上长期感到舒适满意的关键因素。此外，窗户在完成天然采光的同时，还可以满足室内人员与自然界视觉沟通的心理需求。无窗的房间容易控制室内热湿与洁净水平，节省空调能耗，但不能满足室内人员与外界环境接触的心理需要。在室内有良好光照的同时，让人能透过窗子看见室外的景物，是保证人工作效率高、身心舒适健康的重要条件。因此，建筑物充分利用天然光照明的意义，不仅在于获得较高的视觉功效、节能环保，而且还是一项长远地保护人体健康的措施。无论从环境的实用性还是美观的角度，采用被动或主动的手段，充分利用天然光照明是实现建筑可持续发展的路径之一，有着非常重要的意义。

5.3.1　天然光源的特点

1. 天然光源

天然光就是室外昼光，其强弱随时变化不定。如果不了解在任一给定时刻的建筑基址上有多少昼光可以利用，我们就不可能对天然光环境进行正确的设计和预测。

太阳是昼光(Daylight)的光源。部分日光(Sunlight)通过大气层入射到地面，它具有一定的方向性，会在被照射物体背后形成明显的阴影，称为太阳直射光。另一部分日光在通过大气层时遇到大气中的尘埃和水蒸气，产生多次反射，形成天空扩散光，使白天的天空呈现出一定的亮度，这就是天空扩散光(Skylight)。扩散光没有一定的方向，不能形成阴影。昼光是直射光与扩散光的总和。

地面照度来源于直射光和扩散光，其比例随太阳高度与天气而变化。通常，按照天空云量的多少可将天气分为 3 类：晴天——云量为 0～3；多云天——云量为 4～7；全阴天——云量为 8～10。

晴天时，地面照度主要来自直射日光，直射光在地面形成的照度占总照度的比例随太阳高度角的增加而加大，阴影也随之明显。全阴天时室外天然光全部为天空扩散光，物体背后没有阴影，天空亮度分布比较均匀且相对稳定。多云天介于二者之间，太阳时隐时现，照度很不稳定。晴天时天空直射光与扩散光的照度变化如图 5-21 所示。

在采光设计中提到的天然光往往指的是天空扩散光，它是建筑采光的主要光源。由图 5-21 可知，直射日光强度极高，而且逐时有很大变化。为防止眩光或避免房间过热，工作房间常需要遮蔽直射日光，所以在采光计算中一般不考虑直射日光的作用，而是把全阴天空看作是天然光源。但是，由于直射日光所能提供的光能要远远大于扩散光，如果能够动态控制直射日光的光路，并能够在其落到被照面前将其有效扩散，则直射光也是非常好的天然光源。

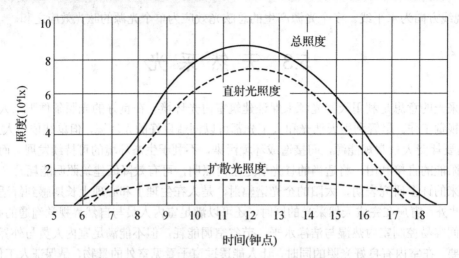

图 5-21　天空直射光与扩散光随时间的照度变化

2. 天然光的光谱能量分布特征

天然光是太阳辐射的一部分，它具有光谱连续且只有一个峰值的特点。人类长期生活在天然光下，天然光是人类生活中习惯的光源。近年来的许多研究表明，太阳的全光谱辐射是人类在生理上和心理上长期感到舒适满意的关键因素。而人工光的光谱由于其发光机理各不相同，其光谱分布也不相同。大多数人工光源的光谱分布有两个以上的峰值，且不连续，如荧光灯易引起视觉疲劳。人眼像透镜一样要形成色差，对于全光谱的白光而言，眼睛聚焦时，黄色光的焦点正好落在蓝光和红光的焦点之间，在视网膜上形成了平衡状态，不易产生视觉疲劳；当采用特殊峰值光谱成分的光照明时，峰值光谱对应的颜色的焦点与白光对应的聚焦位置相差很远，眼睛的聚焦位置需要加以调节，就很容易产生视觉疲劳。一般来讲，光谱能量分布较窄的某种纯颜色的光源照明质量较差，光谱能量分布较宽的光源照明质量较好。前者的视觉疲劳高于后者。光谱成分不佳所引起的视觉疲劳是由于有明显的色差的缘故。因此，人类总是希望人工光尽量接近天然光，不仅要求光谱分布接近或基本相同，并且要求其只有一个峰值，还要求有接近的光色感觉。

5.3.2　天然采光设计原理

1. 天然光环境的评价方法

采光设计标准是评价天然光环境质量的评价准则，也是进行采光设计的主要依据。我国现行的采光设计标准为 2001 发布的《建筑采光设计标准》(GB /T 50033—2001)。

天然光强度高，变化快，不好控制，这些特点使天然光环境的质量评价方法和评价标准有许多不同于人工照明的地方。最常用的评价指标就是采光系数。

1) 采光系数(Daylight Factor)

在利用天然光照明的房间里，室内照度会随室外照度的不同而发生变化。因此，在确定室内天然光照度水平时，必须把它同室外照度联系起来考虑。通常我们不以照度绝对值，而以采光系数作为天然采光的数量指标。采光系数法最早由 Waldram 在 1923 年提出，后经 BRS、LBL、MIT和 SERI 等学术机构研究发展，最终由 CIE 采用，作为天然采光评价的一种主要方法。

采光系数是指全阴天条件下，室内测量点直接或间接接受天空扩散光所形成的水平照度 E_n 与室外同一时间不受遮挡的该天空半球的扩散光在水平面上产生的照度 E_w 的比值，以百分数表示为：

$$C = \frac{E_n}{E_w} \times 100\%$$

式中：E_n—— 室内某一点的天然光照度，lx；

　　　E_w—— 与 E_n 同一时间，室外无遮挡的天空扩散光在水平面上产生的照度，lx。

在给定的天空亮度分布条件下，计算点和窗子的相对位置、窗子的几何尺寸确定以后，无论室外照度如何变化，计算点的采光系数是保持不变的。要求得室内某点在天然采光条件下达到的照度，只要把采光系数乘以当时的室外天空扩散光照度就行了。

应当指出，在晴天或多云天气，不同方位上的天空亮度有所差别；因此，按照上述简化的采光系数概念计算的结果与实测的采光系数值会有一定的偏差。

2)　采光系数标准

作为采光设计目标的采光系数标准值，是根据视觉工作的难度和室外的有效照度确定的。室外有效照度也叫临界照度，这是人为设定的一个照度值。由于室外天然光照度是逐时变化的，室内也不可能全天采用自然采光，所以只有当室外照度高于临界照度时，才能考虑室内完全用天然光照明，并以此规定最低限度的采光系数标准。所以说，室外临界照度值相当于可利用天然采光的室外照度值下限。

我国工业企业作业场所工作面上的采光系数标准值如表 5-5 所示。

表 5-5　视觉作业场所工作面上的采光数标准值

采光等级	视觉作业分类		侧面采光		顶部采光	
	作业精确度	识别对象的最小尺寸 d(mm)	室内天然光临界照度(lx)	采光系数最低值 C_{min}(%)	室内天然光临界照度(lx)	采光系数平均值 C_{av}(%)
I	特别精细	$d \leqslant 0.15$	250	5	350	7
II	很精细	$0.15 < d \leqslant 0.3$	150	3	225	4.5
III	精　细	$0.3 < d \leqslant 1.0$	100	2	150	3
IV	一　般	$1.0 < d \leqslant 5.0$	50	1	75	1.5
V	粗　糙	$d > 5.0$	25	0.5	35	0,7

室内天然光临界照度是室外处于临界照度时的室内照度，也是天然采光的室内照度下限。当室内实际照度低于该数值时，就需要采用人工照明了。

由于侧面采光房间的照度随离开窗子的距离下降很快，分布很不均匀，所以采光系数标准采用室内最低值 C_{min}。顶部采光的室内照度相当均匀，因而采光系数标准取室内平均值 C_{av}。

2. 我国的光气候特点与光气候分区

影响室外地面照度的气象因素主要有太阳高度角、云量、日照率等，我国地域辽阔，同一时刻南北方的太阳高度角相差很大。从日照率看来，由北、西北往东南方向逐渐减少，而以四川盆地一带为最低；从云量看来，自北向南逐渐增多，四川盆地最多；从云状看，南方以低云为主，向北逐渐以高、中云为主。这些均说明，南方以天空扩散光照度占优，北方以太阳直射光为主(西藏为特例)，并且南北方室外平均照度差异较大。其中，光气候分区如下。

Ⅰ区：西藏大部地区、云南局部地区、新疆局部地区及广西局部地区等。

Ⅱ区：新疆大部地区、陕西局部地区及内蒙古局部地区等。

Ⅲ区：新疆西北地区；北京、天津、内蒙古局部地区；河北大部地区、河南局部地区、陕西局部地区、山东局部地区、广西局部地区、广东大部地区、海南及港澳台等。

Ⅳ区：湖北、湖南、陕西局部地区；江苏、福建、江西、广西局部地区；贵州局部地区、辽宁局部地区及吉林局部地区等。

Ⅴ区：四川大部地区；重庆、贵州局部地区；广西局部地区及黑龙江等。

为了进行天然采光设计，需要了解各地的临界照度。《建筑采光设计标准》(GB/T 50033—2001)将全国分为五类光气候区，根据各地区室外年平均总照度长年累计值的高低，分别采用不同的室外临界照度标准，如表 5-6 所示。

表 5-6　光气候系数 K

光气候分区	Ⅰ	Ⅱ	Ⅲ	Ⅳ	Ⅴ
K 值	0.85	0.90	1.00	1.10	1.20
室外临界照度值 E(lx)	6000	5500	5000	4500	4000

表 5-6 是以第 Ⅲ 区为基准(室外临界照度 5000 lx)来确定采光系数标准的。实际上，表 5-5 给出的是第 Ⅲ 区的采光系数，其他光气候区的采光系数标准值则等于第 Ⅲ 区的采光系数标准乘以该地区的光气候系数 K，则得到表 5-6。例如拉萨地区 Ⅱ 级采光等级的侧面采光建筑，其采光系数最低值是 2.55(3 乘以 0.85)，由于室外临界照度是 6000 lx，所以室内最低天然光照度就是 153 lx。

3. 不同采光口形式的特征及其对室内光环境的影响

天然采光的形式主要有侧面采光和顶部采光两种，即在侧面墙上或者屋顶上开采光口采光。另外也可采用反光板、反射镜等采光；还有通过光井、侧高窗等采光口进行采光的形式。不同种类的采光口设置和采用不同种类的玻璃，形成的室内照度分布有很大的不同。前面介绍过，室内的照度水平是很重要的，但照度分布也是室内光环境质量一个非常重要的指标。

窗口的面积越小，获得自然光的光通量就越少。但在相同窗口面积的条件下，窗户的形状和位置对进入室内光通量的分布有很大的影响。如果光能集中在窗口附近，可能会造成远窗处照度不足需要进行人工照明，而近窗处因为照度过高造成不舒适眩光故需拉上窗帘，结果是仍然需要人工照明，这样就失去了天然采光的意义了。因此，对于一般的天然采光空间来说，尽量降低近采光口处的照度，提高远采光口处的照度，使照度尽量均匀化是有意义的。

不同形状的侧窗形成的光线分布示意如图 5-22 所示。

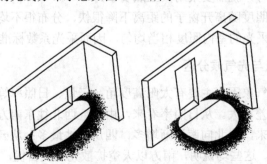

图 5-22　不同形状的侧窗形成的光线分布

在侧窗面积相等、窗台标高相等的情况下，正方形窗口获得的光通量最高，竖长方形次之，横长方形最少。但从照度均匀性角度看，竖长方形在进深方向上照度均匀性较好，横长方形在宽度方向上照度均匀性较好。

除了窗口的面积以外，侧窗上沿或者下沿的标高对室内照度分布的均匀性也具有显著影响。侧窗高度变化对室内照度分布的影响如图 5-23 所示。

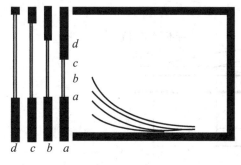 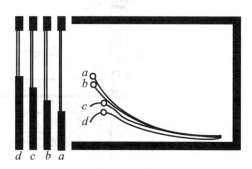

(a) 窗上沿高度对照度分布的影响　　　　　(b) 窗台高度对室内照度分布分影响

图 5-23　侧窗高度变化对室内照度分布的影响

从图 5-24(a)可以看出，随着窗户上沿的下降、窗户面积的减小，室内各点照度均有下降。但由图 5-24(b)可以看出，提高窗台的高度，尽管窗口的面积减小了，导致近窗处的照度降低，却对进深处的照度影响不大。

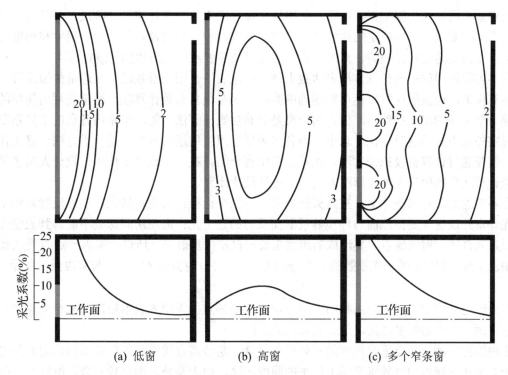

(a) 低窗　　　　　　(b) 高窗　　　　　　(c) 多个窄条窗

图 5-24　面积相同的侧窗不同布置对室内照度分布的影响

面积相同的侧窗不同布置对室内照度分布的影响，如图 5-24 所示。

影响房间进深方向上照度均匀性的主要因素是窗口位置的高低。由图 5-25(a)、(b)、(c)的对比可见，在窗面积相同的条件下，高窗形成的室内照度分布比较均匀，即近窗处比较低，远窗处相对比较高。而图 5-24(a)的低窗和图 5-24(c)中分割成多个的窄条窗形成的照度分布均匀性要差很多。

不同透光材料对室内照度分布的影响如图 5-25 所示。

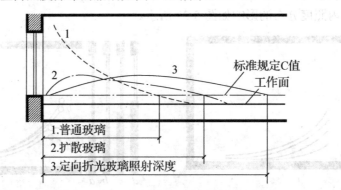

图 5-25 不同透光材料对室内照度分布的影响

不同类型的透光材料对室内照度分布也有重要的影响。采用扩散透光材料如乳白玻璃、玻璃砖，或者采用将光线折射到顶棚的定向折光玻璃，都有助于使室内的照度分布均匀化。

5.3.3 天然采光设计计算简介

天然采光设计的步骤根据不同设计阶段的目标不同而异。在建筑设计阶段，必须按照《采光设计标准》的要求与初步拟定的建筑条件，估算开窗面积。如果窗口的位置、尺寸和构造已经基本确定，就需要通过较详细的计算来检验室内天然光照度水平是否达到了规定标准。

世界各国使用的采光计算方法多达数十种，如流明法、采光系数法、光通量传输法等。这些方法各有优劣，但按照计算目标可归纳为两类：一类是集总参数计算法，通常是利用简便的计算来检验一个房间的采光系数基准值；另一类是分布参数计算法，能求出室内各点的采光系数，并可通过室外天空光的逐时变化，求出室内各点天然光照度的逐时分布。后一类方法计算工作量相当大，需要通过计算机模拟来实现，在第五节中有介绍。在一般设计工作中，设计人员多采用集总参数计算法并利用直观的计算图表曲线来进行设计计算。

在不考虑太阳直射条件下，室内天然光来源于三个途径：天空扩散光、室外反射光和室内的反射光。室外反射光是指地面与环境等反射面反射的天空光；而在房间深处不能得到天空光或者室外反射光直接照射的地点，其形成的照度主要来自室内反射光。所以，室内一点的采光系数 C 也是由三个分量组成，即采光系数的天空分量 C'_d，室外反射分量 $C_{out,ref}$，与室内反射分量 $C_{in,ref}$。

$$C = C'_d + C_{out,ref} + C_{in,ref}$$

室内给定平面上某点采光系数的天空分量 C'_d，是该点的天空光直射照度与天空半球在室外无遮挡水平面上产生的照度之比，是采光系数的主体。

室内给定平面上某点采光系数的室外反射分量，是该点直接由室外反射面得到的天然光照度与整个天空在无遮挡的室外水平面上产生的照度之比。由于室外表面比较复杂，所以在一般所采用的采光计算方法中常忽略不计室外反射分量，或假定室外反射分量为天空分量的 10%，不再单独进行计算。

采光系数的室内反射分量，是在给定平面上的一点从室内反射面上得到的天然光照度与整个天空在室外水平面上产生的照度之比。

在实际应用中，往往采用线算图的方式来计算室内某点的采光系数，并据此来确定采光口的大小。侧窗的采光系数线算图如图 5-26 所示。

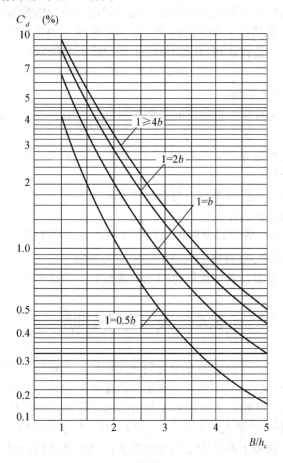

图 5-26　侧窗采光线算图

图中纵坐标 C'_d 是侧窗窗洞口的采光系数天空分量，横坐标中的 B 是室内计算点 P 至窗口的距离，h_c 是窗高。l 是房间宽度(即有窗的墙的长度)，b 是房间的进深，如图 5-27 所示。

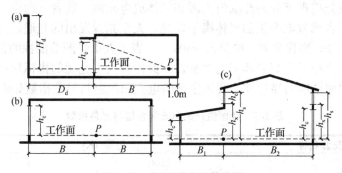

图 5-27　侧面采光计算图例

(注：H_d 是窗口对面遮挡物在工作面以上的平均高度，D_d 是遮挡物至窗口的距离，

h_x 是工作面至窗下沿的高度，h_s 是工作面至窗上沿的高度)

按采光标准的规定，侧窗采光需要计算室内采光系数的最低值。一般取距内墙 1m 的计算点作为采光系数的最低值点。例如，有一房间进深 6m，有窗的外墙长 9m，窗高 2m，计算点距内墙 1m，侧窗洞口采光系数 $C'_d = 1.65$。

但上面获得的采光系数还不是最终的结果。还要考虑室内反射分量的作用、窗口采用的透光材料性能的影响、窗间墙的挡光、室外遮挡物的作用等影响。如果已经求得室内最低照度处的窗洞采光系数，采用以下修正公式就可以求得反映上述因素影响的室内采光系数最低值：

$$C_{\min} = C'_d \times K_\tau \times K'_\rho \times K_c \times K_\omega$$

其中：C'_d —— 侧窗洞口采光系数；

K_τ —— 窗子的总透光系数，与窗框的类型与材料、断面大小、透光材料的透射比以及环境污染程度有关；

K'_ρ —— 室内反射光增量系数，与房间尺度、单侧还是双侧采光、墙内表面的反射比有关，见附表 5-5；

K_ω —— 室外遮挡物挡光折减系数，与遮挡物距窗口的距离、高度、窗高等有关，已经考虑了室外反射分量的作用；

K_c —— 窗宽修正系数，等于总窗宽占墙长的比例，$K_c = \sum b_c / l$。

顶窗采光的算法与侧窗采光的算法类似，除采用的图表以及一些系数的求法不同以外，窗宽修正系数变成高跨比修正系数，室外遮挡物挡光折减系数变成矩形天窗挡风板的挡光折减系数。

5.4 人 工 照 明

天然光虽然具有很多优点，但它的应用受到时间和地点的限制。建筑物内不仅在夜间必须采用人工照明，在某些场合，白天也需要人工照明。人工照明的目的是按照人的生理、心理和社会的需求，创造一个人为的光环境。人工照明主要可分为工作照明(或功能性照明)和装饰照明(或艺术性照明)。前者主要着眼于满足人们生理上、生活上和工作上的实际需要，具有实用性的目的；后者主要满足人们心理、精神上和社会上的观赏需要，具有艺术性的目的。在考虑人工照明时，既要确定光源、灯具、安装功率和解决照明质量等问题，还需要同时考虑相应的供电线路和设备。

5.4.1 人工光源

人工光源按其发光机理可分为热辐射光源和气体放电光源。前者靠通电加热钨丝，使其处于炽热状态而发光；后者靠放电产生的气体离子发光。人工光源发出的光通量与它消耗的电功率之比称该光源的发光效率，简称光效，单位为 lm/W，是表示人工光源节能性的指标。由于照明能耗不可忽视，第一节也介绍了良好光环境的要素，因此评价人工光源的指标包括反映其能耗特性的光效，以及反映其照明性能的显色性。我国生产的电光源色温与显色指数如表 5-7 所示。

表 5-7　我国生产的电光源色温与显色指数

光源名称	色温 (K)	R_a
白炽灯(100 W)	2800	95～100
镝灯(1000 W)	4300	85～95
荧光灯(日光色 40 W)	6700	70～80
荧光高压汞灯(400 W)	5500	30～40
高压钠灯(400 W)	2000	20～25

常见人工光源的光通量与光效的关系如图 5-28 所示，曲线上的数字是灯的功率(W)。

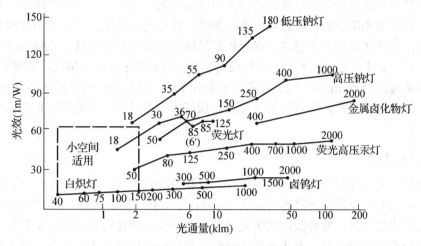

图 5-28　人工光源的光通量与光效的关系

天然光的光效大概在 95～105 lm/W 左右，因此比绝大多数室内使用的人工光源的光效都高。下面介绍几种常用光源的构造和发光原理。

1. 热辐射光源

(1) 普通白炽灯：白炽灯是一种利用电流通过细钨丝所产生的高温而发光的热辐射光源。不同灯丝温度的白炽灯其光谱分布情况如图 5-29 所示。

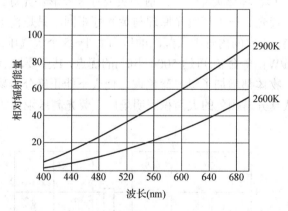

图 5-29　白炽灯的光谱分布特性

从图 5-29 中可以看出，白炽灯光谱功率是连续性分布的，这一点与自然光有共性，所以与其他人工光源相比，它具有良好的显色性。但它发出的可见光长波部分的功率较大，短波部分功率较小，因此与天然光相比，其光色偏红。所以，白炽灯并不适用于对颜色分辨要求很高的场所。

白炽灯的光效不高，仅在 12～20 lm/W 左右，也就是说，只有 2%～3%的电能转化为光能，97%以上的电能都以热辐射的形式损失掉了。此外，白炽灯灯丝亮度很高，易形成眩光。

白炽灯还具有其他一些光源所不具备的优点。如无频闪现象，适用于不允许有频闪现象的场合；灯丝小，便于控光，以实现光的再分配；调光方便，有利于光的调节；开关频繁程度对寿命影响小，适应于频繁开关的场所。此外还有体积小，构造简单，价格便宜，使用方便等优点，所以白炽灯仍是一种广泛使用的光源。

(2) 卤钨灯：普通白炽灯的灯丝在高温下会造成钨的气化，气化后的钨粒子附着于灯的外玻璃壳内表面，使之透光率下降。将卤族元素，如碘、溴等充入灯泡内，它能和游离态的钨合成气态的卤化钨。这种化合物很不稳定，在靠近高温的灯丝时会发生分解，分解出的钨重新附着于灯丝上，而卤族又继续进行新的循环，这种卤钨循环作用消除了灯泡的黑化，延缓了灯丝的蒸发，将灯的发光效率提高到 20 lm/W 以上，寿命也延长到 1500 小时左右。卤钨循环必须在高温下进行，要求灯泡内保持高温，因此，卤钨灯要比普通白炽灯体积小得多。卤钨灯的光色与光谱功率分布与普通白炽灯类似。

2. 气体放电光源

(1) 荧光灯：荧光灯是一种低压汞放电灯。直管型荧光灯灯管内两端各有一个密封的电极，管内充有低压汞蒸汽和少量帮助启燃的氩气。灯管内壁涂有一层荧光粉，当灯管两极加上电压后，由于气体放电产生紫外线，紫外线激发荧光粉发出可见光。荧光粉的成分决定着荧光灯的光效和颜色。根据不同的荧光粉成分，产生不同的光色，故可制成接近天然光光色、显色性良好的荧光灯。荧光灯的光效较高，一般可达 60 lm/W，有的甚至可达 100 lm/W 以上。寿命也很长，优质产品为 8000 小时，有的寿命已达到 10000 小时以上。

荧光灯发光面积大，管壁负荷小，表面亮度低，寿命长，被广泛用于办公室、教室、商店、医院和高度小于 6 米的工业厂房。但荧光灯与所有气体放电光源一样，其光通量会随着交流电压的变化而产生周期性的强弱变化，使人眼观察旋转物体时产生不转动或倒转或慢速旋转的错觉，这种现象称频闪现象，故在视看对象为高速旋转体的场合不能使用。为适应不同的照明用途，除直管形荧光灯外，还有 U 形、环形荧光灯、反射型荧光灯等异形荧光灯。

(2) 荧光高压汞灯：荧光高压汞灯发光原理与荧光灯相同，只是构造不同，灯泡壳有两种，分透明泡壳和涂荧光粉层。由它的内管中汞蒸汽的压力为 1～5 个大气压而得名。荧光高压汞灯具有光效高(一般可达 50 lm/W)，寿命长(可达 5000 小时)的优点，其主要缺点是显色性差，主要发绿、蓝色光。在此灯照射下，物体都增加了绿、蓝色调，使人不能正确分辨颜色，故该灯通常用于街道、施工现场和不需要认真分辨颜色的大面积照明场所。荧光高压汞灯的光谱分布特性如图 5-30 所示。

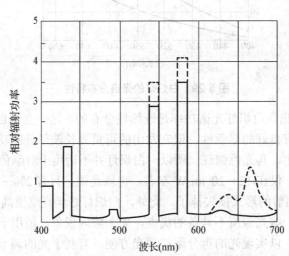

图 5-30 荧光高压汞灯的光谱分布特性

（3）　金属卤化物灯：金属卤化物灯的构造和发光原理与荧光高压汞灯相似，区别在于灯的内管充有碘化铟、碘化钪、溴化钠等金属卤化物、汞蒸气、惰性气体等，外壳和内管之间充氮气或惰性气体，外壳不涂荧光粉。由电子激发金属原子，直接发出与天然光相近的可见光，光效可达 80 lm/W 以上。金属卤化物灯与汞灯相比，不仅提高了光效，显色性也有很大改进，寿命一般为 8000～10000 小时。由于其光效高、光色好、单灯功率大，适用于高大厂房和室外运动照明。小功率的金卤灯(35 W, 70 W)常用于商店和室外照明。金属卤化物灯(日光色镝灯)的光谱分布特性如图 5-31 所示。

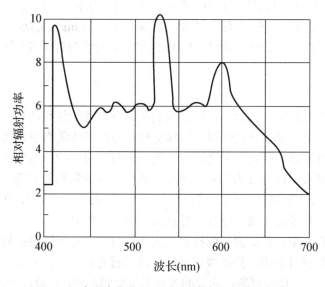

图 5-31　金属卤化物灯(日光色镝灯)的光谱分布特性

（4）　高压钠灯：高压钠灯内管中含 99% 的多晶氧化铝半透明材料，有很好的抗钠腐蚀能力。管内充钠、汞蒸汽和氙气，汞量是钠量的 2～3 倍。氙气的作用是起弧，汞蒸汽则起缓冲剂和增加放电电抗的作用，仍然是由钠蒸汽发出可见光。随着钠蒸汽气压的增高，单色谱线辐射能减小，谱带变宽，光色改善。高压钠灯已成为目前一般照明应用的电光源中光效最高(120 lm/W)，寿命最长的灯(20000 小时以上)。除了上述优点，高压钠灯的透雾能力也很强，因此，在街道照明方面，高压钠灯的应用非常普及，在高大厂房也有应用高压钠灯的实例。

（5）　低压钠灯：低压钠灯是钠原子在激发状态下发出 589.0 nm 和 589.6 nm 的单色可见光，故不用荧光粉，光效最高可达 300 lm/W，市售产品大约为 140 lm/W。由于低压钠灯发出的是单色光。所以在它的照射下物体没有颜色感，不能用于区别颜色的场所，在室内极少使用。但由于 589.0 nm 和 589.6 nm 的单色光接近人眼最敏感的 555.0 nm 的黄绿光，透雾性很强，故常用于灯塔的指示灯和航道、机场跑道的照明，可获得很高的能见度和节能效果。

（6）　紧凑型荧光灯：从上述各种电光源的优缺点中可看出，光效与显色性之间是相互矛盾的，除了金属卤化物灯光效与显色性均好以外，其他灯的高光效是以牺牲显色性为代价的；另外，光效高的灯往往单灯功率大，因而光通量也大，致使其无法在小空间使用。为此，近年来出现了一些功率小、光效高、显色性较好的新光源，如紧凑型荧光灯，即所谓的节能灯，其体积和 100 W 普通白炽灯相近，显色性指数在 63～85 的范围内，色温范围比较大，为 2700～6400 K，单灯光通量在 425～1200 lm 范围内。由于采用稀土三基色荧光粉和电子镇流器，比采用卤素荧光粉和电磁式镇流器的普通荧光灯光效要高，可达 70 lm/W。灯头也被做成白炽灯那样，附件安装在灯内，适用于低、小空间的照明，可以直接替代白炽灯。

3. 半导体光源

半导体发光二极管，简称 LED，是采用半导体材料制成的可直接将电能转化为光能，电信号转换成光信号的发光器件。传统的 LED 主要用于信号显示领域，如建筑物航空障碍灯、航标灯、汽车信号灯、仪表背光照明。目前在建筑物室内外、景观照明中应用也越来越广泛。

LED 的特点是具有能耗低、高亮度、色彩艳丽、抗振动、寿命长，发热量低等优点。同样亮度下，LED 的耗电仅为普通白炽灯的 1/10，寿命可达到 10 万小时。目前 LED 的光效最高可达到 30 lm/W 的水平，并有望在不远的将来达到 100 lm/W 甚至 125 lm/W 的水平。如果能够解决 LED 的光效、显色性、单灯功率、价格等问题，LED 会在将来的照明领域发挥重要作用。

5.4.2　灯具

灯具是光源、灯罩及其附件的总称，可分为装饰灯具和功能灯具两种。功能灯具是指能满足高效、低眩光要求而采用控光设计的灯罩，以保证把光源的光通量集中到需要的地方。

任何材料制成的灯罩都会吸收部分光通量，光源本身也会吸收少量灯罩的反射光，因此灯具有一个效率问题。灯具效率被定义为在规定条件下测得的灯具发射的光通量与光源发出的光通量之比，其值小于 1.0，与灯罩开口大小、灯罩材料的光学性能有关。所以，在考虑人工照明节能问题的时候，不仅要考虑光源的光效，而且同时还应考虑灯具效率。

灯具类型主要有直接型、扩散型和间接型三大类。直接型是光源直接向下照射，上部灯罩用反射性能良好的不透光材料制成。扩散型灯具用扩散型透光材料罩住光源，使室内的照度分布均匀。间接型灯具是用不透光反射材料把光源的光通量投射到顶棚，再通过顶棚扩散反射到工作面，从而避免了灯具的眩光。实际上，多数灯具都是上述两种或三种方式的灵活结合，例如直接型的在顶棚上的暗装灯具在下部开口处加设磨砂玻璃等扩散透光罩以增加光的扩散作用。

灯具在使用过程中会产生大量的热量，将灯具和空调末端装置结合在一起可得到较好的节能效益。这种将灯具与回风末端相结合的装置主要有吊顶压力通风和管道通风两类。它均通过灯具回风，由回风系统带走灯具产生的大部分热量，使这些热量不进入室内空间，从而减小空调设备的负荷，同时又使灯具内的灯处于最佳工作状态(28℃左右)，可以提高光效并达到节能的目的。

5.4.3　照明方式

在照明设计中，照明方式的选择对光质量、照明经济性和建筑艺术风格都有重要的影响。合理的照明方式应当既符合建筑的使用要求，又和建筑结构形式相协调。

正常使用的照明系统，按其灯具的布置方式可分为四种照明方式。

1. 一般照明

在工作场所内不考虑特殊的局部需要，以照亮整个工作面为目的的照明方式称一般照明。一般照明时，灯具均匀分布在被照面上空，在工作面形成均匀的照度。这种照明方式适合于工作人员作业对象位置频繁变换的场所，以及对光的投射方向没有特殊要求，或在工作面内没有特别需要提高视度的工作点，或工作点很密的场合。但当工作精度较高，要求的照度很高或房间高度较大时，单独采用一般照明，就会造成灯具过多，功率过大，导致投资和使用费太高。

2. 分区一般照明

同一房间内由于使用功能不同，各功能区所需要的照度值不相同，这时需首先对房间进行分区，再对每一分区做一般照明，这种照明方式称分区一般照明。例如在大型厂房内，会有工作区与交通区的照度差别，不同工段间也有照度差异；在开敞式办公室内有办公区和休息区之别，两不同区域对照度和光色的要求均不相同。这种情况下，分区一般照明不仅满足了各区域的功能需求，还达到了节能的目的。

3. 局部照明

为了实现某一指定点的高照度要求，在较小范围或有限空间内，采用距离作业对象近的灯具来满足该点照明要求的照明方式称局部照明。如车间内的车床灯、商店里的重点照明射灯以及办公桌上的台灯等均属于局部照明。由于这种照明方式的灯具靠近工作面，故可以在少耗费电能的条件下获得较高的照度。为避免直接眩光，局部照明灯具通常都具有较大的遮光角，照射范围非常有限，故在大空间单独使用局部照明时，整个环境得不到必要的照度，造成工作面与周围环境之间的亮度对比过大，人眼一离开工作面就处于黑暗之中，易引起视觉疲劳，因此是不适宜的。

4. 混合照明

工作面上的照度由一般照明和局部照明合成的照明方式称混合照明。混合照明是一种分工合理的照明方式，在工作区需要很高照度的情况下，常常是一种最经济的照明方法。这种照明方式适合用于要求高照度或要求有一定的投光方向，或工作面上的固定工作点分布稀疏的场所。

为保证工作面与周围环境的亮度比不致过大，获得较好的视觉舒适性，一般照明提供的照度占总照度的比例在 60%以上为宜。

5.4.4　照明设计计算

照明设计计算是人工光环境设计的一个重要环节。当明确了设计要求，选择了合适的照明方式、光源和灯具，确定了所需要的照度和各种质量要求后，通过照明计算可求出所需的灯具数量和光源功率；或反过来，在已经初步确定照明设计的条件下，验证所做的照明设计是否符合照度标准要求。

照明设计计算的内容范围很广，包括照度、亮度、眩光、经济与节能分析等，而且计算方法也很多，这里简要介绍通过利用系数计算室内照度的方法。利用系数法考虑了直射光和反射光两部分所产生的照度，计算结果为水平工作面上的平均照度。该法适用于灯具均匀布置的一般照明以及利用墙和顶棚作反射面的场合。

如果定义工作面上得到的光通量为有效光通 Φ_u，灯具的个数为 N，每个灯具内的光源光通量为 Φ，则灯具的利用系数 C_u 的定义为有效光通 Φ_u 与室内所有光源发出的总光通量 $N\Phi$ 的比值。C_u 与灯具类型(灯具效率与配光)、灯具间隔、各内壁面反射比、房间的长宽以及灯具到工作面的距离有关，可根据设计条件由灯具厂商提供的灯具技术文件中查得。

灯具内光源的光通量与工作面照度之间的关系为。

$$\Phi = \frac{EA}{NC_uK}$$

其中：E —— 工作面的平均照度，lx；

A —— 工作面的面积，m^2；

$\varPhi$ —— 每个灯具内的光源光通量，lm；

N —— 灯具数量；

C_u —— 利用系数；

K —— 维护系数。

维护系数是考虑灯具在使用过程中会受到污染，光源的输出光通会逐渐衰减，因此光通量会下降，所以在照明设计中要把初始照度适当提高而提出的修正系数，可通过《建筑照明设计标准》查得相应的数值。

5.5　天然采光的数学模型

无论是采用前面所介绍的采光系数法计算某时刻的室内照度，还是采用分布参数模型计算室内各点天然采光的照度分布，都必须知道该时刻该方向上的室外无遮挡的天空扩散光在水平面上产生的照度。下面就介绍几种常用的天空亮度分布模型，以及采用采光系数法做室内照度计算时需要用到的光气候数据。

5.5.1　天空亮度分布模型

为了在采光设计中应用标准化的光气候数据，国际照明委员会(CIE)根据世界各地对天空亮度观测的结果，提出了三种天空亮度分布的数学模型，供设计人选。这三种模型是：均匀天空亮度分布模型、CIE 全阴天空模型和 CIE 晴天天空模型。

1. 均匀天空亮度分布模型

这是一种假想的、理论上的天空状况。只有在简化的采光设计中，才考虑用这种各方向亮度一致的天空作为设计条件。

2. CIE 全阴天空模型

这种天空模型的特点是天空亮度不再是均匀分布，而是从天顶到水平面呈函数分布，在同一高度的不同方位上亮度相等，但是从地平面到天顶的不同高度上有以下的亮度变化规律：

$$L_\theta = L_z \left(\frac{1 + 2\sin\theta}{3} \right)$$

式中：L_θ ——离地面 θ 角处天空微元的亮度，cd/m^2；

L_z ——天顶亮度($\theta = 90°$)，cd/m^2；

θ ——高度角，度。

从上式推算，天顶亮度约为地平线附近天空亮度的三倍，平均亮度相等的均匀天空模型与 CIE 全阴天空模型的天空亮度分布的区别如图 5-32 所示。

CIE 标准全阴天空适用于最低限度条件的采光设计。它符合世界各地对实际全阴天空观测的结果，数学表达式简单，应用广泛。我国也采用这类天空作为来光设计的依据。

3. CIE 晴天天空

晴天天空的亮度分布相当复杂，与太阳高度和方位两个因素有关。晴天同阴天相反，除去太阳附近的天空最亮以外，通常在地平线附近的天空要比天顶亮：与太阳相距约 90° 高度角的对称位置上，天空亮度最低。典型的晴天天空亮度分布如图 5-33 所示(符合 CIE 标准晴天天空亮度分布函数，设 $L_Z=1$)。

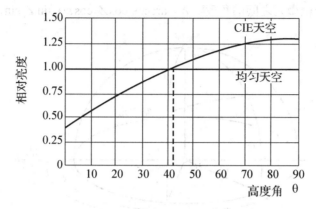

图 5-32　两种模型的天空亮度分布比较

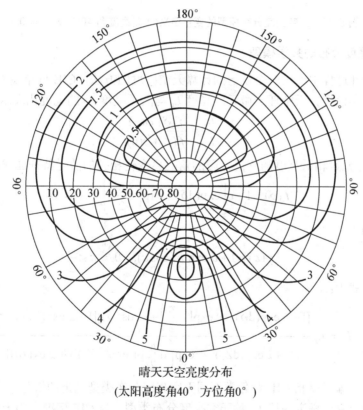

晴天天空亮度分布

(太阳高度角40° 方位角0°)

图 5-33　晴天天空亮度分布

CIE 标准晴天天空亮度分布函数表达式为

$$L_p = L_Z \frac{(0.91 + 10e^{-3\delta} + 0.45\cos^2\delta)(1 - e^{-0.32/\cos\varepsilon})}{(0.91 + 10e^{-3Z_s} + 0.45\cos^2 Z_s)(1 - e^{-0.32})}$$

式中：L_p —— 天空微元的亮度，cd/m^2；

L_Z —— 天顶亮度，cd/m^2；

ε ——天顶与天空微元间的角度；

Z_s ——太阳的天顶角，如图 5-34 所示；

δ ——太阳与天空微元之间的角度，$\delta = \arccos(\cos Z_s \cos \varepsilon + \sin Z_s \sin \varepsilon \cos \varepsilon)$。

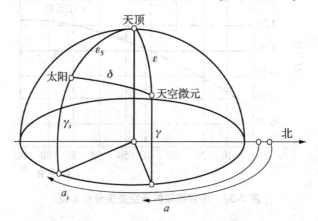

图 5-34　天空亮度分布模型的变量定义(太阳高度角 40°，方位角 0°)

4. 通用天空亮度分布的数学模型

为了在采光设计过程中给出一个统一的计算天空亮度的方法，CIE 近年发表了 CIE 标准通用天空亮度分布的数学模型。天空任一微元的亮度 L_p 与天顶亮度 L_z 的亮度比表示为

$$\frac{L_p}{L_z} = \frac{f(\delta)\ \varphi(\varepsilon)}{f(Z_s)\ \varphi(0)}$$

f 函数是与天空元素相对亮度随它离太阳的角距离变化相关的散射特征曲线：

$$f(\delta) = 1 + c\left[\exp(d\delta) - \exp\left(d\frac{\pi}{2}\right)\right] + e\cos^2\delta$$

另一个函数为

$$\varphi(\varepsilon) = 1 + a\exp(b/\cos\varepsilon), \quad 0 \leqslant \varepsilon < \frac{\pi}{2}$$

整理到同一个式中：

$$L_p = L_z \frac{[1 + c\exp(d\delta) - c\exp\left(d\frac{\pi}{2}\right) + e\cos^2\delta][1 + a\exp(b/\cos\varepsilon)]}{[1 + c\exp(dZ_s) - c\exp\left(d\frac{\pi}{2}\right) + e\cos^2 Z_s][1 + a\exp(b)]}$$

表中的"类型"编号是指 CIE 对各类不同天空亮度分布类型规定的编号。除表中列出的类型以外，传统的全阴天空被规定为第 16 种天空亮度分布类型，与 CIE 标准全阴天空(第 1 种类型)在接近地平线部分有较大的亮度差别，前者偏高。

5.5.2　光气候数据资料

1. 直射日光产生的照度

(1) 直射日光穿过大气层到达地面所形成的法线方向照度为

$$E_{dn} = E_{xt} \exp(-am)$$

式中：E_{dn}——直射日光法线照度，lx；

　　　E_{xt}——大气层外太阳照度，年平均值为 133.8 klx；

　　　a——大气层消光系数，如表 5-8 所示。

　　　m——大气层质量，同第二章，$m = \dfrac{1}{\sin\beta}$；

　　　β——太阳高度角。

表 5-8　计算昼光照度用的常数

天空状况	a	A (klx)	B (klx)	C
晴天	0.21	0.80	15.5	0.5
多云天	0.80	0.30	45.0	1.0
全阴天	*	0.30	21.0	1.0

* 无直射日光　$E_{dn} = 0$。

(2) 地平面的直射日光照度 E_{dH}：

$$E_{dH} = E_{dn} \sin\beta$$

(3) 垂直面上的直射日光照度 E_{dv}

$$E_{dv} = E_{dn} \cos\alpha_i$$

式中：E_{dH}——地平面的直射日光照度，lx；

　　　E_{dv}——垂直面的直射日光照度，lx；

　　　α_i——太阳入射角，它是垂直两法线与太阳射线间的角度

$$a_i = \arccos(\cos\beta \cos A_Z)$$

其中：A_Z——太阳与垂直面法线间的平面方位角，如图 5-35 所示。

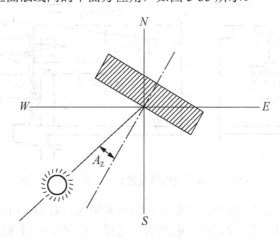

图 5-35　方位角的定义

2. 天空漫射光产生的照度

由天空对地面产生的照度可以用下式计算：

$$E_{kh} = A + B(\sin\beta)^C$$

式中：E_{kh}——天空光在地平面上产生的照度，lx；

　　　A ——日出和日落时的照度，klx；

　　　B ——太阳高度角照度系数，klx；

　　　C ——太阳高度角照度指数。

A、B、C 常数值取决于天气是晴天、多云天还是全阴天，可由表 5-8 选择。

3. 天顶亮度

天顶亮度的绝对值常用实际观测获得的经验公式计算，下面是美国国家标准局根据常年实测天空亮度的初步结果提出的公式(1983)：

全阴天空

$$L_z = 0.123 + 10.6\sin\beta$$

晴天天空

$$L_z = 0.5139 + 0.0011\beta^2$$

式中：L_z——天顶亮度，kcd/m^2。

5.6　光环境控制技术的应用

利用天然采光以达到有效减少照明能耗的目的是可能的，但利用天然采光往往又会与为减少夏季空调冷负荷而采用的遮阳手段相矛盾。如果能够在恰当控制天然采光量的基础上保证遮阳，就能够在有效减少照明能耗的同时又能够降低日射带来的空调冷负荷。

充分利用自然采光，要点是要有足够大的采光口、避免眩光以及保证照度均匀度。利用反光板的采光方法如图 5-36 所示。

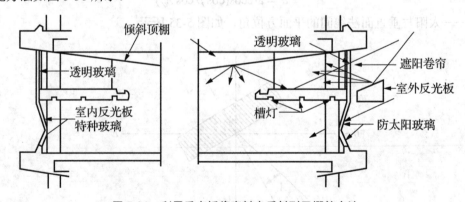

图 5-36　利用反光板将直射光反射到天棚的方法

其原理是不限于利用天空扩散光，而是充分利用太阳的直射光，用反光板将直射光反射到天棚，通过天棚材料的散射得到较均匀的一般照明。这样不仅可以利用通过有限的采光口的昼光，而且避免了眩光，保证了照度均匀度。

固定式的反光板不能追踪太阳的光线，因此不能更加有效地利用日光。主动追踪太阳移动轨迹搜集直射光，并通过采光口反射到室内是一种主动的采光方法。下面给出一个根据太阳高度角自动调整反光板角度反射直射光的例子，如图 5-37 所示。

图 5-37　根据太阳高度角自动调整反光板角度反射直射光

外围护结构上的反光板会根据太阳高度角的变化调整角度，以保证把直射光反射到大楼内的中庭里进行采光。

充分利用天然光可以减少白天室内照明的电耗，这对于大进深的建筑，如开放式办公室建筑是非常有意义的，但这需要把天然采光与人工照明优化控制相结合。优先用百叶控制天然光照度，然后用灯具根据照度测量的结果进行连续调控，根据天然采光不足的程度补充人工光，使整个室内空间都获得均匀的照度，如图 5-38 所示。

05

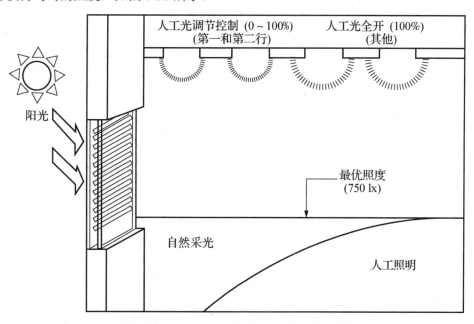

图 5-38　天然采光、遮阳与人工照明联合控制

这样就可以有效地节省照明能耗，节省的份额甚至可以达到 40%。

除上述利用固定反光板、自动追踪太阳光反光板，以及百页天然采光与人工照明联合控制方法以外，目前还有很多新的天然采光形式，如各种平面、凹面或凸面反光镜、光导管、凸透镜加光纤集光系统等。

本章小结

　　本章主要介绍了光的性质与度量、视觉与光环境，详细介绍了天然采光、人工照明；同时讲解了天然采光的数学模型，介绍了光环境控制技术的应用。

思考与习题

　　(1)　人工照明与天然采光在舒适性和建筑能耗方面有何差别？

　　(2)　光通量和发光强度、亮度、照度的关系与区别是什么？

　　(3)　在照明设计中要达到节能的目的需要考虑哪些因素？

　　(4)　在天然采光设计中主要考虑的是太阳直射光、散射光还是总辐射光通量？

第6章

建筑与声环境概念设计

- 了解声音的度量与声环境的描述。
- 熟悉人体对声音环境的反应原理。
- 熟悉环境噪声控制途径。
- 了解噪声控制基本原理和方法。

【本章要点】

建筑声环境是指室内音质问题与振动和噪声控制问题。理想的声学环境需要的声音(如讲话、音乐等)能高度保真；而不需要的声音(噪声)不至于干扰人的工作、学习和生活。噪声控制的基本目的是创造一个良好的室内外声学环境。因此，建筑物内部或周围所有声音的强度和特性都应与空间的要求相一致。而如何消除或适当地减少室内外噪声，以创造一个可接受的声学环境，则正是本章将要论述的问题。本章主要讲解声音的度量与声环境的描述、人体对声音环境的反应原理、环境噪声控制途径、噪声控制基本原理和方法。

6.1　声音的度量与声环境的描述

我们听到的声音除了与声源的频率有关外，还与声音的强弱有关，声音的强弱通常用声压、声强、声功率以及声压级、声强级、声功率级来表示。

6.1.1　声音的性质和基本物理量

1. 声源和声波

从物理学的观点来讲，声音是一种机械波，是机械振动在弹性媒质中的传播，所以也称声波。声源通常是指受到外力的作用而产生振动的物体，例如用鼓槌去敲鼓，就会听到鼓声，这时用手去摸鼓面，会感到鼓面正在快速振动。这个事实说明，由于鼓面振动而产生了声音。当然，声源不一定非固体振动不可，液体或气体振动同样会发声，工厂输液管道阀门的噪声就是液体振动发声，高压容器排气放空时的排气吼声，就是高速气流与周围静止空气相互作用引起的空气振动。

应该认识到声波传播的物理过程是振动能量在媒介中的传递，这要严格区别于媒质宏观位置的移动。所有类型的声源都以某种方式使声源位置邻近的媒质分子(或质点)产生振动，由于分子之间的相互作用，振动逐渐波及周围的分子，使它们也在平衡位置附近作几乎相同的振动，但在时间上要有一点延迟。例如丢一粒石子到平静的水面上，可以看到一圈圈水波向周围传播。如果水面上有一小块木头，则可以见到小木块只在原平衡位置附近做上下振动，而不会随水波的传播而运动。建筑环境学以研究空气传播的声波为主要内容，仅在某些章节涉及固体中传播的声波。

2. 频率、波长和声速

声波通过空气或其他弹性介质传播时，介质质点只是在其平衡位置附近来回振动，一次完全振动所需的时间，称周期 T，单位为秒；周期 T 的倒数是一秒内的振动次数，称频率，用符号 f 表示，单位为赫兹(Hz)；声波在一个周期内所传播的距离，称波长 λ，单位为米。

声波的传播速度以 c 表示，单位为米/秒。它与 f 和 λ 的关系为

$$c = f \cdot \lambda$$

声音的传播速度主要与媒质温度有关。空气中声速随气温的变化可以简单地表示为

$$c(\theta) = 331.45 + 0.61\theta$$

式中：θ 是摄氏温度，℃。当压强和温度一定时，媒质中的声波传播速度是一个常数。

3. 声音的计量

(1) 声功率：声源辐射波时将对外做功，声功率是指声源在单位时间内向外辐射的声能，记为 W，单位为瓦(W)或微瓦(μW)。声源的声功率或指在全部可听范围所辐射的功率，或指在某个有限频率范围所辐射的功率(通常称为频带声功率)。在计量时应注意所指的频率范围。在建筑声学中，声源辐射波的声功率大都可以认为不因环境条件的不同而改变，并把它看作是属于声源本身的一种特性。

(2) 声压：声波在传播过程中，媒质中各处存在着稀疏和稠密的交替变化，因而各处的压强也相应地产生变化。没有声波时，媒质中有静压强 P_0，有声波传播时，压强随声波频率产生周期性变化，其变化部分，即有声波时的压强 P 与静压强 P_0 之差称声压，用 p 表示。

声压的大小用压强表示，单位为 Pa。一般听到的声音，其声压与静压相比是很小的。人耳很灵敏，对于 1000 Hz 纯音，人耳能分辨的最小声压为 2×10^{-5} Pa。两人面对面交谈时的平均声压大约为 2×10^{-2} Pa，而纺织厂织布车间噪声的声压可超过 2Pa。

(3) 声强：声波的大小或强弱也可用声强来表示。声强的定义为单位时间内通过垂直于传播方向上的单位面积内的平均声能量。声强用符号 I 表示，单位为 W/m^2。声强具有方向性，是一个矢量。如果所考虑的面积与传播方向平行，则通过此面积的声强就为"零"。

声强级和声压级的数值近似相等。但是在高原地区和其他特殊条件下，声强级和声压级未必相等。一些常见的噪声和声音的声压级如表 6-1 所示。

表 6-1　某些有代表性的声音和噪声的声压级

声音或噪声种类	声源与人的距离(m)	声压级(dB)	人的主观感觉
喷气式飞机起飞	100	130	
铆接钢板	10	110	震耳欲聋
冲击钻	10	100	
加工用圆盘锯	10	80	令人烦躁
电话铃声	5	65	
喧闹的办公室	站在室内	70	嘈杂
语言交谈声	5	50	较轻的声音
细声交谈	5	30	

两个数值相等的声压级叠加后，只比原来增加 3 dB，而不是增加一倍。这个结论对于声强级和声功率级同样适用。

声压级的叠加可以由图 6-1 求得，由图中查出两声压级差所对应的附加值，将它加到较高的那个声压级上即可得所求的总声压级。如果两个声压级差超过 10～15 dB，附加值很小，则可略

去不计。

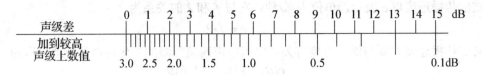

图 6-1　声压级叠加的修正量

4. 声源的方向性、时间性和频率特性

通常所涉及的大多数单个声源均具有向所有方向辐射声音的特点，但是也有不少声源只在某一个方向辐射的声音有较大的强度，这种声源在不同方向辐射的声压(或声强)不相同的性质称声源的指向性。指向性与频率有关，频率高则指向性强。

人耳可以听到的声音的频率范围，通常是从 20 Hz 到 2000 Hz，这个频率范围的声音称可听声。在噪声控制中通常可粗略地把声波的频率分为三个频段：300 Hz 以下的称低频声，300～1000 Hz 之间的称中频声，1000 Hz 以上的称高频声。声音频率的概念非常重要，因为控制高频声和控制低频声的技术措施有很大区别。因此需要将声音信号中所包含的频率成分按其幅值(或它的分贝值)作为频率的函数制出分布图，称为"频谱图"。几种常见噪声信号的"频谱"如图 6-2 所示。

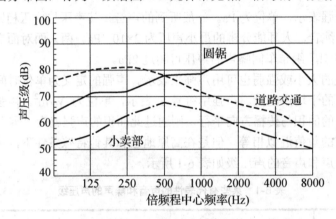

图 6-2　几种噪声的频谱

通常把可听声的频率变化范围划分为若干较小的段落，叫作频程。频程有上、下限频率值和中心频率值，上、下限频率值之差，即中心区域称为频程宽度，简称频带宽。

在噪声控制过程中，对频率作相对比较的单位叫作倍频程。两个频率相差 2 个倍频程意味着其频率之比为 2^2，相差 3 个倍频程意味着其频率之比为 2^3。依次类推，相差 n 个倍频程意味着其频率之比为 2^n。噪声测量过程中通用的倍频程有 $n=1$ 时的 1/1 倍频程，简称倍频程；有 $n=2$ 时的 1/1 倍频程，$n=3$ 时的 1/1 倍频程等。在 1/1 倍频程中，频程间的中心频率之比都是 2∶1，如图 6-2 所示的横坐标。在测量和工程设计中具有实用价值的频率划分方法就是倍频程。

声音的时间特性也是多种多样的，如连续稳定的、间断的、起伏变化的、脉冲性的等。总的来说，大致可按图 6-3 进行分类。

按照通常的划分，人们说话时的语言声，是一种连续的非平稳噪声；单发的枪炮声、冲击声等是瞬时的非平稳噪声；但连续的撞击声，如冲床在连续工作，则有一种观点认为，若冲击次数少于每秒五次，可当作脉冲声，即瞬时的非平稳噪声处理，不过这样分类尚无定论。确定的平稳信号，是由一系列离散的纯音成分组成的。周期信号是所有频率分量都为某个基频分量的整数倍，例如用一种乐器连续演奏某一音符。准周期信号的频率成分其比值不成简单整数比，也可能是无理数。例如两台或两部分独立旋转的设备，有不成简单整数比的旋转基频，相叠加的结果就可构成准周期信号的一种。平稳随机噪声的频谱是连续的，它的瞬时振幅值是随机分布的。如果准周期信号振幅的统计规律符合正态分布即高斯分布，则称其为高斯型随机噪声。例如在城市交通干道上，车流量在每小时数百辆以上，即来往车辆频繁时，交通噪声值的分布就很接近于正态分布；其他如排气噪声、公共场所的语言噪声、许多非旋转性连续运转的机器噪声，则都是随机噪声。随机噪声有不同的频谱，等带宽内能量相同的高斯型随机噪声称白噪声，等比带宽内能量相同的高斯型随机噪声称粉红噪声。一般白噪声和粉红噪声都是在实验室中于一定频段内产生的。

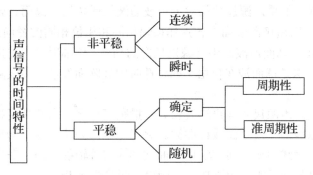

图 6-3　声信号的时间特性分类

5. 声音的传播规律

1) 声波遇到障碍物时的传播

(1) 反射与吸收：声波在传播中遇到面积比其波长大得多的界面时，将遵循波的反射定律：反射线与入射线在同一平面内；反射角等于入射角。反射声能 E_r 与入射声能 E_0 之比称声能反射系数 r(亦称反射系数)。

大多数情况下，界面总会吸收一部分声能。我们将凡是没有被反射回来的声能看作是被吸收的声能，它与入射声能的比值称吸声系数 α。吸声系数与反射系数 r 有关。

(2) 透射与隔声：当声波入射到某一围护结构时，使结构层产生振动，从而向另一面辐射声波的现象称声透射，透射声能 E_τ 与入射声能之比称为透射系数，用 τ 表示。工程中常用传声损失或称隔声量 R 表示围护结构的隔声性能的优劣。定义为声音传过围护结构前后的声压级之差，一般说来，隔声量 R 与声波的入射角有关。

(3) 绕射：声波在传播过程中遇到障碍物或孔洞时，其波阵面会发生畸变，这种现象称为声绕射。当声波的频率较低，即波长较长时，比障碍物的尺寸大得多，这时声波将绕过障碍物，并在障碍物的后面继续传播。如果障碍物是小孔，尽管孔径很小，但声波仍然可以通过小孔向前传播。当声波的频率较高时，即波长较短，比障碍物的尺寸小得多，这时绕射现象不明显，在障碍物后面声波难以达到的地方形成了"声影区"。如果是小孔，在孔的外侧同样会形成声影区。如 100 Hz 的波长为 3.4 m，10000 Hz 的波长为 0.034 m，而人的"直径"约为几十厘米，所以人对于 100 Hz 的低频声几乎是挡不住的，而对 10000 Hz 的高频声波就能起遮挡作用，同时还会吸收一部分声能。

在噪声控制工程中，应该注意声波绕射现象对降噪效果的影响。隔声屏障存在孔洞或缝隙时，由于绕射的原因，能够大量通过声波，从而影响隔声屏障的隔声效果，声波频率越低，这种影响就越严重。因此，在噪声控制中，对于起隔声作用的结构，在设计和加工过程中应严防孔洞和缝隙的出现。利用高频声形成声影区的现象，常常在噪声源与操作者之间设置隔声屏障，使人处在声影区内。应该指出的是，这种屏障对于低频声隔声效果较差，只有加高屏障，并覆盖吸声材料才能收到一定的降噪效果。

　　2) 声音的衰减

　　声波在实际介质中传播时，由于扩散、吸收和散射等原因，会随着离开声源的距离增加而自身逐渐减弱。这种减弱与传播距离、声波频率和界面等因素有关。

　　(1) 传播衰减。点声源、面声源、线声源三种类型不同的声源，辐射出的声波波阵面形状不同，随着传播距离增加其扩散衰减的规律也不相同。

　　(2) 点声源的衰减。如果声源尺寸相对于声波的波长或传播距离而言较小时，则声源可近似视为理想点声源或球面声源(声源表面上各点作振幅相同和相位相同的径向振动)，它向媒质(无限大、均匀且各向同性)辐射球面声波。当声源以稳定的功率 W 辐射时，传播距离加倍，声压级或声强级要衰减约 6 dB。这是球面波在自由空间传播时因波阵面发散，声波随距离衰减的一个基本规律。

　　(3) 线声源的衰减。声源尺寸与声波波长或传播距离相比，当其高度和宽度可以忽略，但长度不能忽略时，可近似地当作线声源或柱面波。火车噪声、公路上的机动车辆噪声、输送管道的辐射噪声等，都可以视为线声源，线声源以柱面波形式向外辐射噪声。在自由声场中，对于一个无限长的线声源，若离开线声源的距离加倍，则声压级衰减 3 dB。

　　3) 吸收衰减

　　(1) 空气吸收：在导出声音的波动方程时，假设由声波引起的空气状态的变化不产生损耗。而实际上声波在传播过程中，空气也将产生很大的吸收。其吸声性能可用空气衰减常数 m 表示，其值主要取决于空气的相对湿度，其次是温度。在计算中考虑空气吸收时，将相应的吸声系数(4m 值)乘以房间容积 V，可得空气的吸声量。

　　(2) 绿色植被的吸收：树木和草坪对声波有一定程度的衰减作用，例如树干对高频声起散射作用；树叶的周长接近和大于声波波长时，也有较好的吸收作用。此外，声波进入和穿出树林还存在"边缘效应"，尽管这个衰减作用并不大。绿化带的降噪效果与林带宽度、高度、位置、配置以及树木种类等密切有关。结构良好的林带，有明显的降噪效果。例如日本曾有调查结果表明，40 m 宽的结构良好的林带，可以降低噪声 10～15 dB。绿化带如不是很宽，则衰减声波的作用不明显，但对人的心理有重要的影响，它能给人以宁静的感觉。

　　(3) 气流和大气温度梯度的吸收：风速和温度梯度对声波传播的影响很大。由于地面的边界层效应，使靠近地面的风速有一个梯度，从而使顺风和逆风传播的声波速度也有一个梯度。声速还与温度有关。白天，特别是阳光照射下的午后，从地面向上有显著的温度负梯度，使声速地面增大，上空减小；夜间则相反。

6.1.2 吸声材料和吸声结构

　　为解决建筑室内外存在的大量声学问题，吸声材料的研制、生产和应用日显重要。早些时候，吸声材料主要用于对音质要求较高的场所，如音乐厅、剧院、礼堂、录音室、播音室等。后来则在一般建筑物内如教室、车间、办公室等，为了控制室内噪声，也开始广泛使用吸声材料。在噪声控制技术中，可以于隔声罩内侧布置吸声材料或在房间墙面、顶棚表面做吸声处理，或者悬挂强吸收的吸声体，以减弱反射，降低噪声，也可以在消声管道或消声设备中，应用吸声材料，例如空调系统中使用的阻性消声器和阻抗复合式消声器，甚至作为动力设备的内燃机、锅炉的进排气消声器中，都普遍地使用吸声材料或吸声结构，构成消声通道，以有效地降低噪声。

为了有效地运用吸声材料，必须首先了解材料的吸声性能。在选择材料时，还需要了解材料各方面的性能，诸如材料的力学性质、传热特性、耐火性、吸湿性和加工安装的难易、外观等，根据具体的使用条件和环境，在综合分析和比较的基础上正确选用。本节将介绍最常用的多孔吸声材料和穿孔板、共振薄板等吸声结构的吸声机理、性能及应用。

1. 多孔吸声材料

所有的纤维板、软质抹灰、矿棉、毛毡等多孔材料，都是由无数互相联系的微孔构成的网状物，入射声能进入微孔后，一部分被吸收转化为热，其余部分则从材料的表面反射出去。那些微孔靠得很近但彼此不相通的多孔材料，例如泡沫树脂、多孔橡胶和泡沫玻璃等，则是吸声较差的材料。

当声波进入空隙率很大的吸声材料时，大部分仍在筋络间的空隙内传播，一小部分也会沿筋络传播。如果忽略沿筋络传播的部分，则主要是由于两种机理引起声波衰减。一种是声波在筋络间的空隙内传播时引起空隙间的空气来回运动，但由于筋络不动，故筋络(纤维或孔壁)表面的空气很难受其影响而运动，因此在筋络附近的空气运动速度就有快有慢，由于空气的黏滞性会产生相应的黏滞阻力，使声能不断转化为热能，从而使声波有所衰减。另一种机理是绝热压缩时温度升高，反之，绝热膨胀时温度降低，由于热传导作用，在空气与筋络间不断发生热交换，结果也会使声能转化为热能。

多孔吸声材料的吸声特性为：①它们的高频吸声系数比低频时的相应值大得多；②增加吸声材料的厚度或在背后留一定厚度的空气间层，均可以改善低频范围的吸声性能。市场上出售的多孔材料可分为 3 大类：预制吸声板、松散状吸声材料和吸声毡。地毯就是很好的吸声材料。在遭受噪声污染的房间内的墙面和地面悬挂和铺设地毯，无疑能营造宁静的气氛，而且能获得很理想的降噪效果，它也是控制心理噪声的一种较简便的方法。

2. 薄板和薄膜共振吸声结构

将不透气、有弹性的板状或膜状材料(如硬质纤维板、石膏板、胶合板、石棉水泥板、人造革、漆布、不透气的帆布等)周边固定在框架上，板后留有一定厚度的空气层，就成了薄板和薄膜共振吸声结构。当声波入射到薄板和薄膜上时，将激起面层振动，使板或膜发生弯曲变形。由于面层和固定支点之间的摩擦，以及面层本身的内损耗，一部分声能被转化为热能。当入射声波的频率与结构的固有频率一致时，消耗声能最大。该频率称吸声结构的共振频率。

通常硬质薄板结构的共振频率值在 80~300 Hz 的范围内；对于软质材料，共振频率将向高频偏移，吸声系数一般为 0.2~0.5，可以用作低频吸声结构；薄膜吸声结构的共振频率一般在 200~1000Hz，最大吸声系数约为 0.3~0.4，可作为中频声范围的吸声材料。若增大薄板(或薄膜)的面密度或增加空气层厚度，均可进一步提高低频吸声性能。同时，如果在薄板结构的边缘(即板与龙骨架交接处)放置一些橡皮条、海绵条或毛毡等柔软材料，以及在空气层中沿龙骨框四周衬贴一些多孔性材料，则吸声性能可以明显提高。

3. 空腔共振吸声结构

最简单的空腔共振吸声结构是亥姆霍兹(Helmholtz)共振器，它是一个封闭空腔通过一个开口与外部空间相联系的结构。在各种穿孔板、狭缝板背后设置空气层形成的吸声结构，根据它们的吸声机理，均属空腔共振吸声结构。这类结构取材方便，如可用穿孔的石棉水泥板、石膏板、硬质纤维板、胶合板以及金属板等做成。使用这些板材组成一定的结构，可以很容易地根据要求来设计所需要的吸声结构，并在施工中达到设计要求，因材料本身具有足够的强度，故这种材料在建筑中使用较广泛。

空腔共振器可作为单个吸声体、穿孔板共振器或狭缝共振器使用。单个空腔共振器是规格不一的空的陶土容器。它们的有效吸声范围为100~400Hz，属于中低频吸声结构。用按级配搅拌的混凝土制造的带狭缝空腔的标准砌块，称为吸声砌块，是一种新型的空腔共振材料。其吸声量在低频时最大，高频时减少。在体育馆、游泳池、工业厂房、机械设备房间等场所采用它作为吸声材料是合适的。

穿孔板共振器是在刚性板上穿孔或穿缝，并与墙壁隔开一定距离安装，它实际上是利用了空腔共振器的吸声原理，以形成许多个空腔共振器。影响穿孔板吸声性能的因素是多方面的。在噪声控制工程中，通常把穿孔板共振吸声结构的穿孔率控制在1%~10%的范围内，最高不能超过20%，否则就起不到共振吸声的作用，而仅起到护面板的作用了。为增大吸声系数与提高吸声带宽，可采取以下办法：①穿孔板孔径取偏小值，以提高孔内阻尼；②在穿孔板后紧密实贴薄膜或薄布材料，以增加孔颈摩擦；③在穿孔板后面的空腔中填放一层多孔吸声材料，增加孔颈附近的空气阻力，多孔材料应尽量靠近穿孔板；④组合几种不同尺寸的共振吸声结构，分别吸收一小段频带，使总的频带变宽。通过采取以上措施，可使吸声系数达到0.9以上，吸声带宽可达2~3个倍频程。

4. 空间吸声体

空间吸声体由框架、吸声材料(矿棉、玻璃棉等)和护面(钢、铝、硬纸条条)结构制成。为了吸收不同频率的声音，可以将吸声体制作成各种形状，悬吊在空间。通常有平板形、球形、圆锥形等。吸声体最突出的特点是具有较高的吸声效率。一般吸声饰面只有一个面与声波接触，吸声系数都小于1；而悬挂在空间的吸声体，根据声波的反射和衍射原理，声波与它的两个或两个以上的面(包括边缘)都有接触，在投影相同的情况下，吸声体相应增加了有效吸声面积和边缘效应，这就大大提高了实际吸声效果。许多实验结果表明，以单面计吸声体的吸声系数可大于1，高频吸声系数甚至可达到1.5以上。因此，只要较少的吸声面积(约为平顶面积的40%)就能达到相当于整个平顶都布置吸声材料时的吸声效果，使造价大为降低。这类空间吸声体还可以预制，安装和拆卸都比较容易，不影响原有的设备和设施，合理的形状和色彩还可以起到装饰作用。因此，空间吸声体广泛应用于工业厂房的噪声控制、降低大空间(候车室、体育馆等)的混响时间和消除室内音质缺陷等。

6.2　人体对声音环境的反应原理

人每天从事工作、学习、接待或休息等活动时，凡使人的思想不集中、烦恼或对人体有害的各种声音，均被认为是噪声。作为标准定义，凡人不愿意听的任何声音都是噪声。因此，即使是语言声和音乐声，只要在人不愿听时出现，都可以认为是噪声。某个人对某种声音是否愿意听闻，不仅取决于这种声音的响度，还取决于它的频率、连续性、发出的时间和声音信息的内容，同时还取决于发声者的主观意志以及听到声音的人的心理状态和心情。声音要靠人耳作出最后评价，人耳的听觉特征是对音质和噪声环境采取控制手段的根据。

6.2.1 人耳的听觉特征

1. 响度和响度级

以分贝表示声音度量时，并没有考虑到人耳的主观听觉特征，所以，它纯粹是客观量，不能作为表示人耳觉得怎样响的标度。反映声音入射到耳鼓膜使听者获得的感觉量用响度表示，它主要依赖于声音的声压或声强，但受频率的影响也很大，不同频率引起同样响度的声压级有时会相差几十分贝。处理这种复杂关系的方法就是先取 1000Hz 纯音或窄带噪声为标准，通过对正常人所做的心理物理实验找出同 1000Hz 声音听起来一样响的其他频率的纯音或窄带噪声所具有的声压级。为简单起见，将听起来一样响的声音的响度用 1000Hz 纯音的声压级代表，称作响度级，单位为方(phon)。它反映了人耳对不同频率声音的敏感度变化。其次，再求出响度级与响度的关系，建立响度的定量标度。

通过大量实验得到的一簇等响曲线如图 6-4 所示。

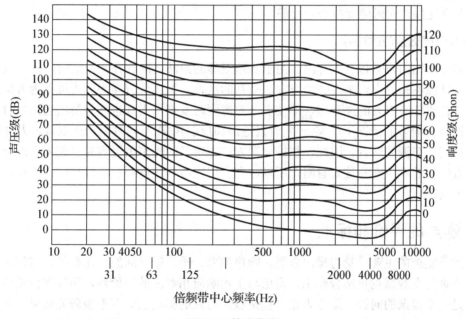

图 6-4 等响曲线

图 6-4 中的各条曲线是用频率为 1000Hz 的纯音对应的声压级数值作为该曲线的响度级。从任一条曲线均可看出，低频部分声压级高，高频部分对应的声压级低，说明人耳对低频声不敏感，而对高频声较敏感。当声压级高于 100dB 时，等响曲线逐渐拉平，说明声压级较高时，人耳分辨高、低频声音的能力下降，声音的响度级与频率的关系已不大，而主要取决于声压级。

以 40 方声音所产生的响度为标准，称为 1 宋。用另一个声音和它比较，若听起来有它两倍响，则这个声音的响度就是 2 宋。听起来如果有它 5 倍响，则这个声音的响度就是 5 宋。响度级每增加 10 方，响度加倍。

2. 掩蔽效应

虽然在安静的房间内可以听到较低的声音，但在飞机旁要听清楚比飞机发动机轰鸣声还要高的声音却比较困难，这种声音被淹没或掩蔽的现象，是由于听者的神经不可能把所有的脉冲反映到大脑中的缘故。因此，往往由于某个声音的存在，而使人耳对其他声音的感觉能力降低，这种现象称为"掩蔽"。也就是说，由于某一个声音的存在，要听清另外一种声音就必须将这些声音提高，这些声音可闻阈所提高的分贝数被称为"掩蔽量"。

一个声音对另一个声音的掩蔽机理是很复杂的。一般而言，这种掩蔽作用的强弱取决于两个声音之间的相对强度和频率结构以及听者的心理状态。即频率相近时声音掩蔽最显著，掩蔽声的声压级越大，掩蔽量就越大。低频声对高频声的掩蔽作用较大，特别在低频声波很响的情况下，掩蔽效应更大。同理，高频声对低频声的掩蔽作用是有限的。此外，听者对某个声音的注意力也会影响掩蔽效应的强度。

通常情况下，即便是微弱的噪声，也可能干扰人聆听语言声或音乐声，产生掩蔽效应和提高闻阈。但人体对噪声环境的适应能力是很强的，特别是对响度不大，没有表达含义的连续噪声，例如隐约可听到的语言或音乐声，人耳的适应性更为显著。因此，掩蔽效应可适当地应用于环境噪声控制。将上述没有信息内容、不太响且连续的易于接受的声音作为背景声，抑制其他干扰噪声，使人听到这些声音时能保持心理平静。

3. 双耳听闻效应(方位感)

同一声源发出的声音传至人耳时，由于到达双耳的声波之间存在一定的时间差、位相差和强度差，使人耳能够知道声音来自哪个方向。双耳的这种辨别声源方向的能力被称为方位感。方位感很强的声音更能吸引人的注意力，即使多个声源同时发声，人耳也能分辨出它们各自所在的方向，甚至在声音很多的情况下，某一声音(直达声和反射声)在不同时刻到达双耳，人耳仍能判断它们是来自同一声源的声音。因此，往往声源方位感明显的噪声也更容易引起人心理上的烦躁，而无明确方位感的噪声则易被人忽略。所以，在利用掩蔽效应进行噪声控制时，应尽量弱化掩蔽声声源的方位感。

6.2.2 噪声的评价和标准

人们对于噪声的主观感受与噪声强弱、噪声频率、噪声随时间的变化有关。如何才能把噪声的客观物理量与主观感觉量结合起来，得出与主观响应相对应的评价量，用以评价噪声对人的干扰程度，是一个复杂的问题。迄今为止，稳态噪声对人的影响已经有不少研究成果，并应用于噪声评价和制定噪声允许标准。噪声评价量和评价方法已有几十种，这里所叙述的内容是已基本公认的评价量和评价方法。

1. A 声级 L_A

从等响曲线可以看出，人耳对低频声感觉迟钝，但对高频声却十分敏感。为模拟人耳的听觉特征，在测量仪器中，安装一套滤波器(亦称计权网络)，对不同频率的声音进行一定的衰减和放大，一般设有 A、B、C、D 四套计权网络。A、B、C 计权是分别模拟人耳对 40 方、70 方、100 方纯音的响应。

用 A、B、C、D 计权网络测得的分贝数，分别称为 A 声级、B 声级、C 声级和 D 声级，单位分别记为 dBA、dBB、dBC 和 dBD。声级是噪声所有频率成分的综合反应，是一个单一的数值，可以直接测量。A 声级与人的主观反映有很好的相关性，目前世界各国声学界、医学界都以 A 声级来作为保护听力和健康，以及环境噪声的评价量。

2. 等效连续 A 声级 L_{Aeq}

人们工作的环境，可能是稳态的噪声(噪声的强度和频率基本不随时间而变)环境，也可能是不稳态的噪声环境。等效连续 A 声级就是用于表征不稳态噪声环境的，它是某一时间间隔内 A 计权声压级能量平均意义上的等效声级，简称为等效声级，记为 L_{Aeq}。

在对不稳态噪声的大量调查中，已证明等效连续 A 声级与人的主观反映具有良好的相关性。在我国和许多国家的噪声标准中，都用该量作为噪声评价指标。

3. 统计声级 L_x

为了描述连续起伏的噪声，特别是道路交通噪声；也为了评价与公众烦恼有关的噪声暴露，利用概率统计的方法，记录随时间变化的噪声的 A 声级，并进行统计分析，可得到统计百分数声级，或称统计声级，记作 L_x，表示 $x\%$的测量时间所超过的声级。一般说来，把低声级看作是来自所有方向和许多声源形成的"背景噪声"，人们很难辨认其中的任何声源。这种背景声级大致占测量时间的90%，例如 L_{90}=70 dBA 表示整个测量时间内有90%的测量时间，噪声都超过 70 dBA，通常将它看成背景噪声。平均噪声级大约等于50%的声级，如 L_{50}=74 dBA 表示50%的测量时间，噪声超过 74dBA，称它为中间值噪声。

例如一辆卡车通过或一架飞机飞越，使噪声达到相当高的"峰值"，其所经历的时间大约占10%，如 L_{10}=80dBA 表示10%的测量时间内，噪声超过 80dBA。因此，某一地区一天里特定的一段时间的城市噪声暴露，可以简单地用 L_{50}、L_{90} 和 L_{10} 给出相当可靠的描述。由等时间间隔测量数据求统计声级，可将测到的 100 个数据从大到小按顺序排列，第 10 个数据即为 L_{10}，第 50 个数据为 L_{50}，第 90 个数据为 L_{90}。

4. NR 评价曲线

NR 曲线被国际标准化组织建议用于评价公众对户外噪声的反应。实际上，还用 NR 数据作为工业噪声治理的限值。NR 曲线序号的含义与 PNC 相同，即代号均为曲线通过中心频率 1000Hz 的声压级数值。对于每一条曲线各中心频率下的声压级，均可由图 6-5 查出。

NR 数与 A 声级 L_A 有较好的相关性，它们之间有如下近似关系：

$$L_A = NR + 5dB$$

近年来，各国规定的噪声标准都以 A 声级或等效连续 A 声级作为评价标准，如标准规定为 90 dBA，则根据上式可知相当于 NR85。由此可知，NR85 曲线上各倍频带声压级的值即为允许标准。

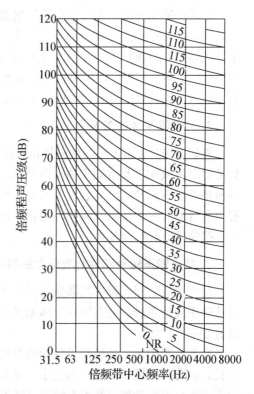

图 6-5　噪声评价曲线(NR 线)

6.3　环境噪声控制途径

随着现代工业和交通的发展，噪声污染已成为重要的公害之一。为了创造一个安静的生活环境和不影响健康的工作条件，就需要进行噪声控制。科学合理地制定各种环境条件下的允许噪声标准是噪声控制的基础。根据环境噪声的现状，或者预测噪声的情况，与有关噪声允许标准相比，其差值就是噪声控制所要达到的最低指标。为了科学地进行噪声控制设计，必须对噪声现状作频谱分析，掌握各频带噪声所需降低的指标，才能做出正确合理的设计方案。噪声控制的措施可以在噪声(振动)源、传播途径和接受者三个层次上实施。

6.3.1　降低声源噪声

降低声源噪声辐射是控制噪声最根本和最有效的措施。在声源处即使只是局部地减弱了辐射强度，也可使在中间传播途径中或接收处的噪声控制工作大大简化。要降低声源噪声，首先要了解产生噪声的机制和规律，才能通过改进结构设计、改进加工工艺、提高加工精度等措施来降低噪声的辐射。

1．改革工艺和操作方法来降低噪声

若某一种生产工艺不可避免地发出强噪声，用于降噪的措施都不见效，就应该对工艺过程进行研究，用低噪声工艺代替高噪声工艺。例如，用低噪声的焊接替代高噪声的铆接；用无声的液压替代高噪声的锤打等均可收到 20～40dB(A)的降噪效果。此外，工厂中的高压蒸汽排气放空噪声很大，影响范围很广，如果将蒸汽收回，送入降温减压容器，再流入蒸汽管网中，这样不但消除了噪声，而且可以将蒸汽收回，节省能耗。

2．降低噪声源的激振力

机器运转时，由于不间断的撞击和摩擦，或由于动平衡不完善，会造成机械振动和辐射噪声。如果提高机械加工及装配和动平衡的精度，减少撞击和摩擦，适当地提高机壳的刚度，采取阻尼减振垫等措施来减弱机器表面的振动，均可降低噪声的辐射。对于高压、高速流体，可通过增加管内和管道口的会扰乱气流的障碍物，如增加导流片降低气流出口处的速度梯度，改变流体的喷嘴等措施降低其辐射噪声。

3．降低噪声辐射部件对激振力的响应

发声系统的固有频率与激振力频率相同或接近时，系统将最有效地传递振动和辐射噪声。在设计时中应使系统的固有频率远离激振力频率，使辐射部件对激振力的响应减弱，达到降低噪声辐射效率之目的。

需要说明的是，使机器设备的噪声降低下来，往往意味着仪器设备机械性能的提高和寿命的延长。因此，机械设备噪声的大小，常常是机械产品加工和装配质量好坏的反映。机械产品本身的噪声级可以作为评价其本身综合性能的一项重要指标。

6.3.2　在传播路径上降低噪声

如果由于技术上或经济上的原因，无法有效降低声源的噪声时，就必须在噪声的传播途径上

采取适当的措施。

首先，在总图设计时应遵循"闹静分开"的原则对强噪声源的位置合理地布置。例如将高噪声车间与办公室、宿舍分开。在车间内部，把高噪声的机器与其他机器设备隔离开来，尽可能集中布置，便于采取局部隔离措施，同时利用噪声在传播中的自然衰减作用，减少噪声的污染面。

其次，改变噪声传播的方向或途径也是很重要的一种控制措施。例如，对于辐射中高频噪声的大口径管道，将它的出口朝向上空或朝向野外，以降低噪声对生活区的污染。而对车间内产生强烈噪声的小口径高速排气管道，则将其出口引至室外，使高速空气向上排放，这样不仅可以改善室内声环境，也不致严重影响室外声环境。其他沿管道传播的噪声，可以通过烟囱排入高空或排入地沟，以减轻地面上的噪声污染。

另外，充分利用天然地形如山冈、土坡或已有建筑物的声屏障作用和绿化带的吸声降噪作用，也可以收到可观的降噪效果。当然，由于工艺技术上或经济上的原因，上述考虑均无法实现时，就需要在传播途径中直接采取声学措施，包括吸声、消声、隔声、隔振和减振等几类噪声控制技术。表 6-2 为几种噪声控制措施的降噪原理和适用场所。

表 6-2 几种噪声控制措施的降噪原理与适用场合

控制措施类别	降噪原理	适用场合	减噪效果
吸声减噪	利用吸声材料或结构，降低厂房内反射噪声，如吊挂空间吸声体	车间设备噪声大	4～10dB
隔声	利用隔声结构，将噪声源和接受点隔开，如隔声罩、隔声间和隔声屏等	车间工人多，噪声设备少，用隔声罩；反之用隔声间；以上两者均不允许时，用隔声屏	10～40dB
消声器	利用阻性、抗性和小孔喷注、多孔扩散等原理，减弱气流噪声	气动设备的空气动力性噪声	15～40dB
隔振	将振动设备与地面的刚性连接改为弹性接触，隔绝固体声传播	设备振动严重	5～25dB
减振	利用内摩擦损耗大的材料涂贴在振动表面上，减少金属薄板的弯曲振动	设备外壳、管道等振动噪声严重	5～15dB

控制噪声的最后一环是在接收点进行防护。在声源和传播途径上采取的噪声控制措施不能有效实现，或只有少数人在吵闹的环境中工作时，个人防护是一种经济有效的方法。常用的防护用具有耳塞、耳罩、头盔三种形式。当然，耳塞长期佩带，会产生耳道中出水(汗)或其他生理反应；耳罩不易和头部紧贴而影响它的隔声效果；头盔因为比较笨重，所以只在特殊情况下采用。

6.3.3 掩蔽噪声

许多情况下，可以利用电子设备产生的背景噪声来掩蔽令人讨厌的噪声，以解决噪声控制问题。这种人工噪声通常被比喻为"声学香料"或"声学除臭剂"，它可以有效地抑制突然干扰人们宁静气氛的声音。通风系统、均匀的交通流量或办公楼内正常活动所产生的噪声，都可以成为人工掩蔽噪声。

在带有园林的办公室内，利用通风系统产生的相对较高而又使人易于接受的背景噪声，以掩蔽打字机、电话、办公用机器或响亮的谈话声等不希望听到的办公噪声是很有好处的,同时能创造一个适宜的宁静环境。

在分组教学的教室里,由几个学习小组发出的声音,向各个方向扩散,因在一定程度上彼此互相干扰抵消,也可以成为一种特别的掩蔽噪声。如果有条件,还可以适当地增加分布均匀的背景音乐,使其成为更有效的掩蔽噪声。

6.4 噪声控制基本原理和方法

如何减轻室内空气污染,保持和改善室内空气品质,使其达到人们能够接受的程度?

6.4.1 房间的吸声减噪

1. 吸声减噪原理

室内有噪声源的房间,人耳听到的噪声为直达声和房间壁面多次反射形成的混响声的叠加。一般工厂车间的内表面多为抹灰墙面以及水泥或水磨石地面等对声音反射能力很强的坚硬材料,声音经多次反射后声压级依然较大,在混响声和直达声的共同作用下,室内离同一声源一定距离处接收到的声压级可比在室外时高出 10~15dB,如果在室内布置吸声材料,使反射声减弱,则操作人员主要听到的是机器设备发出的直达声,被噪声包围的感觉会明显减弱,这种通过吸声处理以达到降噪目的的方法被称为吸声减噪法。

2. 吸声减噪量的影响因素

室内有噪声源时,噪声的声压级大小与分布取决于房间的形状、各界面材料和家具设备的吸声特性,以及噪声源的性质和位置等因素。

3. 吸声减噪法的使用原则

(1) 室内平均吸声系数较小时,吸声减噪法收效最大。对于室内原有吸声量较大的房间,该法效果不大。

(2) 吸声减噪法仅能减少反射声,因此吸声处理一般只能取得 4~12 dB 的降噪效果,试图通过吸声处理得到更大的减噪效果是不现实的。

(3) 在靠近声源、直达声占支配地位的场所,采用吸收减噪法不会得到理想的降噪效果。

6.4.2 消声器原理

消声器是可使气流通过而降低噪声的装置。降低气流噪声主要依靠安装各种类型的消声器或消声室。性能良好的消声器不仅要求有较好的消声频率特性、较小的空气阻力损失,还要求结构简单、施工方便、使用寿命长、体积小且造价低,其中消声量是评价消声器性能优劣的重要指标。

1. 消声量的表示方法

(1) 插入损失:插入损失是指在声源与测点之间插入消声器前后,在某一固定点所测得的声压级之差。

用插入损失作为评价量的优点是比较直观实用,易于测量,是现场测量消声器消声效果最常用的方法。但插入损失值不仅决定于消声器本身的性能,而且与声源种类、末端负载以及系统总体装置密切相关，因此，该量适合在现场测量中用来评价安装消声器前后的综合消声效果。

(2) 传递损失：传递损失是指消声器进口端入射声的声功率级与消声器出口端透射声的声功率级之差。

声功率级不能直接测得，一般通过测量声压级值来计算声功率级和传递损失。传递损失反映了消声器自身的特性，与声源种类、末端负载等因素无关。因此，该量适用于理论分析计算和在实验室中检验消声器自身的消声性能。

2. 消声器原理及种类

目前应用的消声器种类很多，但根据其消声原理，大致可分为阻性消声器和抗性消声器两大类。阻性消声器的原理是，利用布置在管内壁上的吸声材料或吸声结构的吸声作用，使沿管道传播的噪声迅速随距离衰减，从而达到消声的目的，其作用类似于电路中的电阻，对中、高频噪声的消声效果较好。抗性消声器不使用吸声材料，主要是利用声阻抗的不连续性来产生传输损失。它又分为扩张室消声器和共振消声器。前者借助于管道截面的突然扩张和收缩达到消声目的；后者则是借助共振腔，利用声阻抗失配，使沿管道传播的噪声在突变处发生反射、干涉等现象，以达到消声目的，其作用类似于电路中的滤波器，适宜控制低、中频噪声。为了扩大控制噪声的范围，可以将上述两类消声器结合起来，形成阻抗复合式消声器。这里仅对各类消声器作简要描述。

1) 阻性消声器

设有一均匀、无限长的管道，如果管壁为刚性，即不吸收声能，则平面声波沿管道传播时就不会有衰减。当管壁有一定吸声性能时，声波沿管壁传播的同时就会伴随着衰减。

阻性消声器的种类很多，按气流通道的几何形状可分为直管式、片式、折板式、迷宫式、蜂窝式、声流式和弯头式等。

2) 抗性消声器

抗性消声器适用于中、低频噪声的控制，常用的有扩张室消声器和共振腔消声器两大类。常用的形式有干涉式、膨胀式和共振式等。

在消声性能上，阻性消声器和抗性消声器存在着明显的差异。前者适宜消除中、高频噪声，而后者适宜消除中、低频噪声。但在实际运用中，宽频带噪声是很常见的，即低、中、高频的噪声都很高。为了在较宽的频率范围内获得较好的消声效果，通常采用宽频带的阻抗复合式消声器，它将阻性与抗性两种消声原理，通过结构复合起来而构成。根据阻性与抗性两种不同的消声原理，结合具体的噪声源特点，通过不同的方式恰当地进行组合，可以设计出不同形式的复合消声器。此外，还有利用其他消声原理的有源消声器系列和排气消声器等。

6.4.3 减振和隔振

1. 振动对人的影响

振动的干扰对人体、建筑物和设备都会带来直接的危害。振动对人体的影响可分为全身振动和局部振动。全身振动是指人体直接位于振动物体上时所受到的振动；局部振动是指手持振动物体时引起的人体局部振动。人体能感觉到的振动按频率范围可分为低频振动(30Hz 以下)、中频振动(30～100 Hz)和高频振动(1000 Hz 以上)。对于人体最有害的振动频率是与人体某些器官固有频率相吻合的频率。这些固有频率为：人体在 6 Hz 附近；内脏器官在 8 Hz 附近；头部在 25 Hz 附近；神经中枢在 250 Hz 附近。

物体的振动除了向周围空间辐射在空气中传播的声波外，还通过其基础或相连的固体结构传播声波。如机车运转时的振动可以通过路基从地面向周围传播，操作机床的工人可以直接感受到振动对人体的影响。对于振动的控制，除了对振动源进行改进，减弱振动强度外，还可以在振动传播途径采取隔离措施，用阻尼材料消耗振动的能量并减弱振动向空间的辐射。因此振动的控制方法可分为隔振和阻尼减振两大类。

2. 振动的隔离

机器设备运转时，其振动一方面可以通过基础向地面四周传播，从而对人体和设备造成影响，另一方面，由于地面或桌子的振动传给精密仪器而导致工作精度下降。为了降低振动的影响，可在仪器设备与基础之间插入弹性元件，以减弱振动的传递。隔离振动源(机器)的振动向基础的传递，称积极隔振；隔离基础的振动向仪器设备(甚至是房屋，如消声室)的传递，称消极隔振。

隔振的主要措施是在设备上安装隔振器或隔振材料，使设备与基础之间的刚性连接变成弹性连接，从而避免振动造成的危害。隔振器主要包括金属弹簧、橡胶隔振器、空气弹簧等。隔振垫主要有橡胶隔振垫、软木、酚醛树脂玻璃纤维板和毛毡。其中，由于金属螺旋弹簧有较大的静态压缩量(2 cm 以上)，能承受较大的负荷、弹性稳定，且经久耐用因而被广泛应用。

3. 阻尼减振

(1) 减振原理：固体振动向空间辐射声波的强度，与振动的幅度、辐射体的面积和声波频率有关。金属薄板本身阻尼很小，而声辐射效率很高，例如各类输气管道、机器的外罩、车船和飞机的壳体等。降低这种振动和噪声，普遍采用的方法是在金属薄板结构上喷涂或粘贴一层高内阻的黏弹性材料，如沥青、软橡胶或高分子材料。让薄板振动的能量尽可能耗散在阻尼层中，由于这种阻尼作用，一部分振动能量转变为热能，而使振动和噪声降低的方法称阻尼减振。

(2) 阻尼材料和阻尼减振措施：用于阻尼减震的材料，必须是具有很高的损耗因子的材料，如上述的沥青、天然橡胶、合成橡胶、油漆和很多高分子材料。

在振动板件上附加阻尼的常用方法有自由阻尼层结构和约束阻尼层结构两种，如图 6-6 所示。

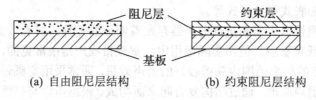

阻尼层　　　　　　　　　约束层

基板

(a) 自由阻尼层结构　　　　　　(b) 约束阻尼层结构

图 6-6　阻尼层的构造形式

将一定厚度的阻尼材料粘贴或喷涂在金属板的一面或两面可形成自由层结构。当金属板受激发产生弯曲振动时，阻尼层随之产生周期性的压缩与拉伸，由阻尼层的高黏滞性内阻尼来损耗能量。阻尼层的厚度为金属板厚度的 2～5 倍。阻尼层除了具有减振作用外，还同时增加了薄板的单位面积质量，因而增大了传声损失。约束阻尼层结构是在基板和阻尼材料上再附加一层弹性模量较高的起约束作用的金属板。当板受到振动而弯曲变形时，原金属层与附加的约束层的弹性模量比阻尼层大得多，这上下两层的相应弯曲基本保持并行，从而使中间的阻尼层产生剪切形变，以消耗振动能量，提高阻尼减振效果。

6.4.4　隔声原理和隔声措施

1. 隔声原理

许多情况下，可以把发声的物体，或把需要安静的场所封闭在一个小的空间内，使其与周围环境隔离，这种方法称为隔声。例如，可以把鼓风机、空压机、球磨机和发电机等设备放置于隔声性能良好的控制室或操作室内，与发声的设备隔开，以使操作人员免受噪声的危害。此外，还可以采用隔声性能良好的隔声墙、隔声楼板、门、窗等，使高噪声车间与周围的办公室及住宅区等隔开，以避免噪声对人们正常生活和休息的干扰。

2. 组合墙的隔声量

当隔墙的构造不是一种均匀结构，而是由两种以上的构件组成时，则称组合墙。如隔墙与其上的门以及门缝有不同的透射系数，则净隔声量可通过计算隔层的透射系数获得。从组合墙的隔声量可知，透射系数较大的构件将大大降低组合墙的隔声量，为提高隔墙的隔声量，应重点考虑隔声薄弱环节的处理，否则，单纯追求原本隔声效果好的构件的高隔声特性是无效的。

缝和小孔对隔声的影响，当墙上有小孔时，隔声效果将会受到影响。详细计算孔的透射问题，将涉及衍射、阻尼等因素，颇为复杂。

当频率较高时，若隔层有效厚度为声波半波长的整数倍，小孔内声波传播就会产生纵向共振，隔声量有较大降低。在 15 cm 厚的墙上，穿有不同直径的孔时，隔声量降低的情况如图 6-7 所示。

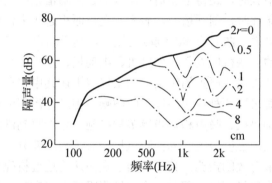

图 6-7　小孔对隔声的影响

注意到因共振而使隔声量有较大损失的频率大约在 1000 Hz 和 2000 Hz 处，大体上与之对应的有效厚度为半波长的频率。

关于缝隙的情况，性质与小孔有类似之处，但计算更为复杂。由于我们的目的不在于精确知道缝和孔的透射系数值，而在于指导设计和施工中如何克服由于孔和缝引起的隔声量损失。通过上述分析可知，由于声波的衍射作用，孔和缝隙会大幅度降低组合墙的隔声量。门窗的缝隙、各种管道的孔洞、隔声罩焊缝不严密的地方，都是透声较多之处，故应堵严孔洞。如穿线的管，在施工完成之后应用石蜡、沥青或其他材料堵塞，绝不能透气。包括使用压紧措施，使门缝和窗缝密封严密。对于经常要开关的门窗，缝的处理很难达到期望的隔声要求。为了争取门或窗与隔墙在隔声量上的平衡，经常在单层墙上设计双层窗或双层门，针对在工作时有人出入的门，为避免开门时的漏声，应设置"声锁"或"声闸"，即在门厅或走道外再设计一道门，避免两道门同时开启。

3. 隔声罩

在噪声控制设计中，针对车间内独立的强声源，如风机、空压机、柴油机、电动机和变压器等动力设备，以及制钉机、抛光机和球磨机等机械加工设备，当难以从声源本身降噪，而生产操作又允许将声源全部或局部封闭起来时，隔声罩是经常被采用的一种手段。

将噪声源封闭在一个相对小的空间内，以减少向周围辐射噪声的罩状结构，通常被称为隔声罩。其降噪效果一般在 10～40 dB 之间。有时为了操作、维修的方便或通风换热的需要，罩体上需要开观察窗、活动门及散热消声通道等。隔声罩有密闭型与局部开敞型、固定型与活动型之分。

隔声罩的降噪效果通常用插入损失来表示，它的定义为隔声罩在设置前后，同一接收点的声压级之差，记作 IL。这一插入损失的大小，首先与隔声罩所用材料(结构)的隔声量有关，同时，还与隔声罩内的平均吸声系数有关。因为有了隔声罩，在罩内增加了混响声能，使罩内的各点的总声压级提高。所以罩内必须增加吸声量。

隔声量和吸声系数都是频率的函数，因此，设计中必须首先知道噪声源的频率特性，再根据降噪目标，确定隔声罩所需的插入损失，选择合适的材料和结构，以制定经济合理的设计方案。

隔声罩除了内侧要加吸声材料外，还要考虑罩壳的振动向周围辐射声波。所以，罩壳表面经常采取阻尼处理，尤其是用钢、铝板之类的轻型材料作罩壁时，须在壁面上加筋，涂贴阻尼层，以抑制和减弱共振与吻合效应的影响；隔声罩与地面之间的缝隙、罩壁上开门窗与电缆等管线产生的缝隙的密封处理也是不可忽略的，并且管线周围应有减振、密封措施；如罩内的机器有升温现象，需要采取通风冷却措施时，还得增加消声器等综合控制措施；当机器有进、出料或其他生产工艺所必需的非全封闭条件时，则须按开口面积与全罩面积之比来估计隔声量；此外，隔声罩要选择适当的形状，一般来说，曲面形体的刚度比较大，利于隔声。

工业生产中广泛使用的某些机电设备，如风机、电动机、空压机和内燃机等，在运转过程中会辐射出强烈的噪声，对环境造成严重的污染，如果仅用上述其中一种防噪措施，则很难有效地控制噪声污染，这时应同时采用两种或两种以上的防噪措施进行治理或控制。如风机的噪声控制就必需同时采取减振、基础隔振、吸声和隔声等多种措施，才能收到满意的减噪效果。首先由于风机进、出口的空气动力噪声强度最大，为控制风机，必须将这部分噪声降下来，在进、出口安装消声器是抑制风机噪声最有效的措施；其次，由于噪声还将透过机壳和管壁辐射出来，机械噪声和电机电磁噪声都会污染现场环境。因此，当现场降噪要求较高时，还必须加装风机机组隔声罩；此外，风机机组应安装在经减振设计的弹性基础上，在进、出口与管道的连接点安装柔性接头，管道或机壳振动强烈时还应涂阻尼材料等；有条件时还应该在房间内做吸声降噪处理。

本章主要介绍了声音的度量与声环境的描述、人体对声音环境的反应原理，同时讲解了环境噪声控制途径，介绍了噪声控制的基本原理和方法。

(1) 声音有哪几种度量方法？
(2) 列举出你所知道的人耳听觉特征。
(3) 环境噪声的控制途径有哪些？
(4) 噪声控制的基本原理是什么？

第 7 章

工业建筑的室内环境要求

- 了解室内环境对典型工艺过程的影响机理。
- 熟悉工业建筑的室内环境设计指标。
- 了解典型工业建筑的室内环境设计。

【本章要点】

为了保证生产过程和产品品质的高精度、高纯度和高成品率，随着现代科学与工业生产技术的发展，现代工业对空气洁净度提出了更为严格的要求。本章主要介绍室内环境对典型工艺过程的影响机理，同时讲解工业建筑的室内环境设计指标、典型工业建筑的室内环境设计。

7.1　室内环境对典型工艺过程的影响机理

本章主要介绍典型工艺过程中由室内环境带来的影响及其机理。

7.1.1　棉纺织工业

棉纺织工业是以纯棉或棉与化学纤维混纺为原料的加工业。棉纤维具有吸湿和放湿性能，对空气湿度比较敏感。棉纤维的含湿量可直接影响纤维强度，也影响纤维之间和纤维与机械之间相互摩擦产生的静电大小，与纺织工艺和产品质量关系密切。棉纤维外表有一层棉蜡，当温度低于18.3℃时棉蜡硬化，会影响纺纱工艺；当温度高于 18.3℃时棉蜡软化，纤维变得润滑柔软，可纺性增强。化纤原料中除纤维素、人造纤维吸湿性比较强以外，合成纤维吸湿功能较差。因此，纯棉与混纺车间的温湿度要求有一定的差别。总之，纺织车间温湿度以保证工艺需要的相对湿度为主，温度以满足工人的劳动卫生需要和保持相对稳定即可。

7.1.2　半导体器件

半导体材料提纯是发展半导体器件的重要基础。材料种类很多，其中由于硅资源丰富，高温特性良好，器件效率较高，成为当前固态器件使用的主要材料。半导体材料硅必须具有较高的纯度以及按一定方向整齐均匀排列的晶格，因此需要将工业硅提纯，然后拉制成单晶才能使用。由于大规模和超大规模集成电路的工艺需要，在提高单晶硅质量方面首先遇到的是纯度问题。为了得到高纯度的硅材料，原料和中间媒介的高纯度和生产环境的洁净度就成为影响产品质量的一个突出问题。

由于超大规模集成电路的发展，推动了计算机设备的高密度化和小型化。为提高集成度，除需要设法缩小芯片尺寸外，还要依赖于减小每个元件尺寸。芯片上的电路尺寸变得越小，图形越复杂，线条越精细，这对生产使用的各种材料与介质纯度、各工序的加工精度和生产环境的洁净度提出了更高的要求。

从控制污染的角度出发，尘粒对集成电路所造成的影响可以大体分为三种。第一是对表面的污染，在工艺处理中存留在芯片的表层。第二是基片内侵入不纯物，达到一定浓度之后，足以使

07

大规模集成电路成为次品。第三是造成图形缺陷。产生图形缺陷概率最高的工序包括腐蚀在内的照相制版工艺。一般认为，包括影响可靠性的缺陷在内，尘粒的粒径必须小到所用最小图形尺寸的 1/5～1/4，才有把握消除影响。图 7-1 表示了不同集成度的最小尺寸影响成品率的灰尘粒径范围。

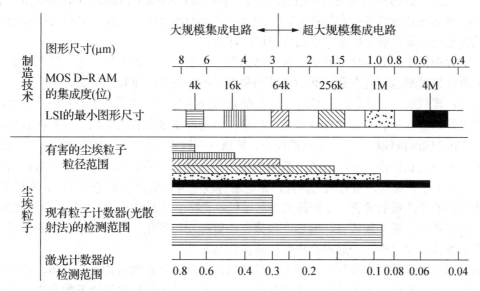

图 7-1　不同集成度的最小尺寸影响成品率的灰尘粒径范围(粒径μm)

07

7.1.3　胶片

　　感光胶片是由感光乳剂与其支持体片基构成。主要生产工序包括片基制造、乳剂置备、涂布与整理。胶片上经常出现的诸如斑点、条道、划伤及灰雾等弊病，往往与环境的净化及尘埃的污染有密切的关系。就危害胶片的尘埃性质来看又可以把它们分为惰性和活性尘埃两类。惰性尘埃是指对乳化剂不起化学作用的尘粒，它对胶片的危害是阻碍胶片感光、形成斑点、降低解象力和引起胶片划伤。不论是在乳剂层内部还是片基表面甚至在已干燥的涂层表面上的尘粒，它们的影响是相同的。解象力(可分辨率)是指胶片每毫米宽度上能够记录下可分辨的平行线条数。胶片的解象力越高，斑点放大倍数越大，影响就越严重。例如电影胶片在放映时要放大 300 倍，它的要求就要高于一般民用胶片。当解象力为 2000 条线时，线条间距仅约为 0.3 μm，所有粒径大于 0.3 μm 的尘粒在胶片冲洗后都表现为斑点。所以，高解象力产品对于控制环境中尘粒的直径要求极为严格。

　　活性尘埃粒径小于 1 μm，粒径虽小，但容易与周围物质发生化学反应或者凝聚成大颗粒。大气中 90% 以上的放射性粒子附着在这样的尘埃上。胶片受这种尘埃污染后，可能使乳化剂发生变化，例如乳剂被氧化、活性减弱、pH 值变化等，从而影响胶片的感光性能。

　　某些有害气体在一定条件下也会给胶片造成严重危害。例如硫化氢气体，即使它的浓度很低，甚至嗅觉感觉不出时，当它与潮湿的乳胶剂接触时，几秒钟内就可以使乳胶剂产生黄色灰雾而报废。挥发性酸蒸汽能使潮湿的乳胶剂 pH 值发生变化，从而使胶片在保存期间改变感光度。含有松节油的染料、油漆、地板蜡以及含树脂丰富的木材，也会放出过氧化氢危害胶片。

7.1.4 制药工业

药是直接关系到人的生命的制品，生产中必须确保卫生与安全。世界卫生组织(WHO)早在1969年就制定了"医药品的制造与品质管理经验"(Good Practicein Manufactureand Quality Control of Drugs)，并作出决议向各参与国推荐，一般称之为 GMP。GMP 包括了制造与质量的管理；制造场所的构造与设备；对于质量问题的处理这三部分。

药品的种类很多，有净化要求的至少包括抗生素的制造、注射药的制造、锭剂制造、点眼药制造以及医疗器械制造等几方面。其中注射剂和口服剂的生物洁净要求很高。

注射剂：现代医学表明，注射或静脉输液的热源反应是由细菌所产生的多酶物质引起的。一定数量及粒径的微粒子进入动物血液循环系统中，将会产生各种有害症状。例如静脉血液中如果含有 7～12 μm 的细微颗粒，会引起热源反应、抗原性或致癌反应，引起肺动脉炎，血管栓塞，异物肉芽肿及动脉高血压症。粒子进入血管系统将产生生物学上的影响，它与进入血管系统的粒子数量、粒径、化学和物理性质有关。因此，无论注射液中所含微粒杂质是活菌体、菌尸还是尘粒，它们对人体都有极严重的危害。在制药的工艺过程中，粒子来源很多，如空气无菌过滤器，清洗、吹干以及溶液所用介质金属设备、容器、胶塞、胶管等均可产生不同粒径及数量的粒子。此外，粒子物质常悬浮于空气中，一遇机会也会沉降到药品上。

在粉针剂抗菌素的制作过程中，细菌培养罐内的空气与培养物质均须无杂菌，细菌的接种与选种工作仍旧接触空气，不得受微生物的污染。从反复过滤提纯菌体溶液开始到提取结晶、真空烘干以及粉剂研磨，相互间如果不是密封流水线时都将直接接触空气，需要室内环境的净化。

水针剂于灌封后还有灭菌检漏工序，比粉针剂较容易保证无菌。但从防微粒子无尘的角度，则要求从配药过滤、洗瓶、干燥到灌封都需要保持洁净。口服剂：为了保证口服药品的质量，我国曾于 1978 年制定了药品卫生标准。除不允许存在致病菌与活螨外，对于杂菌与霉菌的总数也作了规定：西药片剂、粉剂、胶丸、冲剂等，杂菌每克不得超过 1000 个，霉菌总数每克不得超过 100 个。糖浆合剂、水剂等液体制剂霉菌与杂菌每升不得超过 100 个等。

7.1.5 医学应用

"微生物污染"是指在预定的环境或物质中存在着不希望存在的微生物。"微生物污染"控制是为达到必要的无菌条件所采取的手段。其控制主要对象是细菌与真菌。它们的粒径尺寸在 0.2μm 以上，常见的细菌都在 0.5μm 以上。而且一般认为其多依附于其他物质或浮游微粒之上，因此对于空气中的浮游细菌可以使用高效过滤方法给予控制。但微生物污染渠道不仅只是空气，还与人体与操作人员的服装有关。"生物洁净室"就是控制微生物污染的重要手段之一。

微生物洁净室在医院的手术与医疗工作中非常普及。主要应用在心、脑外科和髋关节置换或脏器移植等要求高洁净度的特殊手术室；急性白血病、烧伤等对外部感染缺乏抵抗力的患者需要的特殊病房；变态反应呼吸性疾病患者、早产婴儿的护理；细菌培养和临床检查等用室。总之，医院内使用微生物洁净室的主要目的是防止感染。患者在手术室期间因医院的环境因素而引起的术后感染是外科医生最感烦恼的问题之一。据统计在未采用微生物洁净室之前，世界各国的术后感染率平均为 7%，在这些感染者中还有 1.6% 的死亡率。引起术后感染的一个主要原因是空气污染。在手术时间长、难度大、术者多的情况下，空气污染因素尤其明显。空气中的细菌与术后感染率的关系如表 7-1 所示。

表 7-1　空气中的细菌与术后感染率

细菌个数/ft³空气	手术后感染率%	项目调查	细菌个数/ft³空气	手术后感染率(%)	项目调查
0.10	0.00	17	1.6	1.52	2
0.10	1.25	2	2.50	3.70	11
0.10	1.40	12	2.50	6.30	10
0.20	3.10	12	3.50	2.90	8
0.48	0.6	1	3.90	0.00	17
0.60	2.40	1	6.50	8.90	8
0.88	0.7	18	8.10	7.70	8
1.46	2.5	1	12.40	10.70	8

　　从表 7-1 中可以看出，随着空气中细菌个数的增加，术后感染率也随之升高。

　　在医学研究领域中，生物实验室、无菌实验室以及供生物、化学、医学实验用的"特殊饲育动物"饲养室也都十分需要控制微生物污染。生物实验室在培育疫苗时必须使用洁净的空气来防止组织培养物受外来微生物的污染。同时也可避免工作人员在室内吸入黏附疫苗病毒的尘粒。无菌实验室要求可靠地防止异种产品混入纯种产品中，并且防止工作人员受害。在"特殊饲育动物"饲养室中为了使动物体内不存在非指定的细菌，必须使它的生活环境成为一个严格的微生物隔离室。

7.1.6　宇航工业

　　在 20 世纪，美国国家航空和宇宙航行局(NASA)在往月球发射卫星的计划中，就要求在制造宇航飞行器时对微生物的污染进行严格控制，并且制定了标准(NASA—NHB5340)。这个标准除了要求对空气中的浮游尘粒严格控制以外，对于在空气中浮游生物粒子及其沉降量分别做出了规定。制造完全无菌的宇航飞行器，目的就是为了防止把地球上任何微生物带入宇宙或者其他任何一个别的星球，造成交叉污染。否则就会破坏今后对有机物起源的研究，或者使宇宙空间的生态平衡发生不利的变化。实际上，装配这种无菌的宇航飞行器的环境也就是微生物洁净室。

　　人类在各种社会活动、生活活动以及生产活动中，约有 80%的时间是处在室内环境中的。因此，室内空气的质量直接影响着人的身体健康。

7.2　工业建筑的室内环境设计指标

　　本章主要介绍工业建筑的室内环境设计指标，如，洁净度、温湿度、新风量等。

7.2.1　洁净度

　　对于洁净室的洁净度等级，许多国家都制定了相应的标准或规范。在多数洁净室标准中，都相似地将洁净室看成一个对其空气中的微粒子(生物的或非生物的)、温度、湿度和压力等根据需要进行控制的空间。

　　洁净室级别主要以室内空气洁净度指标的高低来划分。目前我国洁净厂房设计规范对洁净度等级、温湿度、正压值和新风量等参数指标都作了规定。

我国现行的洁净度分为四个等级，如表 7-2 所示。

表 7-2　中国空气洁净度等级

等　级	每立方米(每升)空气中>0.5um 尘粒数	每立方米(每升)空气中>5um 尘粒数
100 级	<35*100(3.5)	
1000 级	<35*1000(35)	<250(0.25)
10000 级	<35*10000(350)	<2500(2.5)
100000 级	<35*100000(3500)	<25000(25)

它是以洁净室内工作人员进行正常操作状态下，在工作区或第一工作区内测得的单位体积空气中所含有的尘粒数即含尘浓度，作为洁净室的洁净度指标。

温湿度：首先应满足生产工艺要求；当生产工艺对温湿度没有要求时，洁净室的温度为 20～26℃，相对湿度小于 70%；人员净化用房和生活间温度为 16～28℃。

正压值：指门关闭状态下，室内静压大于室外的数值。有门、窗可以相通的不同级别的相邻房间，其洁净度高的静压值应大于洁净度低的静压值；高洁净度的静压值应比非洁净区的静压值高。其静压差不应小于 5 Pa。

新风量：洁净室内应保证一定量的新风量。其数值应取下列风量的最大值。

(1) 乱流洁净室总风量的 10%～30%；单向流洁净室总送风量的 2%～4%。

(2) 补偿室内排风和保持室内正压值所需的新鲜空气量。

(3) 保证室内每人每小时的新鲜空气量不小于 40m³。

美国联邦标准 209E 是 20 世纪 60 年代美国提出的标准，它首次正式宣布了以 0.5 μm 和 5 μm 粒径尘粒每 ft³ 粒数计数的三级(100、1 万、10 万级)洁净室分级标准。是一项极其重大的历史成就。该标准考虑了美国许多行业与机构之间的协调，具有相当牢固的技术基础。目前美国现行的 209E 是以某种状态(空态、静态、动态)下的含尘浓度作为该状态下的空气洁净度指标，如表 7-3 所示。

表 7-3　美国联邦 209E 空气洁净等级

等级名称		等级限值								
		0.1μm		0.2μm		0.3μm		0.5μm		5μm
		溶积单位		溶积单位		溶积单位		溶积单位		溶积单位
国际标准	英制单位	m³	ft³	m³	ft³	m³	ft³	m³	ft³	— —
M1		350	9.91	75.7	2.14	30.9	0.875	10.0	0.283	— —
M1.5	1	1240	230	265	7.50	106	3.00	353	1.00	— —
M2		12400		2650	75.0	309	8.75	100	2.83	— —
M2.5	10	35000		5700	214	1060	30.0	353	100	— —
M3				26500	750	3090	875	1000	283	
M3.5				75700	2140	10600	300	3530	100	
M4	100	— —		— —		30900	875	10000	283	— —
M4.5		— —		— —		35300	1000	247	700	
M5	1000	— —		— —		100000	2830	618	175	
M5.5		— —		— —		353000	10000	2470	70.0	
M6	10000	— —		— —		100000		6180	175	
M6.5		— —		— —		3530000		24700	700	
M7	100000	— —		— —		1000000		61800	1750	

07

只要测得等于和大于某一粒径的粒子数符合既定级别的界限要求，那么就可以确定该洁净环境的洁净度等级。

在实际应用中，各个国家所采用的量纲体制有英制、公制和国际单位三种，在这几种量纲体制中，以国际单位制最具有通用性，也是大势所趋。但在计量检测仪器方面有时还需要用英制进行换算，如表 7-4 所示。

表7-4　各国标准采用的量纲体制

制　别	量　纲	采用的国家	制　别	量　纲	采用的国家
英制	粒/ft³	美国	国际公制	粒/m³	中国、英国、法国、德国
公制	粒/L	澳大利亚、苏联			

生物洁净室的标准及其参数在不同领域内各不相同，主要在于对尘粒和细菌浓度控制要求不相同。首先涉及生物洁净室标准是美国国家航空及宇宙航行局 NASA 的标准 NHB5340.2，它是为了防止在空间探索过程中地球上的微生物污染其他星球，从而破坏对地球外生命形态的研究，它对洁净室内的菌和尘粒要求非常严格。自该标准公布以来，相继被各国宇航工业所采用，如表 7-5 所示。

表7-5　美国国家航空及宇宙航行局 NASANHB5340.2

级　别	微粒			生物微粒			
	粒径	最大数量		悬浮最大数量		沉降量	
	μm	粒/ft³	粒/L	粒/ft³	粒/L	粒/m²(周)	粒/m²(周)
100	≥0.5	100	3.5	0.1	0.0035	1200	12900
10000	≥0.5	10000	350	0.5	0.0157	6000	64600
100000	≥5.0	65	2.3	—	—		
	≥0.5	100000	3500	2.5	0.0884	30000	323000
	≥5.0	700	25	—	—		

医学领域中生物洁净室主要在于手术室、病房和医学实验三个方面。洁净手术室对提高手术成功率和避免术后后遗症起了重要的保证作用。美国外科学会手术环境委员会和国家研究总署对近代医院手术室的悬浮菌作了规定，如表 7-6 所示。我国军队医院洁净手术部建筑提出的军内标准(YFB001—1995) 如表 7-7 所示。

表7-6　美国外科学会提出的手术室容许菌浓度

级　别	空气中浮游细菌数 (个/m³)	使用场合	级　别	空气中浮游细菌数 (个/m³)	使用场合
1	35 以下 (1 个/ft³)	每立方米(每升) 空气≥0.5μm 尘粒数	III	700 以下(20 个/ft³)	一般洁净手术
11	175 以下 (5 个/ft³)	每立方米(每升) 空气≥0.5μm 尘粒数			

表 7-7　中国 YFB001—1995 标准

等级	静态空气洁净等级		浮菌量	落菌量	自净	截面风速	温度	湿度
	级别	≥0.5μm 微粒数/m³	菌落数 /m³	菌落数/ (90 皿.05h)	换气次 数/h	m/s	℃	%
Ⅰ	100	≤3500	≤5	≤1		水平单向流 0.4～0.5 垂 向留 0.3～ 0.35	22～25	50~60
Ⅱ	1000	≤35000	≤75	≤2	≥55		22～	50～
Ⅲ	10000	≤350000	≤150	≤5	≥30		22～	45～
Ⅳ	100000	≤3500000	≤400	≤10	≥20		21～	45～

药品生产直接关系到人们的身体健康和生命安危，世界卫生组织在 1977 年颁发了《药品优质生产的实施细则(GMP)》后，世界上已经有 100 多个国家实施了 GMP，中国卫生部门参照了 GMP后，修改了我国的《药品生产质量规范》，医药工业公司也颁布了 1992 年版的《药品生产质量规范实施指南》。GMP 基本出发点是为了防止生产中药品的混批、混杂、污染及交叉污染，以保证药品的质量，如表 7-8 所示。

表 7-8　药品生产质量规范实施指南

洁净度 级别	尘埃(个/L)		菌落数	浮游 菌	医药工业公司医药生产质量管理 规范实施指南要求			国际 GMP (我国卫生部)
	≥ 0.5μm	≥5μm	90 皿 05h	个/m³	注射剂 (包括大输液)	口服剂 (固体与 液体)	原料业 (重点精 干包)	
>10000	≤3500	≤200	暂缺	暂缺	能热压灭菌的注射剂调配室，分针剂扎盖工序	敞口生产工序	非无菌原料药精、干、包生产工艺	
10000	≤350	≤20	≤10	≤500	能热压灭菌的注射剂生产的瓶子清洗烘干、存储及大输液、水针剂的灌封，不能热压面筋的注	部分由特殊要求品种的敞口生产工序		1.口服固体制剂生产 2.口服及一般制剂用原料精、干、包等
10000 (局部 100 级)	≤35	≤2	≤2	≤100	不能热压灭菌的注射剂生产的瓶子精洗烘干、储存及粉针剂的原料药过筛、混粉分装加塞、管装、冻干		无菌原料药精、干、包生产工序	1.能热压灭菌的注射剂生产 2.能热压灭菌的注射剂用原料精、干、包
100 级	≤3.5	0	≤10					1.不能热压灭菌的注射剂生产 2.不能热压灭菌的注射剂用原料精、干、包

7.2.2　温湿度

对于拥有仓库的工业建筑，温湿度是室内环境中一项必不可少的需控制的指标。

气温，源自太阳热能，用其表示大气的冷热程度。储存温度管理中多用"℃"温标衡量气温高低。平时我们所说的气温是指距离地面 1.5 m 高度处的空气温度。库温，则是仓库房温度，描述库房单位体积内空气的冷热程度。它与气温的关系是，最高库温一般低于最高气温，而最低库温则高于最低气温。贮品温度，是指仓贮商品的温度。它除受库温影响外，还与贮品自身性质有关，当其受潮或含水量超过安全标准，则堆码易引起发热，以及微生物寄附繁殖，仓虫蛀蚀及变态时虫体脂肪氧化、分解而产热；一些植物类中药因夏季受潮遇热，组织细胞呼吸作用随温度增高而加强则热量迸发；吸潮中药表面凝结的水蒸气能集聚一些热量；含淀粉、胶质的中药吸潮膨胀，其水汽蒸发时亦能散发出热量。

无论日变化还是年变化，库内温度变化多与库外气温变化相近，一般稍落后于库外，变化幅度也较小。夜间温度高于库外，白天温度低于库外。同时，库内温度变化还与库房坐落方向、建筑条件、库房部位及贮品性质等因素有关，即与库房周围空旷与否、同一库房的不同层次、向阳或背向阳、垛顶或垛底、库内四角或较通风部位；库内储存中药种类、性质及堆垛垛型等有关。

《中华人民共和国药典》有关药品贮藏条件中温度的要求，有下述规定：阴凉处系指不超过 20℃；凉暗处是指避光并且不超过 20℃；冷处是指 2~10℃。常温系指 10~30℃。除另有规定外，贮藏项下未规定贮藏温度的一般是指常温。

温度对药品的质量影响很大。过冷或过热都能促使药品变质失效，尤其是生物制品、脏器制剂、抗生素等，它们对贮藏温度的要求更高。温度过高会导致药品变质，如酚类药物加速被氧化，抗生素类药品受热加速分解、效价下降；酯类药物加速水解，麦角生物碱加速差向异构化，软膏剂易酸败变质等。还会促使药品挥发，加速樟脑、盐酸、乙醇等的逸散，使其含量发生变化，影响效果。而温度过低也会致使药品变质，比如，生物制品应冷藏，如发生冻结则失去活性。

至于湿度，是指空气中含水蒸气量的大小。空气中所含气体状态的水称为水气，水汽变化过程中的吸热与散热，会影响气温的变化。水蒸气的压强称为蒸气压，它将随着空气中水蒸气量的增大而增大。当药物表面的蒸汽压高于空气中的蒸汽压时，药物便会失去水分，直到其所含水分与周围空气湿度达到平衡为止，这一过程即称水分蒸发。而湿度指数是指衡量空气的干湿程度。

绝对湿度，指每一立方米空气中所含有水蒸气的重量，以 g/m^3 表示。气象上用水汽压表示绝对湿度的大小，单位用毫巴(mb)或毫米汞柱(mmHg)表示。饱和湿度，亦称最大湿度，指在一定温度时，每一立方米空气中所含有水蒸气量的最大限度，以 g/m^3 表示。饱和湿度可随温度升高而增大。相对湿度，是指在同一温度空气中，现有绝对湿度与饱和湿度的百分比。用其表示空气中实际水气量距离饱和状态的程度。它们之间满足此式：相对湿度=绝对湿度/饱和湿度×100%。如果空气中的水蒸气超过饱和状态，就会凝结出水珠附着在物体表面，这种现象叫"水松"或"结露"，俗称"出汗"。而露点，是指将空气中的不饱和水汽变成饱和水汽时的温度。

储存中多采用相对湿度作为控制和调节仓库温湿度的依据。相对湿度大，即空气中水蒸气量距离饱和状态愈接近，空气就潮湿，贮品水分愈不易蒸发；相反则空气愈干燥，贮品水分易蒸发。由此可客观地了解空气的干湿程度。

库内空气中的相对湿度，主要源于大气湿度，还包括贮品所含水分的蒸发和其在空气中吸收水汽的影响，加之中药本身所含水分，共同影响了贮品的保管质量。中药所含水分的蒸发除与其蒸发表面的温度、空气的温度和相对湿度、空气的循环及大气压力等因素有关之外，尚与中药表面的粗糙或平坦，具细粒结构及其化学成分和物理状态有关，中药堆垛、包装亦影响其水分的蒸发。

各行业产业的适宜温湿度要求如表 7-9 所示。

表 7-9　各行业产业的适宜温湿度要求

产品名称	应用过程	空气情况		产品名称	应用过程	空气情况	
		温度	湿度(%)			温度	湿度(%)
食品工业	糖类储存	27	35%	烟酒类工业	酒花储存	~1	60%
	焦糖冷却	16	40%		麦粒(啤酒用)储存	27	60%
	加霜糖	27	35%		酒面(啤酒用)储存	0~2	75%
	通心粉	21~27	38%		啤酒短储存	0~2	75%
	乳酪	10~21	35%~40%		麦酒	5~7	75%
	甜点心生原料	−1~4.5	80%~85%		蛇麻子储存	2	60%
	酥饼干燥	18	20%		发酵酒窖—啤酒	5~7	75%
	饼干，酥饼包装	16~18	50%		麦酒	13	75%
	炸马铃薯片	24~27	20%		货架式酒窖	0~2	75%
	食品干燥箱	32~35	2Gr/1b		酿酒用麦粒储存	16	35%~40%
	威化巧克力	32	13%		酿酒用酒翅尺寸	0~2	30%以下
	巧克力输送带	21	40%~50%		酿酒过程	16~24	45%~60%
火柴工业	制造	22~23	50%		重复蒸馏	18~22	50%~65%
	干燥	21~24	40%		雪茄，香烟制造	20~22	55%~65%
	火柴储藏	16~17	50%	制药工业	粉剂加工前存储	21~27	30%~35%
	储存	16~17	50%		粉剂加工后存储	24~27	15%~35%
军火工业	信管装填	21	40%		粉剂研磨	27	35%
	军火储存	2~24	10%~50%		粉剂干燥	57~71	20%
	火箭内部清除	2	35%		抗生素包装室	26~28	5%~15%
	火箭组装安装	27	25%		肝脏精采取室	21~27	20%~30%
玻璃工业	玻璃片胶合	20~21	15%~20%		打片间	21~27	40%

续表

产品名称	应用过程	空气情况		产品名称	应用过程	空气情况	
		温度	湿度(%)			温度	湿度(%)
食品工业	巧克力糖冷却道	5～7	40%以下	制药工业	药片加糖衣间	27	35%
	巧克力糖包装	18	55%		皮下注射剂	24～27	30%
	巧克力储藏室	16～24	40%～50%		微量分析	24～27	50%
	硬糖果制造	24～27	30%～40%		血清	23～26	50%
	硬糖果原料混合	24～27	40%～45%		小玻璃瓶制造	37	35%
	硬糖果冷却通道	13	55%以下		发泡剂	32	15%
	硬糖果包装	18	55%		兴奋剂(粉或片)	32	15%
	浓缩糖蜜		25%以下		胶质	21	35%
	糖果储藏室	18～24	45%～50%		镇咳糖浆	27	40%
	糖果干燥储藏	10～13	50%		腺提炼剂	26～27	5%～10%
	蜂蜜		25%		肝提炼剂	20～27	20%～30%
	咖啡粉包装	27	20%		动物胶囊	26	40%
	柑橘精包装	27	15%		胶囊储存	24	35%～40%
	面包包装	18～24	50%～65%		胶囊干燥	25～27	19%
	面粉储藏	18～27	50%～65%		盘尼西林包装	27	5%～15%
	口香糖冷却	15～22	50%		镇咳片	21	30%
	口香糖制造	25	33%		生物培养室	27	35%
	口香糖滚压	20	63%		小玻璃筒装注射剂	27	35%
	口香糖切条	22	53%	照相器材工业	相纸干燥	-31	40%～80%
	口香糖原料混合	23	47%		相纸切割及包装	18～24	40%～70%
	麦片包装	24～27	45%～50%		底片,相纸等存储	21～24	40%～65%
	谷类储存	16	13%以下		安全底片储存	16～27	45%～50%
	温度愈低愈耐存储				硝化底片储存	7～10	45%～50%
种业	种子干燥及储存	1～27	10～25%	木材工业	木材干燥	35～52	6%～8%
	低温低湿可保持胚芽能力				木材低温干燥可防止变形,变色及龟裂		
塑胶工业	恒温调配过程	27	25%～30%	精密制造工业	钟表组合	24～27	35%～40%
	塑料尼龙成型待加工槽	80～110	-30℃DP		精密研磨	24～27	45%～50%
	前原料干燥及储存	27	3%～15%		精密锁孔	24～27	35%～45%
	塑料加热成型室	27	25%～30%	造纸印刷工业	纸类加工	27	20%
	塑胶薄片加工	21	20%		纸或纤维模型	27	20%

07

产品名称	应用过程	空气情况		产品名称	应用过程	空气情况	
		温度	湿度(%)			温度	湿度(%)
合板业	冷压接合过程	32	15%～25%	造纸印刷工业	印刷装订	32	30%
电器	电子,X光线用线				彩色印刷	24～27	46%～48%
电子工业	光电管真空管装配	20	40%		彩色印刷原纸储存	23～27	49%～51%
	仪器制造及校正	21	50%～55%	冷冻机制造业	冷冻机制造	24	20%
	变压器制造	27	5%		如电磁阀,膨胀阀等		
	电动机线圈绕线		1～3Gr/b		压缩机组合	21～24	30%～45%
	湿气不致侵入绝缘体			橡胶工业	浸沾品	24～32	25%～30%
	电气用品(密封性)	22	15%		黏合品	27	25%～30%
	用尼龙绝缘的电器用品,如潮气侵入电器其特性可能变成短路如干电池之制造更应注意防潮				硫化	26～28	25%～30%
	避雷器	16	20%	橡胶工业	轮胎线储藏	52	7%
	电气控制器材	20	20%～40%		制前橡胶原料储存	16～24	40%～50%
	恒温恒湿器之组合	24	50%～55%		产品试验室ASTM标准	23	50%
	精密仪器之组合	22	40%～45%		齿轮加工装	24～27	35%～40%
	仪表校正及组合	23～24	60%～63%		配室		
	保险丝熔丝链组合	23	50%		组件	24	45%～55%
	电容器制造	23	50%	精密机械工业	一般装配	24～26	35%～40%
	绝缘纸储存	23	50%		精密装配	20～24	45%～50%
	日光灯安定器组合	20	20%～40%		一般检查室	20～24	45%～50%
	NFB开关组测试	25	30%～60%		制造精密研磨	24～27	45%～50%
	整流器制造	23	30%～40%		工业精密锁孔	24～27	35%～45%
	高压电线电缆制造	27	1%		钟表组合	24～27	35%～40%
	特殊电池制造	20～25	2%以下		精密检查室	24	45%～50%
毛皮工业	毛皮储存	5～10	55%～65%	纺织工业	棉花 准备	20～25	50%～60%
	皮革储存	10～16	40%～60%		梳棉	20～25	65%～70%
其他产业	羊皮纸储存	21	35%		精梳	20～25	55%～65%
	涂料及喷漆室	27	50%以下		纺纱	20～25	40%～65%
	肥料储存换气 1.1/2 次/hr	常温	40%～50%		织布	20～25	70%～85%

续表

产品名称	应用过程	空气情况		产品名称	应用过程	空气情况	
		温度	湿度(%)			温度	湿度(%)
其他产业	栗鼠饲料	0~2	18%~25%	纺织工业	整理	20~25	65%
	焦炭炼钢炉送风		40Gr/1b		羊毛梳毛/精梳	20~25	65%~80%
	蚊香干燥	38	10Gr 以下		环保纺纱	20~25	55%~60%
	装喷雾罐	27	2Gr/b		梳麻	20~25	50%~60%
	制陶黏土的储存	1727	35%~65%		丝绸纺纱	22~25	65%~70%
	光学器具室	45~50	45%~50%		化纤纺	20~22	80%~90%
	溶化室	24	45%		加捻	20~22	70%~80%

7.2.3　新风量

新风量，是指从室外引入室内的新鲜空气，区别于室内回风。新风量是衡量室内空气质量的一个重要标准，新风量直接影响着空气的流通，室内空气污染的程度，只有把握好室内新风量，保证室内空气治理，才能营造良好健康的室内环境。

我国国家标准《GB/T18883—2002》中规定，新风量不应小于 $30m^3/h$ 人。

关于新风量的调查研究，西方国家早在 20 世纪 90 年代初就已开始，从对加拿大、美国、西欧、南美 85 栋 IAQ(即室内空气质量)较差建筑的调查结果看，在导致 IAQ 较差的所有原因中，新风量不足排在第一位，占 57%，其次是室内污染源增多。美国职业安全与卫生研究所的调查也表明，室内空气影响人体健康的几大因素中，通风不良占 48%，国际室内空气协会成员，《室内空气》期刊主编 Sundell 教授对瑞典 160 栋建筑进行研究，发现新风量越大，发生建筑病综合症的风险就越小。

我国是在 2003 年发生非典时才开始真正关注新风量的。北京市卫生局对北京 80 家公共场所的空气质量进行抽查，检查结果 90%属于严重污染，在天津市首次空气质量调查活动中，对 50 家室内空气污染严重的单位和家庭进行了检测，结果发现大多数室内空气污染物(甲醛、苯、氨、氡等)并没有超标，为什么在众多空气污染物都没有超标的情况下，室内空气仍然污染严重呢？经调查发现其共同的特点是通风不好，也就是说新风量不足。当问起新风量时，结果令人吃惊，绝大多数人没有新风量的概念，少数人听说过，没有一个人知道国家有这样的标准，就更没有一个人知道 $30 m^3/h·$ 人的最低限量了。

人们往往知道影响 IAQ 的主要是装修建材和家具，却不知道使用过程中新风量对 IAQ 的影响有多大。我们每天要消耗 12 公斤(10 m^3)的新鲜空气，相对于水和食品来说，空气是人体最大的消耗品，而都市人 70%~80%的时间都是在室内度过的，所以保证室内的空气质量，充足的新鲜空气是现代都市人身体健康的第一选择。

综合考虑换气次数和最少新风量两个因素，取两者计算最大值新风量作为选型依据，体育场馆、大会议厅、影院等，可根据上座率结合换气次数确定新风量选型。对于大型商场可以按中央空调系统总送风量的 30%确定新风量进行选型。工厂、车间等有毒、有害物散发场所，按稀释浓度所需风量确定新风量，结合换气次数进行选型。

长期处于新风量不足的室内易患"室内综合症"，出现头痛、胸闷、易疲劳的症状，还容易引发呼吸系统和神经系统等疾病。新风量不足的主要原因有，房屋自然通风能力普遍不足；对于空调房屋,为了节省运行费用按最小新风量运行使新风量不足;空调设计中新风量取值过小不能满足室内空气品质的要求;新风处理输送和扩散过程的污染恶化了新风品质,削弱了新风的稀释作用;空调系统运行管理不当也可造成新风量的不足。

空调区、空调系统的新风量计算,应符合下列规定:人员所需新风量应根据人员的活动和工作性质,以及在室内的停留时间等确定。空调区的新风量,应按不小于人员所需新风量,补偿排风和保持空调区空气压力所需新风量之和以及新风除湿所需新风量中的最大值确定。全空气空调系统的新风量,当系统服务于多个不同新风比的空调区时,系统新风比应小于空调区新风比中的最大值。新风系统的新风量,宜按所服务空调区域或系统的新风量累计值确定。

新风量通常应满足以下三个要求:不小于按卫生标准或文献规定的人员所需最小新风量,人员所需新风量应根据人员活动和工作性质以及在室内的停留时间等因素确定;补充室内燃烧所耗的空气和局部排风量,建筑物内的燃烧设备有燃气热水器、燃气灶、火锅等,由于燃烧设备燃烧时要消耗空气中的氧气,如果这些燃烧设备在空调系统所控制的室内环境中,系统必须补充新风,以弥补燃烧所耗的空气。除此之外,还需要保证房间正压。

不同类型建筑新风量标准如表 7-10 所示。

表 7-10 不同类型建筑新风量标准 (新风量:m³/h·人)

办公建筑类空调室		娱乐建筑类空调室		宾馆类建筑空调室		民居类建筑空调室	
房间类型	新风量	房间类型	新风量	房间类型	新风量	房间类型	新风量
一般办公室	30	练功房/健身房	60~80	客房	30~50	一般别墅公寓	30
高级办公室	30~50	壁球/网球	40	接待室	30~50	高级别墅公寓	50
会议/接待室	30~50	棋牌室/台球室	40~50	餐厅/宴会厅	15~30	商场	15~25
电话总机房	30	游泳池	50	咖啡厅	20~50	病房	50
计算机房	30	游戏机房/麻将	40~50	多功能厅	15~25	教师	30~40
复印机房	30	休闲/录像厅	30~40	商务中心	10~20	展览馆	20~30
试验室	20~30	按摩室	30~40	门厅/大堂	10	影剧院	15~25
		更衣室	30~40	美容室	35		
		酒吧	17	歌厅/KTV	30~50		
		夜总会	20	舞厅	30		

不同场合换气频率要求如表 7-11 所示。

表 7-11 不同场合换气频率要求

房间类型	不吸烟						少量吸烟		大量吸烟
房间换气	一般房间	体育馆	影院商场	办公室	病房	计算机房	高级宾馆	餐厅	会议室
	1~2	1~2	1~2	1~3	2~3	2~4	2~3	2~3	3~8

7.3　典型工业建筑的室内环境设计

本章主要介绍以厂房类和医疗类建筑为代表的典型工业建筑的室内环境设计。

7.3.1　厂房类建筑室内环境设计

1. 恒温恒湿厂房

为了保证室内空气温度、湿度恒定，将进入室内的新鲜空气加温或降温，及加湿或干燥(降湿)，以达到规定要求的过程，称为空气温湿度处理。这种厂房称为恒温恒湿厂房。恒温恒湿厂房同时有温湿度基数和精度的要求，例如：$t=23℃±0.5℃$，$\phi=71\%±5\%$。

恒温恒湿厂房对建筑有一定的要求。

其一，应合理选择厂房的朝向：为了减少太阳辐射得热，北向布置最好，其次是东北或西北；西向最差；为了防止冬季冷风的影响，厂房纵墙面宜与当地冬季主导风向平行。西安的风玫瑰如图 7-2 所示。

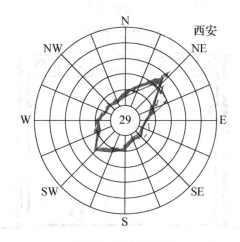

图 7-2　西安风玫瑰

其二，恒温恒湿厂房宜集中布置，可以同层水平集中、分层竖向对齐集中，也可混合集中或布置在地下室。

其三，恒温恒湿厂房的体形应方整，体形系数要小，尽量减少外墙长度。室内净高应尽可能降低。

其四，在剖面设计时，还应配合空调系统、风口位置并按充分利用空间的原则来布置管道。

另外，恒温恒湿厂房一般还有洁净、防振等各方面的工艺要求，因此在布置厂房时要注意这方面的要求。

恒温恒湿厂房中空调机房的布置遵循如下原则：空调机房一般应布置在恒温室的附近，靠近其负荷中心，以减少冷热能量的损失，缩短风管长度，节约投资，但由于风机有振动，机房还应远离需要防振、防噪声的恒温车间。有时也可以利用变形缝将两者分开布置。空调机房的布置方式分为集中式和分散式两种。

2. 自然通风设计

如何获得更好的自然通风设计，从减少建筑物接受太阳辐射和组织自然通风角度综合来说，厂房南北朝向是最合理的。从建筑群的布局来看，一般建筑群的平面布局有行列式、错列式、斜列式、周边式、自由式五种。行列式和自由式能争取到较好的朝向和自然通风，错列式和斜列式的布局更好。为了获得流畅的通风，厂房开口的高度应低一些，使气流才能作用到人身上。高窗和天窗可以使顶部热空气更快散出。室内的平均气流速度只取决于较小的开口尺寸，通常，取进出风口面积相等为宜，进风口小些为佳。至于导风设计，窗扇，中轴旋转窗扇、水平挑檐、挡风板、百叶板，外遮阳板及绿化均可以挡风、导风，有效地组织室内通风。

1) 冷/热加工车间的通风

冷加工车间夏季通风的主要方式有：限制厂房宽度并使其长轴垂直于夏季主导风向；在侧墙上开窗，在纵横贯通的通道端部设大门；室内少设和不设隔墙；当厂房较宽时，应敷设机械通风；未设天窗时，为排出积聚在屋盖下部的热空气，可设置通风屋脊。

热加工车间的通风，在进排风口设置方面，南方地区散热量较大车间是将墙下部设为开敞式，屋顶设通风天窗。为防雨水溅入室内，窗口下沿一般高出室内地面60~80cm。因冬季不冷，可不设窗扇，但必须设挡雨板。南方地区热车间剖面如图7-3所示。

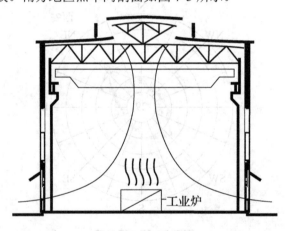

图7-3 南方地区热车间剖面

而北方地区散热量较大车间，由于冬夏季温差较大，进排风口均须设置窗扇。夏季可将进排风口窗扇开启组织通风。北方地区热车间剖面如图7-4所示。

2) 通风天窗

在通风天窗的选择方面，若使用矩形通风天窗，则其设计要点有如下几条：

(1) 常用的 L/h 值：当天窗挑檐较短时，可用 $L/h=1.1~1.5$；当天窗的挑檐较长时，可用 $L/h=0.9~1.25$。

(2) 喉口宽度 b 与窗高 h 之间的关系：$b<6$ 米，$h=(0.4~0.5)b$；$b>6$ 米，$h=(0.3~0.4)b$。L，h，b 示意图如图7-5所示。

(3) 两相邻天窗间距 $l \leqslant 5h$ 时，两天窗互起挡风板作用，可不设挡风板，如图7-6所示。

(4) 通风天窗水平口可设挡雨片，如图7-7、图7-8所示。

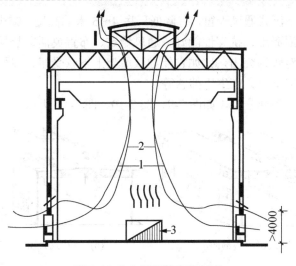

图 7-4　北方地区热车间剖面

1—夏季气流；2—冬季气流；3—工业炉

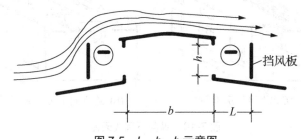

图 7-5　L，h，b 示意图

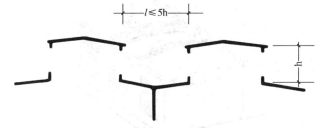

图 7-6　可不设挡风板的情况

图 7-7　通风天窗

图 7-8　通风天窗水平口挡雨片

而另一种天窗——下沉式通风天窗，有降低厂房4～5米的高度、减少风荷载、减少屋架上集中荷载、可节省钢材和混凝土、抗震性能好、通风稳定、布置灵活、热量排除路线短、光均匀等优点。而它的缺点也相对较为突出，比如它能导致屋架上下弦受扭、屋面排水处理复杂、设窗扇时构造复杂、屋面板下沉室内会产生压抑感等。

下沉式通风天窗有一系列分类，如图7-9、图7-10、图7-11所示。

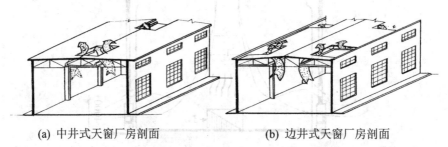

(a) 中井式天窗厂房剖面 　　　　　　(b) 边井式天窗厂房剖面

图7-9　井式天窗

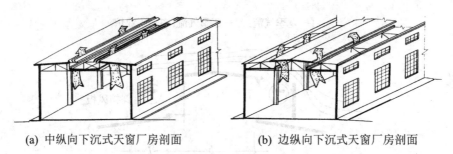

(a) 中纵向下沉式天窗厂房剖面　　　　(b) 边纵向下沉式天窗厂房剖面

图7-10　纵向下沉式天窗

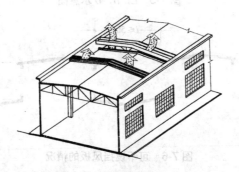

图7-11　横向下沉式天窗

3. 厂房的光环境

厂房的光环境可从侧面采光和顶部采光两方面着手。

1) 侧面采光

侧面采光可分为单侧采光和双侧采光两种。单侧窗采光不均匀，房间的天然光照度随进深的增加而迅速降低，采光系数衰减很快。单侧采光的有效进深约为侧窗口上沿至地面高度 d 的 1.5～2.0 倍，即 $B=1.5\sim2.0d$。所以单侧采光房间的进深一般以不超过窗高的 1.5～2 倍为宜。

侧窗可以分为高侧窗和低侧窗。高侧窗投光远，光线均匀，能提高远窗点的采光效果。低侧窗投光近，对近窗点光线有利。高低侧窗结合布置，不仅是结构构件位置所分隔，而且也能充分利用各自窗口特点，解决较高、较宽厂房的采光问题。相对来讲，侧窗造价便宜，构造简单，施工方便，能减少屋顶承重的集中荷载。

在设计中还应注意一些问题，比如，为方便工作(如检修吊车轨等)和不使吊车梁遮挡光线，高侧窗下沿距吊车梁顶面一般取 600 毫米左右为宜。低侧窗下沿(窗台)一般应略高于工作面的高度(0.8 米左右)，窗间墙越宽，光线越明暗不均，因而窗间墙不宜设得太宽，一般以等于或小于窗宽为宜。如沿墙工作面上要求光线均匀，可减少窗间墙的宽度或取消窗间墙做成带形窗。

侧窗如图 7-12 所示。

图 7-12　侧窗

2) 顶部采光

常见顶部采光形式有矩形天窗、锯齿形天窗、横向天窗、平天窗四种。

(1) 矩形天窗：如果采用了矩形天窗，当窗扇朝向南北时，就会得到均匀的室内光照，直射光较少；而且，矩形天窗的玻璃面是垂直的，受污染程度小，易于防水；窗扇可开启，有一定的通风作用，如图 7-13 所示。

图 7-13　矩形天窗

矩形天窗的缺点是增加了厂房的体积和屋顶承重结构的集中荷载，屋顶结构复杂，造价高，抗震性能不好。

矩形天窗厂房剖面如图 7-14 所示。

图 7-14　矩形天窗厂房剖面

为了获得良好的采光效果，合适的天窗宽度宜为厂房跨度的 1/2～1/3。两天窗的边缘距离 L 应大于相邻天窗高度和的 1.5 倍，即 $L>1.5(h_1+h_2)$。天窗宽度与跨度的关系如图 7-15 所示。

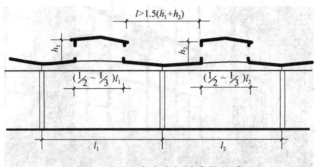

图 7-15　天窗宽度与跨度的关系

(2) 锯齿形天窗：其优点是可以保持室内光线稳定、均匀，无直射光进入室内，避免产生眩光及不增加空调设备负荷。而且采光效率高，在满足同样采光标准的前提下，锯齿形天窗可比矩形天窗节约玻璃面积 30%左右。由于玻璃面积少又朝北，因而在炎热地区对防止室内过热也有好处。锯齿形天窗及厂房剖面如图 7-16、图 7-17 所示。

图 7-16　锯齿形天窗

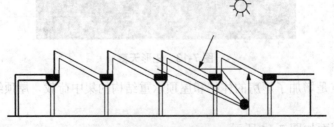

图 7-17　锯齿形天窗厂房剖面

(3) 横向天窗：优点是采光面大，效率高，光线均匀等，如图 7-18 所示。

图 7-18　横向天窗

其中，有一种天窗是将一个柱距或几个柱距内的屋面板下沉，支撑在屋架下弦上，相邻屋面板仍支于屋架上弦上，利用两部分屋面板位置的高差(即屋架上下弦高差)作采光口，这种天窗称为横向下沉式天窗，如图 7-19 所示。

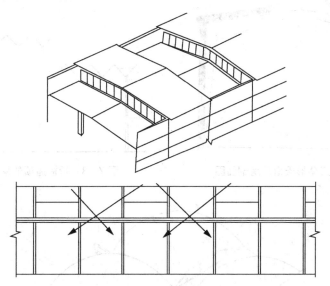

图 7-19　横向下沉式天窗

(4) 平天窗：平天窗采光效率高，采光均匀，比矩形天窗平均采光系数要大 2～3 倍，即在同样采光标准要求的采光面积为矩形天窗的 1/3～1/2，可节约大量的玻璃面积，如图 7-20 所示。

但是，在采暖地区，平天窗玻璃面上容易结露；而且如设双层玻璃，则造价高，构造复杂。在炎热地区，通过平天窗透过大量的太阳辐射热；在直射阳光作用下工作面上眩光严重。此外，平天窗在尘多雨少的地区容易积尘和污染，使采光效果大大降低，如图 7-21 所示。

此外，在实践中还有其他顶部采光形式，如：三角形天窗、折板屋顶的采光天窗布置、壳体结构的采光处理等，分别如图 7-22、图 7-23、图 7-24 所示。

07

图 7-20　平天窗

图 7-21　积灰尘的采光带

有采光量量量而小，相邻玻璃板面积量量量量的量量不匀量，量量量量量，造成量量顶面光线
反差很大很亮，相邻两板量高量量间量量量量量间量量量量量量量，受采光天窗
形式量的大量量量图 7-19量量量。

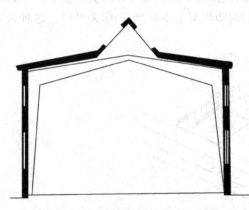

图 7-22　三角形天窗厂房剖面图

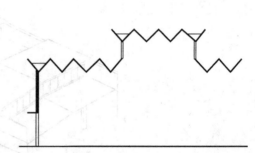

图 7-23　折板屋顶的采光天窗布置

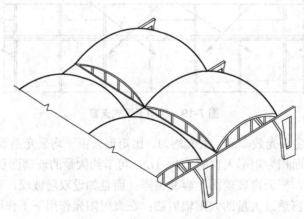

图 7-24　壳体屋顶采光示意

4. 厂房的声环境

对于厂房内噪声的控制，主要有"控制噪声源"这一控制噪声的最有效办法，和"接受者"
防护这一经济而又有效的措施。"接受者防护"中常用的防护用具有耳塞、防声棉、耳罩、头盔等。此外，在车间可使用隔声间对工人进行保护。

如要在噪声传播途径上控制噪声，可采用如下方法：利用闹静分开的方法降低噪声；利用地形和声源的指向性控制噪声；利用绿化降低噪声；采取声学控制手段：工业企业主要采用隔声、吸声、隔振与阻尼等噪声控制技术。

工业企业的噪声控制可通过以下四种技术落实。

1) 隔声降噪设计

可利用隔声罩、隔声间、隔声屏障达到隔声降噪的目的。其中，隔声罩可用来控制车间内独立的强噪声源，降低噪声 10~40 dB 不等。隔声间设计降噪量可达到 20~50 dB，可分为封闭式和半封闭式两种，一般多用封闭式结构。而隔声屏障是用来遮挡声源和接收点之间直达声的措施。

2) 吸声降噪设计

可在室内屋顶和墙壁内表面贴以吸声材料或吸声结构，或在室内空间悬挂一些吸声体或设置吸声屏，机器发出的噪声，碰到吸声材料部分声能会被吸收掉，使反射声减弱，操作人员听到的只是从声源发出的经过最短距离到达的直达声和被减弱的反射声，这时总的噪声级就会降低，这就是吸声降噪设计的原理。

3) 隔振设计：隔振的主要方法是在振源与结构之间装设减振装置。一般来讲，为了有效地抑制金属板振动，需在薄的钢板上贴上或喷涂一层内摩擦阻力大的材料，如沥青、软橡胶或其他高分子涂料配成的阻尼浆，这种措施称之为减振阻尼，简称阻尼。常用阻尼材料有沥青、软橡胶、石棉漆、石棉沥青膏等。常用的阻尼结构有自由层阻尼处理和约束层阻尼处理。

7.3.2　医疗类建筑室内环境设计

医疗建筑是专业性、综合性较强的公共建筑，一般包括综合医院、疗养院等类型，向人类提供诊断、治疗、休养等系列服务。18 世纪工业革命更是崇拜医疗技术和设备的作用而忽视了人性，使医院建筑变成健康修配厂。总体来说，专业分工、集体协作是近代医院的基本特征，反映在建筑上则是分科、分栋的分离式布局，医院建筑也变成一种新的独立的建筑类型受到人类的重视。20 世纪下半叶，科学统计表明，心理、社会因素与人类的健康和疾病有极大的关联，所以，生物、心理、社会的整体医学模式得到发展，同时，一系列新兴边缘学科和医疗技术的出现，促成了专业分科更细、更多学科更具综合性、医疗技术设备更加先进的现代医院或者医疗城的产生，现代医疗模式不仅从生物学角度，而且从心理学、社会学以及建筑、环境、设备等方面为病人创造了良好的就医环境。

1. 医疗建筑光环境

随着医疗环境在医疗过程中的作用日益受到重视，医疗建筑的光环境也不再局限于满足照度的要求，而是更加强调舒适性，以满足患者和医务人员生理和心理需求。医疗建筑的光环境，可分为自然光环境和人工光环境两类。医疗建筑除去病室部分，其他诸如门诊、医技等大部分功能的使用时间还是在日间，因此自然光在医疗建筑中的运用是光环境设计的主要部分。

对于医院建筑而言，合理组织不同功能空间的自然光，创造有益于医务人员与患者身心健康的光环境是非常重要的。医院要尽量利用自然光，以扩大人们的心理空间，满足患者接近阳光、接近大自然、尽快恢复健康的愿望。

现今的医疗建筑呈两个发展趋势，一个是高空集中化，另外一个是低层村落化，两者同时面临的采光问题都可以通过中庭、内院和天井采光的方式解决。

1) 中庭采光

对于高层建筑的医院而言，中庭的存在不仅解决了采光的问题，同时也打破了高层医院的冰冷形象，改善了环境，得到了明亮、开阔、有阳光进入的空间。由于昼光会随时间和气候发生变化，光的数量和反射方向也不固定，使中庭成为室内外之间的缓冲和灰色地带，是人们被建筑隔离后对自然的回归，为患者及医护人员以及探访者带来轻松愉快的心境。

中庭可分为五种类型：温室型、两面型、三面型、四面型和线型。采用不同类型的中庭形式，采光方式也各不相同。

(1) 温室型和两面型。这两种类型的中庭是附加在主体建筑之上，在医疗建筑中多作为门厅部分。在自然光采光设计中，温室型和两面型中庭的自然光采光方式是以直射光为主。虽然看到光直射下的明亮墙壁，会使人因为直射光的存在而快乐，但同时受到直射的区域也会引起使用者视觉上的不适。因此，这一类型的中庭需要关注的是适当的遮阳和折射设备，例如重庆大坪医院的门诊大厅，设计采用两面型中庭，空间高朗明亮，在遮阳和折射方面利用顶部结构所形成的栅格使射入光线折射成漫反射，以此获得柔和的室内效果。

(2) 四面型。中庭部分被建筑物包围，也可以称为中间的空腔。某种程度上，它的效果和天井有异曲同工之处，多作为综合门诊的休息等候和综合部分。四面型中庭在自然光采光设计上，相对来说，其内部接受阳光直射的部分比较少，大部分为反射和折射光，因此需要在适当的位置根据季节和时间设置反射装置和具有扩散性的透光装置，以形成柔和舒适的光环境。例如北京儿童医院门诊大厅，采用四面型中庭进行自然采光，利用中庭顶部的结构构件和磨砂玻璃，形成丰富的光影变化，创造出宽敞明亮、视线流畅的公共空间，不同的楼层产生不同的空间变化，不但强调了公共空间的开放性，更有助于消除儿童的心理压力，改善心境。

(3) 线型。它是在建筑物之间进行连接的中庭方式，适用于目前流行的"医院街"形式的医院，这类空间形式是以线型空间为纽带，走廊成为建筑中最主要的交通空间。这类空间组织方式具有较灵活的布置方法，因而适合于不同地区、不同规模的医院，具有较广泛的适用性。线型中庭的自然采光相对其他形式而言，直射光量很小，主要是通过光线在侧墙的反射和漫反射对中庭内部散光，设计时需要注意侧墙的材质，适宜使用较为粗糙的、形成漫反射的材质；在中庭形状比例细长的情况下，底部光线照度较弱，需要根据实际情况在地面设计一定的辅助人工照明；适当的情况下，可以考虑使用一些辅助装置加大光线的反射和散射。例如番禺中心医院，以街式中庭解决建筑本身大体量的采光问题和医院复杂交通的问题。同时，在门诊部分设置天井以满足采光要求。

(4) 三面型。这个名字是由其形状得来，三面型是建筑物各种采光口形式的加强版，将附加、包围、连接在此基础上加强，就会得到三面型。三面型在医疗建筑中的运用多为门厅和门诊部分，可以得到通高并且空间明亮舒适的门厅空间，同时也可为门诊的走廊和诊室提供良好的光线。三面型中庭的开口方向如果非北向，则光线为直射进入室内，易引起光线不均匀，可能有眩光的问题，因此需要运用漫反射材质对光线进行分散，还要注意遮阳。

2) 天井与内院采光

这种方式主要运用于高层医院建筑中，天然光在天井中来回反射形成扩散光场，并通过调节天井表面的吸光系数和建筑构造尺寸，控制其采光系数，最终得到满意的采光环境。

相对天井而言，内院空间更大，除了解决采光问题，还可以布置景观空间作为等候区的延伸和患者活动的场所。当医院用房紧张时，还可以用来扩建病房。因此，内院在医疗建筑中的使用率相当高。英国剑桥大学马丁研究中心的大量建筑实例研究表明：随着内院高度的增加，到达相邻空间直射光线的进深迅速减少。因此，为保证内院相邻空间能获得足够的天然采光，内院高宽比例的最大值是 3∶1，在这个范围之内，内院的相邻空间就能得到足够的照度。

侧窗采光是用建筑物周边的窗户让光线透入的采光方式，如图 7-25 所示。

图 7-25　侧窗

侧窗的有效采光范围为窗高的 3～5 倍。影响房间横向采光均匀性的主要因素是窗间墙。窗间墙越宽，横向均匀性越差。在侧窗采光的方式下，能引入日光的多少很大程度上取决于建筑物的朝向。将建筑物较长的一面向着南面和北面可加大日光的利用。而减低东朝向和西朝向的窗户面积，可防止大量阳光直接进入建筑物，减少眩光的产生。

医疗建筑侧窗的形式通常做成长方形，随着时代的发展和进步，侧窗已经不仅是以往单调的窗扇形式，还包括幕墙、落地窗、转角窗以及高侧窗等一系列从建筑周边采光的窗扇形式。侧窗作为建筑的主要自然采光方式，运用于医疗建筑的不同功能部分，强调不同的使用要点。比如，门诊部分的房间多用于诊疗，因此其侧窗的重点是满足医疗诊室的工作照度，便于医生清晰明确地判断患者的病情。早期建成的医疗建筑走廊多为内廊式，只有两头开窗，与其说是采光，不如说是满足通风需要。随着医院建筑的人性化设计展开，走廊空间和功能的拓宽，走廊的自然采光也逐步开始使用，走廊上的侧窗在有可能的情况下开始兼顾采光和观景两重要求。

相对来讲，病房的侧窗起到的作用不仅是采光，同时也是患者了解外界环境的窗口，患者可通过窗户感知并且和外界交流，如图 7-26 所示。

图 7-26　病房内侧窗

为了获得良好的采光和视觉效果，侧窗采光口的位置、尺寸及材质尤为重要。试验表明，随着窗户设置高度的提高，进入室内进深处的照度也会增加，有利于改善整个房间照度分布的均匀性。但是如果窗户的位置太高，患者则无法与外界进行交流。新的技术条件下，有一些病房直接采用幕墙、转角窗和落地窗，配合一定的遮阳设计，以获得更好的视野和光环境效果。为了使病房的天然采光获得最大效果，同时又要减少眩光的产生，一种比较好的做法是将观景部分和采光部分的玻璃分隔开。要达到这个目的，用作采光的玻璃应尽量靠近天花板，使日光能从天花板反射到房间内部。也可以采用轻型折光板，把窗户分为上下两部分的同时还能加强室内的光线。

随着窗户设置高度的提高，进入室内进深处的照度也会增加，因此，天窗和高侧窗的照度均匀性较好，但是不存在和外界交流的可能性，较少运用于病房，在医院门厅、走廊以及病房区域的活动室等公共空间环境中使用较多，尤其是在中低层医院建筑的顶层空间。天窗采光系统的形式包括：矩形天窗、横向天窗和锯齿型天窗。锯齿形相当于提高位置的高侧窗，光特性与高侧窗相似，采光系数最高值一般在 5%～7%以内。天窗和高侧窗在满足采光要求的同时，结合光影效果，可为使用者带来不同的心理感受和环境效果，尤其是天窗，会使人感到与天空、太阳的直接联系，使患者产生积极向上的乐观心理。

在病房和诊疗室中，侧窗因为视线高度与窗一致，在有利于观看景色的同时也容易出现阳光直射产生眩光的现象。在病房中，因为病患大部分时间是卧床，所以当出现窗户正对病床时，眼睛直视窗户的上半部也会有眩光产生。在这种情况下需要选择合适的遮光构件或者遮光板来解决这个问题。

医疗建筑光环境中，大量自然光的使用非常有益于使用者的身心健康，但是过量的太阳光照射也会带来室内温度过高和眩光问题，为避免这些问题的产生，可以通过在窗户上安装遮阳装置以便调节进入室内的太阳光数量和质量。比如翼墙、百叶遮檐、深挖的窗、阳台等。

在窗之间伸出一定深度的翼墙，可遮挡低高度的朝阳和西晒。在病房的光环境设计中，可以采用不同高度的翼墙，并对其上部进行遮挡，以满足病患在不同使用情况下的采光需要。百叶遮檐是将遮檐做成百叶形状，确保视野的同时，也减轻了封闭感，适用于医疗建筑的病房遮阳，可以对不同时间、不同方向的阳光进行有选择的遮挡和折射，以得到令患者舒适的光环境。在病房的设置中，阳台也起到一定的控制光环境的作用，既是遮阳板，同时也是反射板，使自然光均匀射入病房内部，调节病房内的光环境。

2. 医疗类建筑空气环境

医院是人类维护身体健康，恢复劳动机能的场所，是人类生存繁衍、与疾病抗争的重要阵地。外空气环境的洁净程度直接关系到病人的治疗与康复、医护人员的健康和诊疗设备的正常运行。

医院院内的细菌控制与交叉感染控制一直是医院工作的重点，也是医院空调的主要任务。但是与人们良好的初衷相反，医院空调往往成为院内感染的主要根源之一。造成院内感染的途径有多种，如因空调机组本身的问题或系统设计、安装的问题引起院内感染，称为不合适空调。当然也有运行、管理的问题，但是作为空调的制造者和系统的设计者理应更为全面、更为妥善地解决这些使用问题，使运行、管理更为简便、有效。细菌(特别是孢子)无处无时不在。细菌的生存条件主要是营养源(或尘粒)和水分(或高湿度)。在空调范围内温度因素对细菌滋生的影响没有前两者大。空调系统中有许多场所为细菌的定植、繁殖和传播提供了良好的条件，如：空调机组的换热盘管；空调机组的凝水盘、水封；空调机组的加湿器；空调机组中长期处于高湿度下的空气过滤器；系统中各部件的横向接缝或内表面；系统的消声器、静压箱等。其中空调系统中最大的细菌发生源是空调机组,因此防止空调机组的二次污染是解决问题的重点。如果把空调的任务理解为排热、排湿和排除各种污染物,则当建筑物符合国家的室内空气质量控制标准,不产生大量的 VOC 和其他有害气体时,排湿和排除污染物应主要是排除人体产生的水分、CO_2、臭味和可能的其他污染物。而室内热量(或冬季产冷)却产生于人体、设备和围护结构,并且随室外气候变化而改变。因此,应将排湿和排除污染物的任务与排热的要求分别处理。通过送入清洁、干燥的空气满足除湿、排除污染的要求,而余热则可采用辐射或对流方式单独处理。这应该是未来综合解决热湿环境和空气质量的空调系统应考虑的方式。例如,人体产湿量在 200x/(h·人)左右,如果室内要求的湿度为 12g/kg,送风湿度差 4~5g/kg,送风湿度为 7~8g/kg,露点为 9~10℃,则每个人需要的送风量为 40~50kg/h, 即 33~42m³/人。这恰与排除一个人所产生的 CO_2 量所要求的新风量相同。因此可采取独立的新风系统,以 4~5g/kg 湿差和-6℃温差送风,采用置换送风方式或放置在办公桌上、直接向使用者送风的工位空调送风方式。由于这部分送风完全是为了排除人体的产热、产湿和产生的污染物,风量应与人数成正比,所以可采用变风量方式使风量随人数变化而变化。这样能保证室内的湿度,对 CO_2 和人体散发的污染物达到有效的排除和控制。为此目的,风量应直接由人数控制(当采用工位空调或座椅送风方式时),或根据室内绝对含湿量控制,或由室内 CO_2 浓度控制。

手术室空气环境的质量与患者手术切口的愈合密切相关,所以需要严格的空气环境质量把控。

虽然,早在 1970 年,西方国家的 CDC 和美国医院联合会就开始呼吁中断医院空气和环境常规检测,但是我国医疗在硬件方面依然存在不足,设施简陋,空调系统尚未广泛应用,就医的环境比较拥挤嘈杂,清洁卫生保障工作的开展条件和方法有待进一步的提高,降低手术室内的尘埃是十分必要的工作内容。

有研究结果表明,术前的人员走动、仪器摆放、铺单的操作以及手术后的物品回收、仪器移动、人员撤离、拆单的操作等是使手术室空气细菌数量迅速上升的重要因素,因此,在感染控制的管理工作中应该对以上几项工作给予足够重视并制定一些改善的措施。比如,对手术室无菌区、清洁区和污染区进行严格区分,在区域间建设实际的屏障,优化手术间与外科病床的比例为 1∶20~1∶25;手术间不宜设置在建筑的底层或高层建筑的顶层,并且需要与外科病房和 ICU 邻近,同时和血库、病理科以及供应科的距离要短,路径方便。手术室与供应科间要设置专门的清洁和污染两条器械通道。

手术室空气中的微生物数量与患者伤口感染的发生具有非常紧密的联系,因此有很多手术室的感染控制措施是针对空气中的微生物的。手术室中设置层流装置既可以对术前手术室中的空气进行全面的过滤和消毒,同时在整个手术过程中对室内空气进行持续的净化和消毒,可以明显降低手术感染的发生率。有相关的研究表明,在手术室中安装层流设备可以使感染发生率降低 19%。因此,在医院建设洁净手术间具有非常重要的意义,是医疗和科技发展的必然趋势,是发展现代化医院的一个重要特征。

控制医院感染应主要从消毒、灭菌和合理运用抗生素这三方面进行,还有对实施的检测和对控制效果的合理评价。手术室的感染控制工作需在此基础上结合教育、培训和制度管理等方式的实施共同实现,并且仅仅依靠手术室的力量是不够的,需要医院各个部门的共同协作。

3. 传染病医院环境设计案例

传染病医院是收治传染病病人的集中区域,肩负着消灭传染源、切断传播途径的重任,同时必须保证周围环境不受污染。设计方案应按照《传染病医院建筑设计规范》中的要求,医院中有可能造成生物污染的部门如实验室、解剖室，设计符合生物安全性的标准，避免使医院成为传染病的疫源地。对医疗垃圾收集、焚化，医院污废水汇集处理予以高度重视，统一规划同步建设。医院的医疗服务体系必须建立在高效、快捷、安全与秩序的基础上。体现传染病医院的工艺流程及特殊的功能要求。建筑布局合理、流线路径短捷，工程管线集中短程，努力达到现代化医院低能耗高效率的要求。一次性投资与日运行常费用达到合理的平衡。

　　北京地坛医院采用了绿色生态的设计理念，强调绿色景观与建筑融合，将自然的阳光与空气引入建筑内部。自然园林的"治愈力"和现代医疗一起，可共同促进病人早日康复，如图 7-27、图 7-28 所示。

图 7-27　北京地坛医院

图 7-28　绿色生态

　　传染病医院作为具有特殊功能的公共建筑，在规划发展设计中应为其考虑可拓展空间，即具备改扩建灵活性，在总体布局上为医院的持续发展预留一定的发展空间，并应保证发展部分不影响医院原有的洁污分区和分流。在保证医院卫生安全的前提下，通过改善围护结构性能、采用自然通风、余热回收、太阳能热水系统等技术手段努力降低建筑能耗，使地坛医院迁建工程符合国家建设节能型社会的总体要求。

　　根据传染病医院的特殊性，设计本着从传染病传播的传染源、宿舍、环境三角形关系切断传染链，控制传染源的原则。在建筑总体布局与竖向布置上明确划分功能分区，明确控制各部门洁污分区与流线。医院功能分区在保证卫生安全的基础上，应实现医疗流程的顺畅高效，故划分为医疗区、办公区、绿化隔离带等，如图 7-29 所示。

当中，医疗区各建筑布局相对紧凑，各医疗功能联系便捷。建筑之间以绿化庭院间隔，满足自然通风、采光及景观环境的要求。

在洁污分区方面，根据该区域的城市主导风向结合用地狭长的特点，传染病医院相对清洁的非医疗功能区布置在用地的北侧，污染源较多的医疗区布置在城市常年平均下风向，即用地的南侧。根据医疗流程和传染病学的防护医疗区由北向南要求依次为门急诊医技科研部、一般传染住院部、呼吸科住院部，如图 7-30 所示。

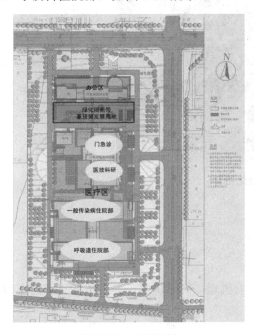

图 7-29　功能分区

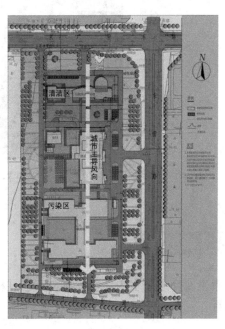

图 7-30　洁污分区

在医院交通组织方面，基本布置原则是，严格划分洁污分流，对可能成为传染源的流线严格控制，尽量短捷，保证院区环境安全。医院根据功能分区设置了主出入口(病人出入口)、次出入口(医务工作人员出入口)、后勤物资出入口、污物出口及呼吸科应急出入口。院区设环行道路，主要交通负荷被限定在院区外围，将停车场布置靠近出入口和用地周边，以减少车辆对院区环境的影响。建筑内部布局、出入口和通道设置与医院整体功能布局、洁污分区和流线控制统一考虑。患者、探视人流主要出入口布置在建筑东侧。尽量减少控制病人院区内的活动区域。医院各部门医务人员出入口均布置在建筑西侧。外购物品的接纳验收、配送物流发送、污物尸体的存放运输安排在地下解决。各种复杂的物流减少与地面人车流的交叉，降低了污物对整个院区环境的影响。在发生卫生突发事件的情况下，从呼吸科应急出入口进入，直接到达病房楼的呼吸科住院部，严格控制传染源的流线，保证院区的环境安全。停车场布置靠近出入口和用地周边。入口处安排急救车清洗消毒场地，一旦发生紧急情况可以立即启用。

在绿化布置方面，院区周围是 30 m 的隔离绿带。院区北部是行政培训综合楼和门急诊医技科研楼之间的隔离带，由南往北依次种植观赏性强的乔木，低矮灌木，缓坡草坪，形成层次分明的绿化带。院区中部是门急诊医技科研楼西侧的集中绿化和入口景观广场。南侧为住院区绿地。由于容积率的限制，一些功能用房设计在建筑地下部分，设计通过大型下沉花园将绿色、阳光和自然通风引入地下，改善了医疗工作环境，如图 7-31 所示。

图 7-31　绿化布置

 本章小结

本章主要介绍了室内环境对典型工艺过程的影响机理，同时讲解了典型工业建筑的室内环境设计指标。

 思考与习题

(1) 有哪些典型工艺过程受室内环境影响较大？
(2) 列举出你所知道的室内环境设计指标。

参 考 文 献

[1] 朱丽. 上海盛公馆. 短篇小说. 原创版[J]，2014.

[2] 朱丽. 山脚小屋. 文艺理论与批评[J]，2017.

[3] 朱丽. 晨巷. 文艺理论与批评[J]，2017.

[4] 孙继国. 建筑环境与室内设计基础[M]. 北京：中国电力出版社，2013.

[5] 常怀生. 室内设计与建筑装饰[M]. 北京：中国建筑工业出版社，2000.

[6] [日]和田浩一. 室内设计基础[M]. 北京：中国青年出版社，2014.

[7] 张书鸿. 室内装修施工图设计与识图[M]. 北京：机械工业出版社，2013.

[8] 王东. 室内设计师职业技能实训手册[M]. 北京：人民邮电出版社，2017.